工廠實習—機工實習

蔡德藏　編著

全華圖書股份有限公司

序　言

一、本書係依能力本位教學之教學設計編輯，其設計過程爲：

　1. 確認課程目標後，選擇具代表性工作項目加以分析，依各項操作出現之頻率及學習順序而分爲基本能力(B)與增廣能力(A)，基本能力爲必須學習者，增廣能力可視教學時間之多寡加以選用或安排給高成就的學生學習，對低成就的學生則可將此段時間做爲補救教學的時間。

　2. 確認學習順序後，設計工作項目。工作項目之設計依據下列原則，並參考技術士技能檢定規範：

　　⑴ 第一項工作項目包含若干基本能力所完成之工作。

　　⑵ 第二項工作項目以第一項工作項目之能力爲基礎，並給予若干新能力，其餘類推之，以符合學習漸進原則。

　　⑶ 基本工作項目(B)爲基本能力之學習項目，每學生均須學習；增廣工作項目(A)爲基本能力與增廣能力之學習項目，提供高成就學生之學習；綜合工作項目(S)爲基本能力之綜合評量，可供總結性評量之用，詳見目錄。

　3. 教學設計依據教學目標完成各部門分析、能力分析及工作項目設計後，進一步分析工作項目與能力之關係繪成學習階梯圖，以探討其學習是否符合漸進原則。

二、本書分工作單與知識單，學生應從其工作項目分析之學習順序交互運用，以增進學習效果。教師亦可針對學生之學習成就，依據教學設計原則加以調整、選擇或重新設計，以達教學目標。

三、本教材所使用之專有名詞係遵照教育部公布之「機械工程名詞」爲主，間以機工行業專用術語。專有名詞視實際需要附以原文，以備查考。

四、本書承國立台中高級工業職業學校機械科同仁之協助，並同意轉載「高工機工科『機工實習』教學設計之研究」內容，經濟部標準檢驗局同意轉載中國國家標準，及各大廠商同意轉載產品圖文如附表，謹致謝意。

五、本書備有「知識單學後評量」及「工作單評量系統」，以電腦協助教學評量，增進教學效果。

六、本書之編輯、排校匆促，誤謬之處尚祈先進讀者惠予指正是幸。

編者　蔡德藏

編輯部序

「系統編輯」是我們的編輯方針，我們所提供給您的，絕不只是一本書，而是關於這門學問的所有知識，它們由淺入深，循序漸進。

本書分工作單與知識單，內容以實際工作為主，理論知識為輔，說明機工實習中各種工具機、工具設備之工作方法與相關知識。學習單元分基本能力、增廣能力之學習項目，讀者可依其學習順序，交互運用，以增進學習效果。本知識單用於說明各種工具機、工具與設備之工作方法與相關知識而且以能力本位教學之教學設計編輯。適合科大、技術學院、專科等機械科系學生機工實習課程使用及對此有興趣者。

若您對此門學問有任何問題，歡迎來函連繫，我們將竭誠為您服務。

目　錄

知 識 單

目 錄

CONTENTS

目

錄

工作單

目

錄

目
錄

知 識 單

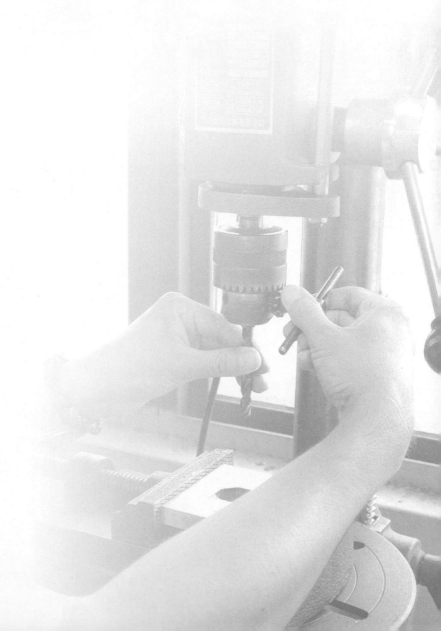

工廠實習知識單

項目	機械工作法的意義	學習目標	能正確的說出機械工作法的意義與分類

前　言

　　機械零件之製造乃利用已有的工具機(machine tool)、工具或刀具(tool)及設備(equipment)等，將工件(work)製成所需之尺寸與形狀。

說　明

　　在機械加工過程中可分為非切削加工和切削加工兩大類。非切削加工有鑄造、塑性加工、熱處理及表面硬化、熔接、表面塗層等。其中塑性加工包括熱作之鍛造、滾軋、引伸、擠製及冷作之抽拉、衝剪、彎曲等。表面塗層包括電鍍、金屬噴佈、發藍等。而切削加工則可分為刀具切削工作及磨料研磨工作。刀具切削工作如車削、鉋削、鑽削、銑削、拉削及部份鉗工；研磨如輪磨、搪光及研光等研磨工作。機械工作法為製造過程中各種工具機、工具或刀具與設備之相關知識與工作方法之說明。本知識單著重於說明「機工」的各種工具機(鑽床、車床、銑床及磨床)、工具或刀具與設備及鉗工等之相關知識與工作方法。

　　機械工作的範圍頗為廣泛，如機工、鉗工、木模、鑄造、鍛造、熱處理……等皆屬之。惟科學之日新月異，機械工作亦隨之改進、創新，而使其工作方法趨於三個 S，即標準化(standardization)、簡單化(simplification)與專業化(specialization)(註 01-1)。

　　所謂標準化係以科學的有系統程序制定，及應用於物料、設備及產品等之規範，以及操作方法與文書處理程序等之標準。標準化具有可互換性(interchangeability)、均勻性(uniformity)與固定性(fixity)等三種特性，因此標準化可以產生簡單化、專業化的效果(註 01-2)。標準依其普及性可分為公司標準(company standards)、公會及學會標準(association and society standards)、國家標準(national standards)、區域標準(regional standards)與國際標準(international standards)。機械工業常用的標準有：

1. 國際標準：1946 年成立之國際標準組織(International Organization for Standardization 簡稱 ISO)所訂定。
2. 中國國家標準(Chinese National Standards 簡稱 CNS)於民國 36 年由經濟部中央標準局(民國 88 年改制為經濟部標準檢驗局)開始制定。
3. 德國工業標準(Deutsche Industrie Norm 簡稱 DIN)。
4. 日本工業標準(Japanese Industrial Standards 簡稱 JIS)。
5. 美國標準學會(American National Standards Institute 簡稱 ANSI)標準。

6. 美國汽車工程師學會(Society of Automotive Engineers 簡稱 SAE)標準。

7. 英國標準學會(British Standards Institution 簡稱 BS)標準。

學後評量

一、是非題

( ) 1. 機械加工過程中，可分為非切削加工與切削加工。

( ) 2. 切削加工僅指刀具之切削加工而言。

( ) 3. 標準化、簡單化與專業化是機械加工方法的趨勢。

( ) 4. 機工場常用的工具機，有鑽床、車床、銑床及磨床等。

( ) 5. 國際標準簡稱 CNS。

二、選擇題

( ) 1. 下列何項加工，屬於刀具切削加工？　(A)鍛造　(B)衝剪　(C)車削　(D)輪磨　(E)熱處理。

( ) 2. 下列何項不是工具機？　(A)車床　(B)鑽床　(C)銑床　(D)磨床　(E)鉗桌。

( ) 3. 可互換性、均勻性及固定性是　(A)標準化　(B)簡單化　(C)專業化　(D)公司化　(E)區域化　的特性。

( ) 4. 中國國家標準簡稱　(A)ISO　(B)CNS　(C)DIN　(D)ANSI　(E)JIS。

( ) 5. 下列何項標準屬於學會標準？　(A)ISO　(B)CNS　(C)DIN　(D)ANSI　(E)JIS。

參考資料

註 01-1：蔡德藏：實用機工學。台北，全華科技圖書公司，民國 87 年，第 1 頁。

註 01-2：經濟部標準檢驗局：國家標準之編修。台北，經濟部標準檢驗局，民國 77 年，第 1～6 頁。

工廠實習知識單

項目	機工常用材料與規格標識	學習目標	能正確的說出機工常用材料的性質與用途，及材料之規格標識

前　言

　　金屬材料包括純金屬(metal)與合金(alloy)，純金屬係金屬元素中任何一種單獨存在者，其成份甚為純粹，機工工作中很少採用純金屬者。合金為一種金屬元素與另一種或一種以上之金屬或非金屬元素融合而成。機工工作用的合金，分為鐵類合金與非鐵類合金。常用的材料一般儲存於材料庫，以供工廠加工之需要，材料規格有一定的標識方法，以便於儲存與提取。

說　明

02-1　鐵類合金

　　鐵類合金為鐵與碳所組成之合金，依其含碳量而分為純鐵、鋼與鑄鐵。

1.　純鐵(pure iron)：以電解方法所得之純鐵，其含有之雜質極微，含碳量在0.020%以下。通常工業用純鐵之含鐵量為99.92%～99.96%。

2.　鋼(steel)：係指含碳量在0.020%～2%之間的鐵碳合金。依所含之成份可分為碳鋼與合金鋼兩類。

(1)　碳鋼(carbon steel)：為鐵與碳之兩元素合金，為一般機工最常用之金屬材料，依其加工性質可分為鑄鋼與鍛鋼。

①　鑄鋼(cast steel)：鑄鋼分為四種(CNS2906)(註02-1)，用以代替鑄鐵以鑄造需要較大強度之鑄件，如SC480之抗拉強度在49kgf/mm²以上。惟鑄造較難，收縮量較大，施工不易，通常鑄件應予退火、正常化或正常化後回火等熱處理。

②　鍛鋼(forged steel)即一般所謂之鋼元，以S××C表示之(CNS 109)(註02-2)，依其含碳量分為：

❶　低碳鋼(low carbon steel)：其含碳量(C)在0.3%以下，亦有稱之為鐵元者，適用於製造強度不大之機件，對(淬硬)熱處理沒有太大效果。含碳量在0.1%以下者常做為滾製(rolling)、拉製(drawing)、鍛造(forging)及熔接(welding)等之材料。

❷　中碳鋼(medium carbon steel)：含碳量在0.3%～0.6%之間，通常以S45C(即AISI1045)為最常用，其含碳量為0.42%～0.48%、矽0.15%～0.35%、錳0.60%～0.90%，為機工行業中用途最廣泛之鋼材，常用於如一般之接頭、連桿、軸類、曲軸及螺絲等機件。經熱處理後之硬度為勃氏硬度(HBS)201～269，抗拉強度為70kgf/mm²。S55C(即AISI1055)之含碳量為0.52%～0.58%。(CNS3828)(註02-3)。

❸ 高碳鋼(high carbon steel)：含碳量在 0.6%以上，有 SK1～SK7 等七種，常用者爲 SK5(即 AISI1086)與 SK2(即 AISI10120)。SK5 的成份爲碳 0.80%～0.90%、矽 0.35%以下、錳 0.50%以下，爲碳、矽、錳組織之碳工具鋼，適於製造機械中各種工具及刀具，如鑿子、剪刀、冷作工模及衝頭、發條、銼刀、帶鋸條等，經正確之熱處理後，可獲堅韌之強度，硬度可達洛氏硬度C標準(HRC)59 以上。SK2 之成份爲碳 1.10%～1.30%、矽 0.35%以下、錳 0.50%以下，爲高碳矽錳組織之碳工具鋼，具有高硬度與強韌性，適於製造各種衝模、銼刀、鋸條等刀具和機件，經正確熱處理可獲得硬度達 HRC63 以上。SK3 之含碳量爲 1.00%～1.10%。(CNS2964)(註 02-4)。

(2) 合金鋼(alloy steel)：在碳鋼中加入金屬元素，使其具有特殊之性質，如鎳(nickel)(Ni)可增加鋼之強度及硬度而不減低其延性；矽(silicon)(Si)之含量如不超過 2%時，可增加鋼之強度；鉻(chromium)(Cr)之含量如不超過2%時，亦可增加鋼之強度和硬度，但稍減低其延性；釩(vanadium)(V)可增加鋼之韌性及對震動之抵抗力；鎢(tungsten)(W)、鉬(molybdenum)(Mo)可改良鋼之強度、延性及切削性；錳(manganese)(Mn)之含量約爲 14%時，可得延性甚佳及耐磨之合金鋼；鈷(cobalt)(Co)可增加鋼之強度與密度。

一般常用的合金鋼如：

高速鋼(high speed steel)：爲碳、鉻、釩、鎢、鈷、鉬、矽、錳等之合金，分爲鎢系與鉬系，具有 600℃之耐紅熱硬度。鎢系高速鋼有 SKH2、SKH3、SKH4、SKH10 等，SKH2 之成分爲碳 0.73%～0.83%、矽 0.40%以下、錳 0.40%以下、鉻 3.80%～4.50%、鎢 17.00%～19.00%、釩 0.80%～1.20%，適於製作車刀、鑽頭、銑刀一般切削刀具，經熱處理後之硬度爲HRC63 以上。鉬系高速鋼有SKH51～59 等 9 種，SKH55 之成分爲碳 0.85%～0.95%、矽 0.40%以下、錳 0.40%以下、鉻 3.80%～4.50%、鉬 4.60%～5.30%、鎢 5.70%～6.70%、釩 1.70%～2.20%、鈷 4.50%～5.50%，適於製作較需韌性之高速重切削工具，熱處理後之硬度爲 HRC64 以上。(CNS2904)(註 02-5)。

3. 鑄鐵：係指含碳量在 2%以上之碳鐵合金。商業用鑄鐵之含碳量約 3.5%，常用者有兩種：

(1) 灰口鑄鐵(gray iron)：含矽量在 1.0%～2.75%，斷面呈灰色，其碳大多數呈游離狀態，結晶顆粒粗大，質地柔軟，適合於鑄造承受壓力之機件，如機架、飛輪等，常用之灰口鑄鐵件有FC100、FC150、FC200、FC250、FC300、FC350 等六種。(CNS2472)(註 02-6)。

(2) 白鑄鐵(white iron)：含矽量在 0.5%～1.0%，斷面呈白色，所含之碳爲碳化鐵(雪明碳鐵)(Fe_3C)，質極硬，結晶顆粒細密，加工困難，主要用於鑄造展性鑄鐵件，以代替鋼鑄件。

在熔鐵爐的操作中，凡以米漢納金屬公司(美國)(Meehanite Metal Company)提供的米漢納法(Meehanite-controlled process)所熔融出來的鑄鐵稱之爲米漢納鑄鐵(Meehanite cast iron)，米漢納鑄鐵所含之石墨呈彎曲狀，尖端鈍圓，其缺口作用之抗擴性高，同時具有更佳之耐蝕性與潤滑性，其堅韌性大，同等應力之應變量小，強度均一，受厚度變化的影響小，吸震力比鋼大一倍以上，抗壓強度高，適合於鑄造組織緻密的高級鑄件(註 02-7)。

02-2 非鐵類合金

　　非鐵類合金一般以非鐵類金屬為基本之合金,如銅合金、鋁合金、鈷鉻鎢合金及碳鎢合金及陶瓷刀具等均屬之。

1. 銅合金:銅之抗蝕性高,為商業上最佳導電體,其主要合金有黃銅及青銅。

2. 鋁合金:鋁為銀白色金屬,質堅而輕,富延展性,為熱、電之良導體,純鋁不適於鑄造,強度小,一般皆用於製造鋁合金。

　　　　杜拉鋁(duralumin)亦稱堅鋁,為主要鍛造用鋁合金系代表,其成份為鋁(Al)95.5%、銅(Cu) 3%、錳 1%、鎂(Mg)0.5%,質輕而極強韌,為製造飛機、飛船之重要材料。

02-3 材料之規格標識

　　材料的儲存應分門別類,按其形狀、品質等加以分類,依形狀可分方料、圓料、六角形料……等如表 02-1。

表 02-1　半成品之形狀符號與意義

品名	符號	舉例	說明
鋼 板 及 鋼 皮	P	P2	鋼板厚 2mm
圓　　　　鋼	ϕ	ϕ16	直徑 16mm
鋼　　　　管	◎	◎16×2	公稱直徑 16mm,壁厚 2mm
方　　　　鋼	□	□16	對邊長 16mm
六　角　鋼	△6	△6 16	對邊長 16mm
扁　　　　鋼	▭	▭40×8	寬 40mm,厚 8mm
八　角　鋼	8	8 16	對邊長 16mm
等 邊 角 鋼	∟	∟40×4	邊長 40mm,腳厚 4mm
不 等 邊 角 鋼	∟	∟40×20×4	長邊長 40mm,短邊 20mm,腳厚 4mm
工　字　鋼	I	I 120	高 120mm
槽　　　　鋼	⊏	⊏100	高 100mm
丁　字　鋼	⊤	⊤30	寬高皆 30mm
乙　字　鋼	⌐⌐	⌐⌐40	高 40mm

學後評量

一、是非題

( )1. 金屬材料可分為純金屬與合金，合金有鐵類合金與非鐵類合金。

( )2. 鋼的含碳量在 2%～4%。

( )3. 低碳鋼的含碳量在 0.6%～0.8%。

( )4. SK5 與 SK2 是碳工具鋼。

( )5. 手弓鋸鋸條可以用中碳鋼製造。

( )6. 經熱處理後，SKH55 比 SKH2 的硬度高。

( )7. 高速鋼刀具的耐紅熱硬度約為 600℃。

( )8. 工作圖上之材料規格為 S45C ϕ50×105，係指材料為中碳鋼，直徑 50mm，長度 105mm 的圓鋼。

( )9. 工作圖上之材料規格為 S20C □75×19×55，係指材料為低碳鋼，長度 75mm，厚度 19mm，寬度 55mm 的扁鋼。

( )10. 工作圖上之材料規格為 S20C □ 25×75，係指材料為低碳鋼，對邊長 25mm，長度 75mm的方鋼。

二、選擇題

( )1. 中碳鋼之含碳量在 (A)0.1%以下 (B)0.1%～0.3% (C)0.3%～0.6% (D)0.6%～0.9% (E)0.9%～1.2%。

( )2. 銼刀之材料是 (A)鉻鉬鋼 (B)高速鋼 (C)低碳鋼 (D)中碳鋼 (E)高碳鋼。

( )3. 高速鋼車刀之硬度約為 (A)HRC59 (B)HRC63 (C)HRC69 (D)HBS201～269 (E)HBS235～321。

( )4. 銑刀宜用何種材料製造？ (A)不銹鋼 (B)白鑄鐵 (C)米漢納鑄鐵 (D)高速鋼 (E)中碳鋼。

( )5. 工具機之床台及機柱宜用何種材料製造？ (A)米漢納鑄鐵 (B)中碳鋼 (C)高碳鋼 (D)白鑄鐵 (E)高速鋼。

參考資料

註 02-1：經濟部標準檢驗局：碳鋼鑄鋼件。台北，經濟部標準檢驗局，民國 83 年，第 1 頁。

註 02-2：經濟部標準檢驗局：鋼鐵符號。台北，經濟部標準檢驗局，民國 85 年，第 9 頁。

註 02-3：經濟部標準檢驗局：機械構造用碳鋼鋼料。台北，經濟部標準檢驗局，民國 76 年，第 1 頁。

註 02-4：經濟部標準檢驗局：碳工具鋼鋼料。台北，經濟部標準檢驗局，民國 86 年，第 1 頁。

註 02-5：經濟部標準檢驗局：高速工具鋼鋼料。台北，經濟部標準檢驗局，民國 86 年，第 1-2 頁。

註 02-6：經濟部標準檢驗局：灰口鐵鑄件。台北，經濟部標準檢驗局，民國 81 年，第 1 頁。

註 02-7：Erik Oberg and Franklin D. Jones. *Machinery's handbook*. New York: Industrial Press Inc., 1971, p.2090.

工廠實習知識單

項目	工場安全規則	學習目標	能遵守工場安全規則，養成良好的工作態度

前　言

　　工作安全為在學習如何操作前應先學習者，一位優良的操作員，必須具備安全觀念，並應實踐各種有關的安全規則，進而養成良好的工作習慣。

說　明

03-1　工場安全規則

　　意外事件的發生有人為的疏忽與工作環境的不當，機工場的工作者，須隨時實踐工場的安全規則，同時注意機器的安全。下列安全規則係參照美國國家安全協會所公認的條例而釐訂者(註 03-1)。

03-1-1　一般安全注意事項

1. 確實檢查所有機器都裝有良好的安全保護裝置，機器啟動時可保護工作人員安全。
2. 修理或調整機器之後，其安全保護裝置隨即裝回原處。
3. 對任何機器不得在迴轉中作潤滑、清洗、調整或修理工作，必須先停止機器之後再進行。
4. 沒有指導人員的許可或監督，不要操作沒學過的機器。
5. 機器的電源切斷之後，應等機器停止始可離開，以免別人因不注意而被傷害。
6. 不論電源有否切斷，不要想用手或身體去停止機器轉動。
7. 機器啟動之前應檢查工件和刀具是否裝置牢固。
8. 保持地面清潔，鐵屑等應放於一定之容器內，不要留在地面上。清除鐵屑時，要用掃帚，不可用手。
9. 迴轉部份有螺絲頭等突起物，宜小心靠近，以免衣服等被捲上。這些突起物應改良，例如六角頭固定螺釘應改為六角承窩固定螺釘。
10. 搬運長的或重的材料，應請人幫忙。並遵守抬東西之原理——用你的腿力，不要用背力。
11. 與同伴共同工作時，亦應一次一人操作機器。
12. 不得依靠著機器。
13. 不得在工場奔跑。
14. 集中精神於工作，操作機器中不要談話。
15. 不要突然與正在操作機器的人談話。

16. 任何小擦傷應即時接受急救處理。

17. 工作中必須有充分光線而看得清楚，否則告訴指導人員改善。

03-1-2　服裝和安全設備

1. 操作機器時，應即戴上安全眼鏡或面罩等安全設備。

2. 工作中宜穿皮鞋，尤其重工件之工作應穿專用之安全皮鞋。

3. 工作中宜穿短袖衣服，或把長袖捲及胳膊上。

4. 不戴戒指或突出外頭的裝飾物工作。

5. 不結領帶或穿寬鬆的衣服工作。

6. 操作機器時不得戴手套，惟搬運粗糙、銳利材料時，要戴手套或用布、厚紙等墊上藉以保護手指。

03-1-3　工場整潔

1. 滴在地面上的油脂及其他液體應即清除，以免有人滑倒。

2. 工場內走道上不得有任何妨礙交通的物件，以維持工作之迅速及安全。

3. 材料的存放不應妨礙工場內交通。

4. 不得將工具或工件直接擱在機器床台上。

5. 不再用的工具應即放回原處，以避免工作環境雜亂。

6. 廢屑應置放於一定容器內。

03-2　工場安全顏色的標識

　　為防止意外事件的發生，各種安全設備、器材及消防等其他防護設備的位置均須標識規定的顏色，(CNS9328)(註 02-2)。一般顏色的標識列舉如下：

1. 紅色：用以標識消防設備與器具、危險、停止、禁止等，如滅火器、消防系統、危險標誌、緊急停止按鈕、禁止進入等。

2. 橙色：用以指示機器或活動設備的危險位置，如齒輪、皮帶等傳動設備的活動防護罩，被打開時具有危險的標誌。

3. 黃色：用以指示具有撞擊、跌落、絆落、絆跌或被夾住的危險之注意、警告顏色，與黑色交互使用可增加其警覺性，如天橋式起重機通行區、舉高機或特殊突出物伸入正常操作區域者。

4. 綠色：用以表示安全和急救設備存放位置，如急救箱、防毒面具、安全佈告欄及通行旗號等。

5. 藍色：用以限制或警告他人啟動、使用、或移動正在修理中的設備如升降機、閥、電器控制器等。

6. 紫紅色：與黃色組合用以指示放射性危險區域或容器等。

7. 白色：用以表示通道、指示方向、廢料桶位置等。

8. 黑色：專供作安全標識板，或為橙色、黃色、白色之輔助顏色。

學後評量

一、是非題

( ) 1. 啓動機器前，須先檢查安全裝置是否裝置完整。

( ) 2. 老師沒有教過的機器，不可隨便使用。

( ) 3. 搬運重物用腰力，不可用腿力。

( ) 4. 操作機器應穿寬鬆的衣服。

( ) 5. 工場內的急救設備用紅色標誌。

二、選擇題

( ) 1. 下列有關工場安全之敘述，何項不正確？ (A)機器修好後，其安全保護裝置隨即裝回，始可試車 (B)停工時，切斷電源後，應等機器停止運轉後始可離開 (C)操作車床時，切斷電源後，用手去接觸夾頭，以求迅速停止 (D)清除鐵屑要用刷子，不可用手 (E)不可在工場中奔跑、喧嘩。

( ) 2. 下列有關工場安全之敘述，何項不正確？ (A)操作車床應戴安全眼鏡 (B)不要戴飾物如戒指、項鍊等 (C)操作機器時，不可戴手套 (D)不要結領帶 (E)操作車床時，最好兩人同時操作。

( ) 3. 下列有關工場安全之敘述，何項不正確？ (A)鐵屑應放於一定容器內 (B)滴在地面的油脂，應隨時清除 (C)不用的工具應隨即放回原處 (D)工具隨即放在機器床台上，以方便取用 (E)材料不要存放於走道上。

( ) 4. 急救箱的安全顏色是 (A)紅色 (B)綠色 (C)黃色 (D)橙色 (E)藍色。

( ) 5. 滅火器及消防系統的安全顏色是 (A)紅色 (B)綠色 (C)黃色 (D)橙色 (E)藍色。

參考資料

註 03-1：Henry D. Burghardt, Aaron Axelrod, and James Anderson. *Machine tool operation*, *part I*. New York: McGraw-Hill Book Company, 1959, pp.356.

註 03-2：經濟部標準檢驗局：安全顏色通則。台北，經濟部標準檢驗局，民國 76 年，第 1～2 頁。

工廠實習知識單

項目	真平度、垂直度、平行度及傾斜度	學習目標	能正確的說出真平度、垂直度、平行度及傾斜度的意義並應用於工作上

前　言

　　真平度、垂直度、平行度及傾斜度是幾何公差(geometrical tolerance)的一部份表示法，幾何公差是一種幾何形態的外形或其所在位置的公差，對於某一公差區域，該形態或其位置必須介於此區域內。當長度或角度的公差有時無法達到某種幾何形態之目的，即須註明幾何公差，幾何公差與長度或角度公差相互抵觸時，則以幾何公差為準，即使未標註長度或角度公差時，亦可使用幾何公差(CNS3-4)(註 04-1)。

說　明

　　幾何公差分為形狀公差、方向公差、定位公差與偏轉公差，單一形態的形狀公差如真直度(straightness)(─)、真平度(flatness)(▱)、真圓度(circularity)(○)、圓柱度(cylindricity)(◈)；單一或相關形態的形狀公差如曲線輪廓度(profile of any line)(⌒)、曲面輪廓度(profile of any surface)(◠)；相關形態的方向公差如平行度(parallelism)(∥)、垂直度(perpendicularity)(⊥)、傾斜度(angularity)(∠)；相關形態的定位公差如位置(position)(⊕)、同心度或同軸度(concentricity)(◎)、對稱度(symmetry)(⹀)，相關形態之偏轉度公差如圓偏轉度(run-out)(↗)、總偏轉度(total run-out)(↗↗)(CNS3-4)(註 04-2)。

　　幾何公差依照幾何形態的性質及該公差的標註方式，以下列公差區域之一表示之(CNS3-4)(註 04-3)。

1. 一個圓內之面積。
2. 兩同心圓間之面積。
3. 兩等距間或兩平行線間之面積。
4. 一圓柱體內之空間。
5. 兩同軸線圓柱面間之空間。
6. 兩等距平面或兩平行面之空間。
7. 一個平行六面體內之空間。

　　真平度、垂直度、平行度及傾斜度的圖示與說明如表 04-1(CNS3-4)(註 04-4)。

表 04-1 真平度、垂直度、平行度及傾斜度(摘錄自 CNS3-4)(經濟部標準檢驗局)

符號	公差區域的定義	圖例和說明
▱	**1. 真平度公差** 公差區域限制在距離為 t 的兩平行平面間。	表面應位於相距為 0.08 的兩平行平面間。 ▱ 0.08
⊥	**2. 垂直度公差** 公差區域限制在相距 t，且垂直於基準平面的兩平行平面之間。	標註公差的表面應位於相距 0.08，且垂直於水平基準表面A的兩平行平面之間。 ⊥ 0.08 A A
//	**3. 平行度公差** 公差區域限制在相距 t，且平行於基準面的兩平面之間。	標註公差的表面應位於相距 0.01，且平行於基準面 D 的兩平面之間。 // 0.01 D D 在長度為 100 的標註公差的表面上任一點，應位於相距 0.01，且平行於基準面A的兩平面之間。 // 0.01/100 A A

表 04-1　真平度、垂直度、平行度及傾斜度(摘錄自 CNS3-4)(經濟部標準檢驗局)(續)

符號	公差區域的定義	圖例和說明
∠	4.傾斜度公差 公差區域限制在相距 *t*，且與基準線表面斜交成標註角度的兩平行平面之間。	傾斜表面應位於相距 0.08，且與表面*A* (基準面)斜交成 40°的兩平行平面之間。

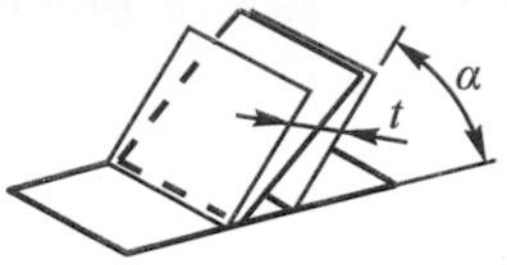

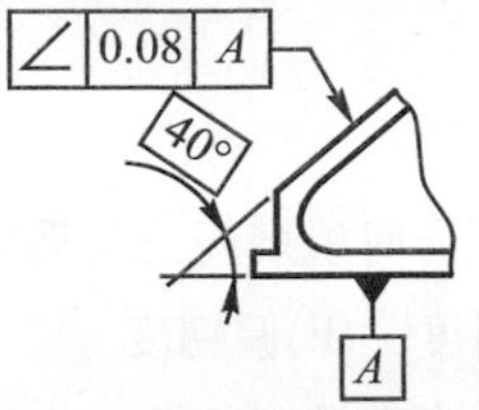

學後評量

一、是非題

( )1. 工件標註之幾何公差與長度或角度公差相抵觸時，以長度公差為準。

( )2. 工作圖上標註如圖(一)，係指工件的真平度公差在一相距 0.08mm 的平行四邊形內。

( )3. 工作圖上標註如圖(二)，係指工件右方平面的垂直度，須介於與基準面*A*垂直，且相距 0.08 的兩平行平面之間。

( )4. 工作圖上標註如圖(三)，係指工件之上表面的平行度，須介於與基準面*D*平行，且相距 0.01 的兩平面之間。

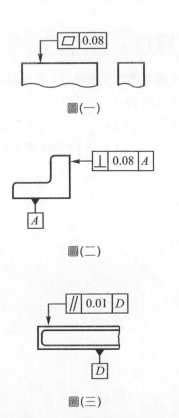

圖(一)

圖(二)

圖(三)

( )5. 工作圖上標註如圖(四)，係指工件傾
斜面的傾斜度，須介於與基準面A斜交
成 40°，且相距 0.08 的兩平行平面之
間。

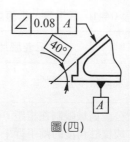

圖(四)

二、選擇題

( )1. 下列何項幾何公差為單一形態的形狀公差？　(A)真平度　(B)垂直度　(C)平行度　(D)傾
斜度　(E)偏轉度。

( )2. 垂直度是何種幾何公差？　(A)形狀公差　(B)方向公差　(C)定位公差　(D)偏轉公差
(E)角度公差。

( )3. 以兩平行面之空間為公差域表示者，如　(A)真直度　(B)位置度　(C)真平度　(D)真圓度
(E)曲線輪廓度。

( )4. 真直度的幾何公差符號是　(A)⌓　(B)▱　(C)∥　(D)◯　(E)—。

( )5. 傾斜度的幾何公差符號是　(A)∥　(B)⊥　(C)▱　(D)∠　(E)⊕。

參考資料

註 04-1：經濟部標準檢驗局：工程製圖(幾何公差)。台北，經濟部標準檢驗局，民國 88 年，第 1 頁。
註 04-2：同註 04-1，第 3 頁。
註 04-3：同註 04-1。
註 04-4：同註 04-1，第 12～24 頁。

工廠實習知識單

項目	尺寸公差與配合	學習目標	能正確的說出尺寸公差的各項意義並應用於工作上

前　言

　　工件設計及製造時應考慮其尺寸精確度以控制其品質與成本。一工件可由該尺寸因受公差而產生限界之尺寸謂之標稱尺寸(nominal size)(標稱尺度)、(基本尺寸)(basic size)，即製造時之理想尺寸，事實上製造時不易達成，就其機件功能而言亦無此必要。通常在標稱尺寸之外，訂定一可允許之上(及/或)下限界尺寸，此二限界尺寸之差謂之公差(tolerance)，如機件製造後之尺寸在其公差內即能達到可互換性並保持其功能。(CNS4-1、CNS4-2 僅適用於長度所定義之尺寸(度)形態(feature of size)之圓柱型式及相對之二個平行表面。)(註 05-1)。

說　明

　　工作圖為工件加工之藍圖，通常均標註標稱尺寸與公差，如一孔的尺寸為$\phi 20^{+0.033}_{0}$，則$\phi 20$為標稱尺寸，$\phi 20.033$為可允許之最大尺寸即上限界尺寸(upper limit of size，ULS)，$\phi 20.000$為可允許之最小尺寸即下限界尺寸(lower limit of size，LLS)，上限界尺寸與下限界尺寸之差即為公差，即$20.033 - 20.000 = 0.033$，公差為絕對值，無正負號。公差的表示有單向公差與雙向公差，單向公差(unilateral tolerance)只容許單一方向的差異，其表示方法可擇下列之一：

1. 表示上限界尺寸、下限界尺寸如：

   $\phi 20.033$　　　$\phi 19.980$
   孔尺寸$\phi 20.000$；軸尺寸$\phi 19.959$。

2. 表示標稱尺寸公差如：

   孔尺寸$\phi 20.000^{+0.033}_{0}$；軸尺寸$\phi 19.980^{0}_{-0.021}$。

3. 表示共同標稱尺寸及公差如：

   孔尺寸$\phi 20.000^{+0.033}_{0}$；軸尺寸$\phi 20.000^{-0.020}_{-0.041}$。

　　雙向公差(bilateral tolerance)則容許雙方向的差異，如一尺寸30 ± 0.039(即$30^{+0.039}_{-0.039}$)或$30^{+0.039}_{-0.021}$等。在公差與配合中，工件之內部尺寸(含圓柱)泛稱為孔(hole)，工件之外部尺寸(含圓柱)泛稱為軸(shaft)，公差單位為μm，μm $= 0.001$mm。限界尺寸與標稱尺寸之代數差謂之偏差(deviation)，由標稱尺寸起算之上限界偏差或下限界偏差稱為限界偏差(limit deviation)，上限界尺寸與標稱尺寸之代數差謂之上限界偏差(upper limit deviation)，用於內部尺寸以ES表示，用於外部尺寸以es表示，下限界尺寸與標稱尺寸之代數差謂之下限界偏差(lower limit deviation)，用於內部尺寸以 EI 表示，用於外部尺寸以 ei 表示，上限界偏差、下限界偏差是帶有正負符號之數值，可為正、零或負。定義公差區間與標稱尺寸之相對位置之限界偏差謂之基礎偏差(fundamental deviation)，公差與偏差之用語定義及說明如圖 05-1(CNS4-1)(註 05-2)。

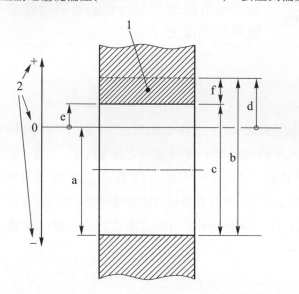

說明：

1 公差區間
2 偏差之符號
a 標稱尺寸
b 上限界尺寸
c 下限界尺寸
d 上限界偏差
e 下限界偏差(在此情況下也是基礎偏差)
f 公差

註：水平的連續實線為公差區之一個限界，代表孔之基礎偏差。虛線亦為公差區間之限界，代表孔之另一個限界偏差。

圖 05-1　公差與偏差之用語定義及說明(以孔為例)(經濟部標準檢驗局)

　　兩工件配合後尺寸公差的算術和，稱為配合的變異值(variation of fit)，其範圍之上限為最大孔減最小軸，下限為最小孔減最大軸，其變異值為正數數值時之配合，稱為餘隙配合(clearance fit)，即配合後有間隙者；負數數值時之配合，稱為干涉配合(interference fit)，即配合有干涉者；配合的變異值有時為正數數值，有時為負數數值之配合，稱為過渡配合(transition fit)，即配合後或間隙或干涉者。

　　公差與配合之大小，係依線性尺度之 ISO 公差編碼系統(ISO code system for tolerances on linear size)訂定，中國國家標準(CNS)之線性尺度編碼系統與國際標準(ISO)相同，其訂定標準有二：一為基孔制配合系統(holes-basis fit system)，簡稱基孔制；一為基軸制配合系統(shaft-basis fit system)，簡稱基軸制。一般用途應選擇基孔制，可避免工具及量規之不必要的多樣化。基孔制以孔作為基孔制配合系統之基準，孔之下限界偏差為零，即孔之公差不變，以不同之公差及配合變異值變化軸之尺寸，以獲得所需之配合，孔之最小尺寸即為標稱尺寸，以作為計算公差及配合變異值之標準，孔之最大尺寸則視公差而異，軸之尺寸視配合變異值及軸公差而異。基軸制係以軸之最大尺寸為標稱尺寸，以作為基軸制配合系統之基準，軸之上限界偏差為零，為訂定公差及配合變異值之標準，軸之公差不變，而變化配合變異值及孔之公差以獲得所需之配合。基孔制以 H 表示之，基軸制以 h 表示之。

　　中國國家標準線性尺寸公差編碼系統將配合分為三類二十八級，三類即餘隙(留隙)(鬆)配合、過渡配合、干涉(過盈)(壓)配合，二十八級即孔以 A、B、C、CD、D、E、EF、F、FG、G、H、JS、J、K、M、N、P、R、S、T、U、V、X、Y、Z、ZA、ZB、ZC 表示，軸以 a、b、c、cd、d、e、ef、f、fg、g、h、 js、j、k、m、n、p、r、s、t、u、v、x、y、z、za、zb、zc 表示如圖 05-2(CNS4-1)(註 05-3)，並將標準公差等級(standard tolerance grade)以 IT01、IT0、IT1～IT18 等表示之，IT 代表標準公差(standard tolerance/ International tolerance,IT)，各級公差值如表 05-1(CNS4-1)(註 05-4)。機件之公差及配合情況以上述二十八級之代表字母及標準公差組合表示之，基孔制以大寫字母H代表孔並書於前，小寫字母代表軸並書於後，孔與軸之公差級數各書於右方以表示其公差，如 45H8/g7(45$\frac{H8}{g7}$)，45 代表標稱尺寸，H與g分別代表孔與軸之配合等級，而其後之數字 8 與 7 則分別代表孔與軸之公差等級。基軸制以小寫字母h代表軸並書於前，以大寫字母代表孔書於後，軸與孔之公差等級各書於右方以表示其公差，如 32h6/G7。若 H、h 同時使用如 38H7/h6，則表示配合的變異值為零之配合，孔與軸均為標稱尺寸。

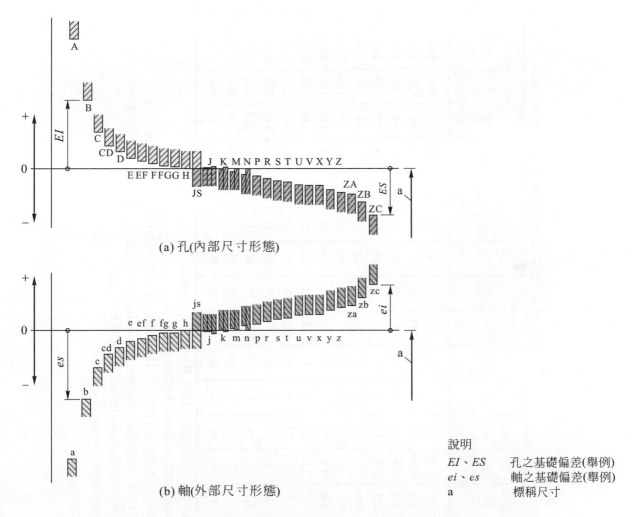

(a) 孔(內部尺寸形態)

(b) 軸(外部尺寸形態)

說明
EI、*ES*　　孔之基礎偏差(舉例)
ei、*es*　　軸之基礎偏差(舉例)
a　　　　　標稱尺寸

圖 05-2　圖示公差區間(基礎偏差)之位置與標稱尺寸之相對關係(經濟部標準檢驗局)

表 05-1　標準公差值 (節錄自 CNS4-1) (經濟部標準檢驗局)

單位 μm = 0.001mm

尺寸分段 (mm) \ 級別 (IT)	01	0	1	2	3	4	5	6	7	8	9	10	11	12	13	14	15	16	17	18
≦ 3	0.3	0.5	0.8	1.2	2	3	4	6	10	14	25	40	60	100	140	250	400	600	1000	1400
＞ 3 - 6	0.4	0.6	1	1.5	2.5	4	5	8	12	18	30	48	75	120	180	300	480	750	1200	1800
＞ 6 - 10	0.4	0.6	1	1.5	2.5	4	6	9	15	22	36	58	90	150	220	360	580	900	1500	2200
＞ 10 - 18	0.5	0.8	1.2	2	3	5	8	11	18	27	43	70	110	180	270	430	700	1100	1800	2700
＞ 18 - 30	0.6	1	1.5	2.5	4	6	9	13	21	33	52	84	130	210	330	520	840	1300	2100	3300
＞ 30 - 50	0.6	1	1.5	2.5	4	7	11	16	25	39	62	100	160	250	390	620	1000	1600	2500	3900
＞ 50 - 80	0.8	1.2	2	3	5	8	13	19	30	46	74	120	190	300	460	740	1200	1900	3000	4600
＞ 80 - 120	1	1.5	2.5	4	6	10	15	22	35	54	87	140	220	350	540	870	1400	2200	3500	5400
＞ 120 - 180	1.2	2	3.5	5	8	12	18	25	40	63	100	160	250	400	630	1000	1600	2500	4000	6300
＞ 180 - 250	2	3	4.5	7	10	14	20	29	46	72	115	185	290	460	720	1150	1850	2900	4600	7200
＞ 250 - 315	2.5	4	6	8	12	16	23	32	52	81	130	210	320	520	810	1300	2100	3200	5200	8100
＞ 315 - 400	3	5	7	9	13	18	25	36	57	89	140	230	360	570	890	1400	2300	3600	5700	8900
＞ 400 - 500	4	6	8	10	15	20	27	40	63	97	155	250	400	630	970	1550	2500	4000	6300	9700

註：①尺寸分段＞3-6，表示尺寸自 3.001 至 6.000mm，餘類推。
　　②不包括 1mm 以下的 IT14～IT18 標準公差數值。
　　③IT01～IT4 用於量規公差；IT5～IT10 用於一般公差；IT11～IT18 用於不配合之機件公差。
　　④由 IT6 至 IT18，每隔五級，其標準公差為因數 10 倍之數值。此規則適用於所有標準公差，亦可用於未列於表 05-1 之 IT 等級之外插值。
例：標準尺寸之分段為＞120mm～180mm 者，其 IT20 之值為
　　IT20=IT15×10=1600×10=16000μm

常用公差區域如表 05-2(CNS4-1)(註 05-5)，常用配合等級之偏差如表 05-3、表 05-4(CNS4-2)(註 05-6)，表 05-5 為加工方法與公差等級(註 05-7)。工件未標註尺寸公差時則按一般許可差加工，機械切削一般許可差如表 05-6、表 05-7(CNS4018)(註 05-8)及表 05-8(CNS 13533)(註 05-9)。

表 05-2 常用公差區域(經濟部標準檢驗局)
(a) 孔用公差類別之一般選擇

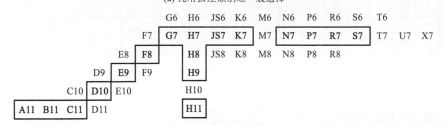

(b) 軸用公差類別之一般選擇

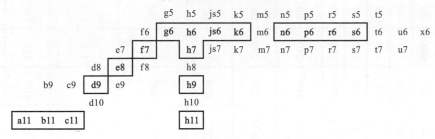

(c) 基孔制系統之較佳配合

基孔	軸用公差類別																	
	餘隙配合						過渡配合				干涉配合							
H6						g5	h5	js5	k5	m5		n5	p5					
H7					f6	**g6**	**h6**	**js6**	**k6**	m6	**n6**		**p6**	**r6**	**s6**	t6	u6	x6
H8				e7	**f7**		**h7**	js7	k7	m7					s7		u7	
			d8	**e8**	f8		h8											
H9			d8	**e8**	f8		h8											
H10	b9	c9	**d9**	e9			**h9**											
H11	**b11**	**c11**	d10				h10											

(d) 基軸制系統之較佳配合

基軸	孔用公差類別														
	餘隙配合						過渡配合			干涉配合					
h5					G6	H6	JS6	K6	M6	N6	P6				
h6				F7	**G7**	**H7**	**JS7**	**K7**	M7	**N7**		**P7**	**R7**	**S7**	T7 U7 X7
h7			E8	**F8**		**H8**									
h8		D9	**E9**	F9		**H9**									
			E8	**F8**		**H8**									
h9		D9	**E9**	F9		**H9**									
	B11	C10	**D10**			H10									

註：①黑框內優先選擇。
　　②JS、js 亦可用 J、j。

21

表 05-3　常用配合等級之偏差(孔)(節錄自 CNS 4-2)(經濟部標準檢驗局)

偏差單位：μm = 0.001mm

配合等級	A①		B①		C				D				E				F			
公差等級	11		11		10		11		9	10	11	9-11	8	9	10	8-10	7	8	9	7-9
偏差 尺寸分段(mm)	上+	下+	上+	下+	上+	下+	上+	下+	上+	上+	上+	下+	上+	上+	上+	下+	上+	上+	上+	下+
≤ 3	330	270	200	140	100	60	120	60	45	60	80	20	28	39	54	14	16	20	31	6
> 3 - 6	345	270	215	140	118	70	145	70	60	78	105	30	38	50	68	20	22	28	40	10
> 6 - 10	370	280	240	150	138	80	170	80	76	98	130	40	47	61	83	25	28	35	49	13
> 10 - 18	400	290	260	150	165	95	205	95	93	120	160	50	59	75	102	32	34	43	59	16
> 18 - 30	430	300	290	160	194	110	240	110	117	149	195	65	73	92	124	40	41	53	72	20
> 30 - 40	470	310	330	170	220	120	280	120	142	180	240	80	89	112	150	50	50	64	87	25
> 40 - 50	480	320	340	180	230	130	290	130	142	180	240	80	89	112	150	50	50	64	87	25
> 50 - 65	530	340	380	190	260	140	330	140	174	220	290	100	106	134	180	60	60	76	104	30
> 65 - 80	550	360	390	200	270	150	340	150	174	220	290	100	106	134	180	60	60	76	104	30
> 80 -100	600	380	440	220	310	170	390	170	207	260	340	120	126	159	212	72	71	90	123	36
> 100-120	630	410	460	240	320	180	400	180	207	260	340	120	126	159	212	72	71	90	123	36
> 120-140	710	460	510	260	360	200	450	200	245	305	395	145	148	185	245	85	83	106	143	43
> 140-160	770	520	530	280	370	210	460	210	245	305	395	145	148	185	245	85	83	106	143	43
> 160-180	830	580	560	310	390	230	480	230	245	305	395	145	148	185	245	85	83	106	143	43
> 180-200	950	660	630	340	425	240	530	240	285	355	460	170	172	215	285	100	96	122	165	50
> 200-225	1030	740	670	380	445	260	550	260	285	355	460	170	172	215	285	100	96	122	165	50
> 225-250	1110	820	710	420	465	280	570	280	285	355	460	170	172	215	285	100	96	122	165	50
> 250-280	1240	920	800	480	510	300	620	300	320	400	510	190	191	240	320	110	108	137	186	56
> 280-315	1370	1050	860	540	540	330	650	330	320	400	510	190	191	240	320	110	108	137	186	56
> 315-355	1560	1200	960	600	590	360	720	360	350	440	570	210	214	265	355	125	119	151	202	62
> 355-400	1710	1350	1040	680	630	400	760	400	350	440	570	210	214	265	355	125	119	151	202	62
> 400-450	1900	1500	1160	760	690	440	840	440	385	480	630	230	232	290	385	135	131	165	223	68
> 450-500	2050	1650	1240	840	730	480	880	480	385	480	630	230	232	290	385	135	131	165	223	68

註：①基礎偏差 A 及 B 不適用於標稱尺寸在 1mm 以下之任何標準公差。

表 05-3 常用配合等級之偏差(孔)(節錄自 CNS 4-2)(經濟部標準檢驗局) (續)

偏差單位：μm = 0.001mm

配合等級 尺寸分段(mm)	G 6 上+	G 7 上+	G 6-7 下+	H 6 上+	H 7 上+	H 8 上+	H 9 上+	H 10 上+	H 11 上+	H 6-11 下	JS 6 上+	JS 6 下-	JS 7 上+	JS 7 下-	JS 8 上+	JS 8 下-	K 6 上+	K 6 下-	K 7 上+	K 7 下-	K 8 上+	K 8 下-	M 6 上+	M 6 下-	M 7 上+	M 7 下-	M 8 上+	M 8 下-
≦3	8	12	2	6	10	14	25	40	60	0	3	3	5	5	7	7	0	6	0	10	0	14	2	8	2	12	—	—
>3 - 6	12	16	4	8	12	18	30	48	75	0	4	4	6	6	9	9	2	6	3	9	5	13	1	9	0	12	2	16
>6 - 10	14	20	5	9	15	22	36	58	90	0	4.5	4.5	7.5	7.5	11	11	2	7	5	10	6	16	3	12	0	15	1	21
>10 - 18	17	24	6	11	18	27	43	70	110	0	5.5	5.5	9	9	13.5	13.5	2	9	6	12	8	19	4	15	0	18	2	25
>18 - 30	20	28	7	13	21	33	52	84	130	0	6.5	6.5	10.5	10.5	16.5	16.5	2	11	6	15	10	23	4	17	0	21	4	29
>30 - 50	25	34	9	16	25	39	62	100	160	0	8	8	12.5	12.5	19.5	19.5	3	13	7	18	12	27	4	20	0	25	5	34
>50 - 80	29	40	10	19	30	46	74	120	190	0	9.5	9.5	15	15	23	23	4	15	9	21	14	32	5	24	0	30	5	41
>80 - 120	34	47	12	22	35	54	87	140	220	0	11	11	17.5	17.5	27	27	4	18	10	25	16	38	6	28	0	35	6	48
>120 - 180	39	54	14	25	40	63	100	160	250	0	12.5	12.5	20	20	31.5	31.5	4	21	12	28	20	43	8	33	0	40	8	55
>180 - 250	44	61	15	29	46	72	115	185	290	0	14.5	14.5	23	23	36	36	5	24	13	33	22	50	8	37	0	46	9	63
>250 - 315	49	69	17	32	52	81	130	210	320	0	16	16	26	26	40.5	40.5	5	27	16	36	25	56	9	41	0	52	9	72
>315 - 400	54	75	18	36	57	89	140	230	360	0	18	18	28.5	28.5	44.5	44.5	7	29	17	40	28	61	10	46	0	57	11	78
>400 - 500	60	83	20	40	63	97	155	250	400	0	20	20	31.5	31.5	48.5	48.5	8	32	18	45	29	68	10	50	0	63	11	86

表 05-3　常用配合等級之偏差(孔)(節錄自 CNS 4-2)(經濟部標準檢驗局)(續)

偏差單位：μm ＝ 0.001mm

尺寸分段(mm)	N6 上	N6 下	N7 上	N7 下	N8 上	N8 下	P6 上	P6 下	P7 上	P7 下	P8 上	P8 下	R6 上	R6 下	R7 上	R7 下	R8 上	R8 下	S6 上	S6 下	S7 上	S7 下	T① 6 上	T① 6 下	T① 7 上	T① 7 下	U7 上	U7 下	X7 上	X7 下
≦3	4	10	4	14	4	18	6	12	6	16	6	20	10	16	10	20	10	24	14	20	14	24	—	—	—	—	18	28	20	30
>3 - 6	5	13	4	16	2	20	9	17	8	20	12	30	12	20	11	23	15	33	16	24	15	27	—	—	—	—	19	31	24	36
>6 - 10	7	16	4	19	3	25	12	21	9	24	15	37	16	25	13	28	19	41	20	29	17	32	—	—	—	—	22	37	28	43
>10 - 14	9	20	5	23	3	30	15	26	11	29	18	45	20	31	16	34	23	50	25	36	21	39	—	—	—	—	26	44	33	51
>14 - 18	9	20	5	23	3	30	15	26	11	29	18	45	20	31	16	34	23	50	25	36	21	39	—	—	—	—	26	44	38	56
>18 - 24	11	24	7	28	3	36	18	31	14	35	22	55	24	37	20	41	28	61	31	44	27	48	—	—	—	—	33	54	46	67
>24 - 30	11	24	7	28	3	36	18	31	14	35	22	55	24	37	20	41	28	61	31	44	27	48	37	50	33	54	40	61	56	77
>30 - 40	12	28	8	33	3	42	21	37	17	42	26	65	29	45	25	50	34	73	38	54	34	59	43	59	39	64	51	76	71	96
>40 - 50	12	28	8	33	3	42	21	37	17	42	26	65	29	45	25	50	34	73	38	54	34	59	49	65	45	70	61	86	88	113
>50 - 65	14	33	9	39	4	50	26	45	21	51	32	78	35	54	30	60	41	87	47	66	42	72	60	79	55	85	76	106	111	141
>65 - 80	14	33	9	39	4	50	26	45	21	51	32	78	37	56	32	62	43	89	53	72	48	78	69	88	64	94	91	121	135	165
>80 - 100	16	38	10	45	4	58	30	52	24	59	37	91	44	66	38	73	51	105	64	86	58	93	84	106	78	113	111	146	165	200
>100 - 120	16	38	10	45	4	58	30	52	24	59	37	91	47	69	41	76	54	108	72	94	66	101	97	119	91	126	131	166	197	232
>120 - 140	20	45	12	52	4	67	36	61	28	68	43	106	56	81	48	88	63	126	85	110	77	117	115	140	107	147	155	195	233	273
>140 - 160	20	45	12	52	4	67	36	61	28	68	43	106	58	83	50	90	65	128	93	118	85	125	127	152	119	159	175	215	265	305
>160 - 180	20	45	12	52	4	67	36	61	28	68	43	106	61	86	53	93	68	131	101	126	93	133	139	164	131	171	195	235	295	335
>180 - 200	22	51	14	60	5	77	41	70	33	79	50	122	68	97	60	106	77	149	113	142	105	151	157	186	149	195	219	265	333	379
>200 - 225	22	51	14	60	5	77	41	70	33	79	50	122	71	100	63	109	80	152	121	150	113	159	171	200	163	209	241	287	368	414
>225 - 250	22	51	14	60	5	77	41	70	33	79	50	122	75	104	67	113	84	156	131	160	123	169	187	216	179	225	267	313	408	454
>250 - 280	25	57	14	66	5	86	47	79	36	88	56	137	85	117	74	126	94	175	149	181	138	190	209	241	198	250	295	347	455	507
>280 - 315	25	57	14	66	5	86	47	79	36	88	56	137	89	121	78	130	98	179	161	193	150	202	231	263	220	272	330	382	505	557
>315 - 355	26	62	16	73	5	94	51	87	41	98	62	151	97	133	87	144	108	197	179	215	169	226	257	293	247	304	369	426	569	626
>355 - 400	26	62	16	73	5	94	51	87	41	98	62	151	103	139	93	150	114	203	197	233	187	244	283	319	273	330	414	471	639	696
>400 - 450	27	67	17	80	6	103	55	95	45	108	68	165	113	153	103	166	126	223	219	259	209	272	317	357	307	370	467	530	717	780
>450 - 500	27	67	17	80	6	103	55	95	45	108	68	165	119	159	109	172	132	229	239	279	229	292	347	387	337	400	517	580	797	860

註：① 標稱尺寸在 24mm 以下，公差類別 T5 至 T8 並未列出，建議以公差類別 U5 至 U8 取代。

表 05-4　常用配合等級之偏差(軸)(節錄自 CNS 4-2)(經濟部標準檢驗局)

偏差單位：μm = 0.001mm

尺寸分段(mm)	a① 11 上	a① 11 下	b① 9 上	b① 9 下	b① 11 上	b① 11 下	c 9 上	c 9 下	c 11 上	c 11 下	d 8-10 上	d 8 下	d 9 下	d 10 下	e 7-9 上	e 7 下	e 8 下	e 9 下	f 6-8 上	f 6 下	f 7 下	f 8 下	g 5-6 上	g 5 下	g 6 下
≦3	270	330	140	165	140	200	60	85	60	120	20	34	45	60	14	24	28	39	6	12	16	20	2	6	8
>3 - 6	270	345	140	170	140	215	70	100	70	145	30	48	60	78	20	32	38	50	10	18	22	28	4	9	12
>6 - 10	280	370	150	186	150	240	80	138	80	170	40	62	76	98	25	40	47	61	13	22	28	35	5	11	14
>10 - 18	290	400	150	193	150	260	95	165	95	205	50	77	93	120	32	50	59	75	16	27	34	43	6	14	17
>18 - 30	300	430	160	212	160	290	110	194	110	240	65	98	117	149	40	61	73	92	20	33	41	53	7	16	20
>30 - 40	310	470	170	232	170	330	120	220	120	280	80	119	142	180	50	75	89	112	25	41	50	64	9	20	25
>40 - 50	320	480	180	242	180	340	130	230	130	290	80	119	142	180	50	75	89	112	25	41	50	64	9	20	25
>50 - 65	340	530	190	264	190	380	140	260	140	330	100	146	174	220	60	90	106	134	30	49	60	76	10	23	29
>65 - 80	360	550	200	274	200	390	150	270	150	340	100	146	174	220	60	90	106	134	30	49	60	76	10	23	29
>80 - 100	380	600	220	307	220	440	170	310	170	390	120	174	207	260	72	107	126	159	36	58	71	90	12	27	34
>100 - 120	410	630	240	327	240	460	180	320	180	400	120	174	207	260	72	107	126	159	36	58	71	90	12	27	34
>120 - 140	460	710	260	360	260	510	200	360	200	450	145	208	245	305	85	125	148	185	43	68	83	106	14	32	39
>140 - 160	520	770	280	380	280	530	210	370	210	460	145	208	245	305	85	125	148	185	43	68	83	106	14	32	39
>160 - 180	580	830	310	410	310	560	230	390	230	480	145	208	245	305	85	125	148	185	43	68	83	106	14	32	39
>180 - 200	660	950	340	455	340	630	240	425	240	530	170	242	285	355	100	146	172	215	50	79	96	122	15	35	44
>200 - 225	740	1030	380	495	380	670	260	445	260	550	170	242	285	355	100	146	172	215	50	79	96	122	15	35	44
>225 - 250	820	1110	420	535	420	710	280	465	280	570	170	242	285	355	100	146	172	215	50	79	96	122	15	35	44
>250 - 280	920	1240	480	610	480	800	300	510	300	620	190	271	320	400	110	162	191	240	56	88	108	137	17	40	49
>280 - 315	1050	1370	540	670	540	860	330	540	330	650	190	271	320	400	110	162	191	240	56	88	108	137	17	40	49
>315 - 355	1200	1560	600	740	600	960	360	590	360	720	210	299	350	440	125	182	214	265	62	98	119	151	18	43	54
>355 - 400	1350	1710	680	820	680	1040	400	630	400	760	210	299	350	440	125	182	214	265	62	98	119	151	18	43	54
>400 - 450	1500	1900	760	915	760	1160	440	690	440	840	230	327	385	480	135	198	232	290	68	108	131	165	20	47	60
>450 - 500	1650	2050	840	995	840	1240	480	730	480	880	230	327	385	480	135	198	232	290	68	108	131	165	20	47	60

註：①基礎偏差 a 及 b 不適用於標稱尺寸在 1mm 以下之任何標準公差。

表 05-4 常用配合等級之偏差(軸)(節錄自 CNS 4-2)(經濟部標準檢驗局)(續)　　偏差單位：$\mu m = 0.001mm$

配合等級 尺寸分段(mm)	h							js			k				m				n			
公差等級	5-11	5	6	7	8	9	11	5	6	7	5	6	7	5-7	5	6	7	5-7	5	6	7	5-7
偏差	上	下-	下-	下-	下-	下-	下-	上+下-	上+下-	上+下-	上+	上+	上+	下+	上+	上+	上+	下+	上+	上+	上+	下+
≦3	0	4	6	10	14	25	60	2	3	5	4	6	10	0	6	8	—	2	8	10	14	4
>3 - 6	0	5	8	12	18	30	75	2.5	4	6	6	9	13	1	9	12	16	4	13	16	20	8
>6 - 10	0	6	9	15	22	36	90	3	4.5	7.5	7	10	16	1	12	15	21	6	16	19	25	10
>10 - 18	0	8	11	18	27	43	110	4	5.5	9	9	12	19	1	15	18	25	7	20	23	30	12
>18 - 30	0	9	13	21	33	52	130	4.5	6.5	10.5	11	15	23	2	17	21	29	8	24	28	36	15
>30 - 50	0	11	16	25	39	62	160	5.5	8	12.5	13	18	27	2	20	25	34	9	28	33	42	17
>50 - 80	0	13	19	30	46	74	190	6.5	9.5	15	15	21	32	2	24	30	41	11	33	39	50	20
>80 - 120	0	15	22	35	54	87	220	7.5	11	17.5	18	25	38	3	28	35	48	13	38	45	58	23
>120 - 180	0	18	25	40	63	100	250	9	12.5	20	21	28	43	3	33	40	55	15	45	52	67	27
>180 - 250	0	20	29	46	72	115	290	10	14.5	23	24	33	50	4	37	46	63	17	51	60	77	31
>250 - 315	0	23	32	52	81	130	320	11.5	16	26	27	36	56	4	43	52	72	20	57	66	86	34
>315 - 400	0	25	36	57	89	140	360	12.5	18	28.5	29	40	61	4	46	57	78	21	62	73	94	37
>400 - 500	0	27	40	63	97	155	400	13.5	20	31.5	32	45	68	5	50	63	86	23	67	80	103	40

26

表 05-4 常用配合等級之偏差(軸)(節錄自 CNS 4-2)(經濟部標準檢驗局)（續）

偏差單位：μm＝0.001mm

尺寸分段 (mm)	p5 上+	p6 上+	p7 上+	p5-7 下+	r5 上+	r6 上+	r7 上+	r5-7 下+	s5 上+	s6 上+	s7 上+	s5-7 下+	t5 上+	t6 上+	t7 上+	t5-7 下+	u6 上+	u6 下+	u7 上+	u7 下+	x6 上+	x6 下+
至 3	10	12	16	6	14	16	20	10	18	20	24	14	—	—	—	—	24	18	28	18	26	20
>3 - 6	17	20	24	12	20	23	27	15	24	27	31	19	—	—	—	—	31	23	35	23	36	28
>6 - 10	21	24	30	15	25	28	34	19	29	32	38	23	—	—	—	—	37	28	43	28	43	34
>10 - 14	26	29	36	18	31	34	41	23	36	39	46	28	—	—	—	—	44	33	51	33	51	40
>14 - 18	26	29	36	18	31	34	41	23	36	39	46	28	—	—	—	—	44	33	51	33	56	45
>18 - 24	31	35	43	22	37	41	49	28	44	48	56	35	—	—	—	—	54	41	62	41	67	54
>24 - 30	31	35	43	22	37	41	49	28	44	48	56	35	50	54	62	41	61	48	69	48	77	64
>30 - 40	37	42	51	26	45	50	59	34	54	59	68	43	59	64	73	48	76	60	85	60	96	80
>40 - 50	37	42	51	26	45	50	59	34	54	59	68	43	65	70	79	54	86	70	95	70	113	97
>50 - 65	45	51	62	32	54	60	71	41	66	72	83	53	79	85	96	66	106	87	117	87	141	122
>65 - 80	45	51	62	32	56	62	73	43	72	78	89	59	88	94	105	75	121	102	132	102	165	146
>80 - 100	52	59	72	37	66	73	86	51	86	93	106	71	106	113	126	91	146	124	159	124	200	178
>100 - 120	52	59	72	37	69	76	89	54	94	101	114	79	119	126	139	104	166	144	179	144	232	210
>120 - 140	61	68	83	43	81	88	103	63	110	117	132	92	140	147	162	122	195	170	210	170	273	248
>140 - 160	61	68	83	43	83	90	105	65	118	125	140	100	152	159	174	134	215	190	230	190	305	280
>160 - 180	61	68	83	43	86	93	108	68	126	133	148	108	164	171	186	146	235	210	250	210	335	310
>180 - 200	70	79	96	50	97	106	123	77	142	151	168	122	186	195	212	166	265	236	282	236	379	350
>200 - 225	70	79	96	50	100	109	126	80	150	159	176	130	200	209	226	180	287	258	304	258	414	385
>225 - 250	70	79	96	50	104	113	130	84	160	169	186	140	216	225	242	196	313	284	330	284	454	425
>250 - 280	79	88	108	56	117	126	146	94	181	190	210	158	241	250	270	218	347	315	367	315	507	475
>280 - 315	79	88	108	56	121	130	150	98	193	202	222	170	263	272	292	240	382	350	402	350	557	525
>315 - 355	87	98	119	62	133	144	165	108	215	226	247	190	293	304	325	268	426	390	447	390	626	590
>355 - 400	87	98	119	62	139	150	171	114	233	244	265	208	319	330	351	294	471	435	492	435	696	660
>400 - 450	95	108	131	68	153	166	189	126	259	272	295	232	357	370	393	330	530	490	553	490	780	740
>450 - 500	95	108	131	68	159	172	195	132	279	292	315	252	387	400	423	360	580	540	603	540	860	820

註：① 標稱尺寸在 24mm 以下，公差類別 t5 至 t8 並未列出，建議以公差類別 u5 至 u8 取代。

表 05-5　加工方法與公差等級

加工方法	標註	公差等級									
		4	5	6	7	8	9	10	11	12	13
研光	研光	◄─	─►								
搪光	搪光	◄─	─►								
圓筒磨削	輪磨		◄─	──	─►						
平面磨削	輪磨		◄─	──	──	─►					
拉削	拉		◄─	──	──	─►					
鉸削	鉸			◄─	──	──	──	─►			
車削	車				◄─	──	──	──	──	──	─►
搪削	搪					◄─	──	──	──	──	─►
銑削	銑							◄─	──	──	─►
鉋削	鉋							◄─	──	──	─►
鑽削	鑽							◄─	──	──	─►

表 05-6　機械切削一般許可差(經濟部標準檢驗局)　　　　　單位：mm

標註尺寸 等級	0.5 以上 至 3	超過 3 至 6	超過 6 至 30	超過 30 至 120	超過 120 至 315	超過 315 至 1000	超過 1000 至 2000	超過 2000 至 4000	超過 4000 至 8000	超過 8000 至 12000	超過 12000 至 16000	超過 16000 至 20000
精級(12 級)	±0.05	±0.05	±0.1	±0.15	±0.2	±0.3	±0.5	±0.8	—	—	—	—
中級(14 級)	±0.1	±0.1	±0.2	±0.3	±0.5	±0.8	±1.2	±2	±3	±4	±5	±6
粗級(16 級)	±0.15	±0.2	±0.5	±0.8	±1.2	±2	±3	±4	±5	±6	±7	±8
最粗級	—	±0.5	±1	±1.5	±2	±3	±4	±5	±6	±8	±10	±12

註：①標註尺寸小於 0.5mm 時，應標註許可差。
　　②括號內等級別僅供參考。

表 05-7　機械切削一般許可差(去角及曲率半徑)(經濟部標準檢驗局)　　　單位：mm

等級＼標註尺寸	0.5 以上至 3	超過 3 至 6	超過 6 至 30	超過 30 至 120	超過 120 至 400
精級、中級	±0.2	±0.5	±1	±2	±4
粗級、最粗級	±0.2	±1	±2	±4	±8

註：標註尺寸小於 0.5mm 時，應標註許可差。

表 05-8　中心距離許可差(節錄自 CNS13533)(經濟部標準檢驗局)　　　單位：μm

中心距離(mm)		許可差				
超過	至	0 級 (參考)	1 級	2 級	3 級	4 級 (mm)
—	3	± 2	± 3	± 7	±20	±0.05
3	6	± 3	± 4	± 9	±24	±0.06
6	10	± 3	± 5	±11	±29	±0.08
10	18	± 4	± 6	±14	±35	±0.09
18	30	± 5	± 7	±17	±42	±0.11
30	50	± 6	± 8	±20	±50	±0.13
50	80	± 7	±10	±23	±60	±0.15
80	120	± 8	±11	±27	±70	±0.18

尺寸公差之應用，舉例說明如下：

【例1】一孔尺寸為 28H11

查表 05-1 或表 05-3 知 IT11 級公差為 130μ，即該尺寸為 $28^{+0.130}_{0}$ 。

【例2】一軸尺寸為 33h6

查表 05-1 或表 05-4 知 IT6 級公差為 16μ，即該尺寸為 $33^{0}_{-0.016}$。

【例3】一配合尺寸為 25H8/f7

表示基孔制，標稱尺寸 25.000，孔之最小尺寸為 25.000，孔公差 8 級查表 05-1 或表 05-3 知公差為 0.033，即孔之尺寸為 $25^{+0.033}_{0}$ ，軸偏差查表 05-4 知 −0.020〜−0.041，即軸尺寸為 $25^{-0.020}_{-0.041}$或$24.980^{0}_{-0.021}$；其最大孔與最小軸之差(25.033−24.959 ＝ ＋ 0.074)及最小孔與最大軸之差(25.000−24.980 ＝ ＋ 0.020)，其配合的變異值為＋ 0.020〜＋ 0.074；係正數數值，即為餘隙配合。

【例4】一配合尺寸 35H6/k5

查表 05-1 或表 05-3 知其孔尺寸為 $35^{+0.016}_{\ \ \ 0}$，查表 05-4 知軸尺寸為 $35^{+0.013}_{+0.002}$，其配合的變異值為 $-0.013 \sim +0.014$；係由負數數值至正數數值，即為過渡配合。

【例5】一配合尺寸 25H7/t6

查表 05-1 或表 05-3 知其孔尺寸為 $25^{+0.021}_{\ \ \ 0}$，查表 05-4 知軸尺寸為 $25^{+0.054}_{+0.041}$，其配合的變異值為 $-0.020 \sim -0.054$；係負數數值，即為干涉配合。

在基軸制中配合的變異值，亦相當於最大孔減最小軸及最小孔減最大軸之差，正數數值時為餘隙配合，負數數值為干涉配合，基軸制僅用於同一軸須與多件不同偏差之孔配合時用之。

【例6】一配合尺寸 70h6/F7

表示基軸制，查表 05-1 或表 05-4 知其軸尺寸為 $70^{\ \ \ 0}_{-0.019}$，查表 05-3 知孔尺寸為 $70^{+0.060}_{+0.030}$，其配合的變異值為 $+0.079 \sim +0.030$(即 $70.060 - 69.981 = +0.079$；$70.030 - 70.000 = +0.030$)；係正數數值，即為餘隙配合。

【例7】一配合尺寸 55h5/N6

查表 05-1 或表 05-4 知其軸尺寸為 $55^{\ \ \ 0}_{-0.013}$，查表 05-3 知孔尺寸為 $55^{-0.014}_{-0.033}$，配合的變異值為 $-0.001 \sim -0.033$；係負數數值，即為干涉配合。

學後評量

一、是非題

( )1. 工件標稱尺寸的容許差異量稱為公差，亦即上限界尺寸與下限界尺寸之差。

( )2. 基孔制公差制度之最小孔尺寸，即為標稱尺寸。

( )3. 中國國家標準之線性尺度編碼系統，將配合分為三類18級。

( )4. 車削工作之公差等級 IT6～IT10。

( )5. 工作圖上一尺寸φ30，未標註尺寸公差，惟註明以一般許可差中級精度加工，則其尺寸公差為±0.8。

( )6. 一尺寸 φ35H9/e8，則其孔之尺寸為 $\phi 35^{+0.062}_{\ \ \ 0}$，軸之尺寸為 $\phi 35^{-0.050}_{-0.089}$。

( )7. 一尺寸 $40^{+0.039}_{\ \ \ 0}$ 則其上限界偏差為 +0.039，公差 0.039。

( )8. 一尺寸φ20H8/f7，表示干涉配合。

( )9. 一尺寸 30H8/g6，表示變異值為 $+0.009 \sim +0.064$。

( )10. 一尺寸φ70H7/s6，表示餘隙配合。

二、選擇題

(　　) 1. 下列有關尺寸公差與配合之敘述，何項不正確？　(A)公差有正公差與負公差　(B)公差有單向公差與雙向公差　(C)偏差有上限界偏差與下限界偏差　(D)公差制度有基孔制與基軸制　(E)配合的變異值有正數數值與負數數值。

(　　) 2. 一尺寸 50H7 則其尺寸為　(A)$50 - \begin{smallmatrix}0\\0.030\end{smallmatrix}$　(B)$50 - \begin{smallmatrix}0\\0.025\end{smallmatrix}$　(C)50 ± 0.025　(D)50 ± 0.030　(E)$50 \begin{smallmatrix}+0.025\\0\end{smallmatrix}$。

(　　) 3. 一尺寸標示 28H7/f6，下列敘述何項不正確？　(A)標稱尺寸 28mm　(B)是基軸制的公差制度　(C)是餘隙配合　(D)孔的上限界偏差為正數數值　(E)配合的變異值為正數值。

(　　) 4. 尺寸 ϕ35的粗級機械切削一般許可差是　(A)±0.05　(B)±0.1　(C)±0.3　(D)±0.8　(E)±1.2。

(　　) 5. 尺寸 2×45°的去角之最粗級機械切削一般許可差是　(A)$+0.2$　(B)-0.2　(C)±0.2　(D)$+0.5$　(E)±0.5。

參考資料

註 05-1： 經濟部標準檢驗局：產品幾何規範(GPS)—線性尺度之 ISO 公差編碼系統—第 1 部：公差、偏差及配合之基礎。台北，經濟部標準檢驗局，民國 101 年，第 3 頁。

註 05-2： 同註 05-1，第 1～5 頁。

註 05-3： 同註 05-1，第 6～7，17 頁。

註 05-4： 同註 05-1，第 6，13 頁。

註 05-5： 同註 05-1，第 26，28 頁。

註 05-6： 經濟部標準檢驗局：產品幾何規範(GPS)—線性尺度之 ISO 公差編碼系統—第 2 部：孔及軸之標準公差類別與限界偏差表。台北，經濟部標準檢驗局，民國 101 年，第 10～46 頁。

註 05-7： Erik Oberg and Franklin D. Jones. *Machinery's handbook*. New York: Industrial Press Inc., 1971, p.1517.

註 05-8： 經濟部標準檢驗局：一般許可差(機械切削)。台北，經濟部標準檢驗局，民國 76 年，第 1 頁。

註 05-9： 經濟部標準檢驗局：中心距離許可差。台北，經濟部標準檢驗局，民國 84 年，第 1 頁。

工廠實習知識單

項目	長度測量的單位	學習目標	能正確的說出長度測量的單位

前　言

　　精密測量是確保工件達成可互換性的關鍵，機工精密測量包含長度測量、真平度測量、角度測量、特殊距離及角度測量、表面粗糙度測量、硬度測量等。測量標準溫度為20℃(CNS35)(註 06-1)。

說　明

　　國際單位制(international system of units 簡稱 SI)的長度測量單位是公尺(meter 簡稱 m)(CNS10987)(註06-2)，惟機工測量皆以公厘(mililimeter簡稱mm)為單位，尺寸公差以0.001mm(1μm)為單位，其單位之換算是：

表 06-1　國際單位制前綴詞(經濟部標準檢驗局)

係數因子	前綴詞		
	名稱	代號	說明
10^{24}	佑	Y	佑(yotta)
10^{21}	皆	Z	皆(zetta)
10^{18}	艾	E	艾(exa)
10^{15}	拍	P	拍(peta)
10^{12}	兆	T	兆(tera)
10^{9}	吉	G	吉(giga)
10^{6}	百萬	M	百萬(mega)
10^{3}	千	k	千(kilo)
10^{2}	百	h	百(hecto)；百(h)與時(h)代號相同，使用時需特別注意。
10	十	da	十(deca)
10^{-1}	分	d	分(deci)；分(d)與日(d)代號相同，使用時需特號注意。
10^{-2}	厘	c	厘(centi)
10^{-3}	毫	m	毫(milli)
10^{-6}	微	μ	微(micro)
10^{-9}	奈	n	奈(nano)

表 06-1　國際單位制前綴詞(經濟部標準檢驗局)(續)

係數因子	前綴詞		
	名稱	代號	說明
10^{-12}	皮	p	皮(pico)
10^{-15}	飛	f	飛(femto)
10^{-18}	阿	a	阿(atto)
10^{-21}	介	z	介(zepto)
10^{-24}	攸	y	攸(yocto)

1 公尺(m)＝ 10 公寸(decimeters)(dm)

1 公寸＝ 10 公分(centimeters)(cm)

1 公分＝ 10 公厘(mm)

國際單位制之倍數及分數使用的綴詞表示，其名稱及代號如表 06-1(CNS10987)(註 06-3)。

學後評量

一、是非題

( )1. 測量的標準溫度為 30℃。

( )2. SI 的長度測量單位是公尺。

( )3. 尺寸公差的單位為 mm。

( )4. 1mm ＝ 10^{-3}m。

( )5. 10μm ＝ 0.001mm。

二、選擇題

( )1. 測量的標準溫度是　(A)20℃　(B)20℉　(C)36℃　(D)36℉　(E)40℃。

( )2. 1μm 等於　(A)0.01m　(B)0.001m　(C)0.0001m　(D)0.00001m　(E)0.000001m。

( )3. 1000 公里等於　(A)1Gm　(B)1Mm　(C)1km　(D)1cm　(E)1mm。

( )4. 下列有關長度單位之換算，何項錯誤？　(A)1mm ＝ 0.001m　(B)1m ＝ 100cm　(C)1m ＝ 10dm　(D)1cm ＝ 100mm　(E)1μm ＝ 0.001mm。

( )5. 下列有關倍分數之符號，何項錯誤？　(A)10^9＝ G　(B)10^3＝ k　(C)10^{-3}＝ M　(D)10^{-6}＝μ　(E)10^{-9}＝ n。

參考資料

註 06-1：經濟部標準檢驗局：標準檢驗溫度。台北，經濟部標準檢驗局，民國 59 年，第 1 頁。

註 06-2：經濟部標準檢驗局：國際單位制(SI)。台北，經濟部標準檢驗局，民國 96 年，第 1 頁。

註 06-3：同註 06-2，第 3 頁。

工廠實習知識單

項目	表面織構符號	學習目標	能正確說出表面織構符號的意義並使用於工作上

前　言

　　材料經加工而成製品，其表面或配合面均須達到一定之加工程度，若加工程度不夠，則成品不能使用，過份精製則增加成本。故一般工件之加工程度，視其實際需要而規定。中國國家標準以表面織構符號表示其加工方法與表面粗糙度等。

說　明

　　表面織構符號又稱表面符號，用於表示工件之表面織構(surface texture)，以標註其表面織構參數及數值等。表面織構的完整符號用以說明表面織構特徵(加工型態)，如圖07-1(a)為允許任何加工方法(any process allowed, APA)，圖(b)為必須去除材料(material removal required, MRR)如切削等，圖(c)為不得去除材料(no material removed, NMR)。(CNS3-3)(註07-1)。

(a) APA　　　　　　　(b) MRR　　　　　　　(c) NMR

圖 07-1　表面織構完整符號

　　當工件輪廓(投影視圖上封閉的輪廓)所有表面有相同織構時，須在圖07-1完整符號中加上一圓圈如圖07-2。但若環繞之標註會造成任何不清楚時，各個表面必須個別的標註如圖07-3(CNS3-3)(註07-2)。

圖 07-2　工件輪廓所有表面有相同織構時之表示

圖 07-3　對所有6個平面之表面織構要求以工件輪廓表示
〔圖中之輪廓代表3D視圖中工件的6個面(前後平面不包括)〕

　　為確保對表面織構之要求，可能必須加註表面織構參數及數值兩項，以及增加特別要求事項，如：

34

傳輸波域、取樣長度(sample length)、加工方法、表面紋理及方向和加工裕度。且必須依照規定將其標註
於符號中特定的位置如圖 07-4(CNS3-3)(註 07-3)。

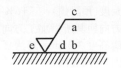

說明：

a：標註單一項表面織構要求事項

b：標註對兩個或更多表面織構之要求事項

c：標註加工方法

d：標註表面紋理及方向

e：標註加工裕度

圖 07-4　標註表面織構要求事項(a-e)的位置

1. 圖中位置 a 標註單一項表面織構要求標出之表面織構參數代號、限界數值，及傳輸波域/取樣長度
如圖 07-5(CNS3-3)(註 07-4)。

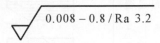

說明：必須去除材料，單邊上限界規格，傳輸波域
0.008-0.8 mm，R輪廓，表面粗糙度輪廓之算術平均偏
差 3.2μm，評估長度為 5 倍取樣長度(預設值)，〝16%-
規則〞(預設值)。

圖 07-5　位置 a 之標註

2. 圖中位置 b 標註對兩個或更多表面織構之要求事項。第一個表面織構要求事項標註在位置 a。　第
二個表面織構要求事項標註在位置 b，如圖 07-6。若有第三個或更多表面織構要求事項要標註，
為有足夠空間標註多列，在符號的垂直方向必須加長。當圖形加長時，a、b 位置須上移。(CNS3-3)
(註 07-5)。

U Ramax 3.2
L Ra 0.8

說明：不得去除材料，雙邊上下限界規格，兩限界傳輸
波域均為預設值，R輪廓。上限界：表面粗糙度輪廓之
算術平均偏差 3.2μm，評估長度為 5 倍取樣長度(預設
值)，〝最大-規則〞；下限界：表面粗糙度輪廓之算術
平均偏差 0.8μm，評估長度為 5 倍取樣長度(預設值)，
〝16%-規則〞(預設值)。

圖 07-6　補充要求事項(a-b)位置的標註

3. 圖中位置 c 標註加工方法。對於指定表面之加工方法之要求事項等的標註。如車削、研磨、電鍍…
等如圖 07-7(CNS3-3)(註 07-6)。

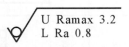

說明：必須去除材料，車削加工，單邊上限界規格，傳
輸波域(預設值)，R輪廓，表面粗糙度最大輪廓高度 3.2
μm，評估長度為 5 倍取樣長度(預設值)，〝16%-規則〞
(預設值)。

圖 07-7　加工方法及粗糙度之標註

4. 圖中位置 d 標註表面紋理及方向。對於表面紋理及方向之符號的標註(若有需要)如圖 07-8。表面
紋理及方向標註符號如表 07-1(CNS3-3)(註 07-7)。

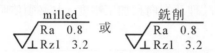

$$\sqrt{\underset{\perp\,Rzl\quad3.2}{\overset{milled}{Ra\quad0.8}}} \quad 或 \quad \sqrt{\underset{\perp\,Rzl\quad3.2}{\overset{銑削}{Ra\quad0.8}}}$$

說明：必須去除材料，銑削加工，雙邊上下限界規格，兩限界傳輸波域均為預設值，R輪廓。上限界：表面粗糙度輪廓之算術平均偏差 $0.8\mu m$，評估長度為 5 倍取樣長度(預設值)，〝16%-規則〞(預設值)；下限界：紋理方向與其所指加工方向之邊緣垂直，表面粗糙度最大輪廓高度 $3.2\mu m$，評估長度為 1 倍取樣長度，〝16%-規則〞(預設值)。

圖 07-8　紋理方向之標註

表 07-1　表面紋理及方向標註符號(經濟部標準檢驗局)

符號	範例說明	
二	紋理方向與其所指加工面之邊緣平行。	紋理方向
⊥	紋理方向與其所指加工面之邊緣垂直。	紋理方向
X	紋理方向與其所指加工面之邊緣成兩方向傾斜交叉。	紋理方向
M	紋理呈多方向。	
C	紋理呈同心圓狀。	
R	紋理呈放射狀。	
P	表面紋理呈凸起之細粒狀。	
備考：如使用本表中未定義的符號，則必須在圖面另加註解。		

5. 圖中位置e標註加工裕度(若有需要)，單位為mm。加工裕度通常僅標註在多重加工階段，例如在鑄造或鍛造的工件粗胚圖面上，同時呈現最後工件形貌如圖07-9(CNS3-3)(註07-8)。

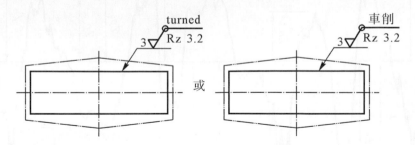

說明：所有表面之加工裕度為3 mm，必須去除材料，工件輪廓所有表面有相同織構，車削加工，單邊上限界規格，傳輸波域(預設值)，R輪廓，表面粗糙度最大輪廓高度3.2μm，評估長度為5倍取樣長度(預設值)，「16%-規則」(預設值)。

圖 07-9　加工裕度之標註

織構參數之標註，至少應該包括四項資訊：(CNS3-3)(註07-9)。

1. 標註三項表面輪廓(R、W 或 P)中的任一項。

　　表面織構參數(surface texture parameter)分為輪廓參數(profile parameter)、圖形參數(motif parameter)和材料比曲線參數(parameters related to the material ratio curve)。

　　輪廓參數有粗糙度輪廓(roughness profile, R 輪廓)之粗糙度參數(roughness parameter, R-parameter)、波紋輪廓(waviness profile, W輪廓)之波紋參數(waviness parameter, W- parameter)和結構輪廓(primary profile, P輪廓)之結構參數(primary parameter, P- parameter)。輪廓參數係採用高斯濾波器(Gaussian filter)來定義。(CNS3-3)(註07-10)。

2. 標註任一種表面織構特徵。

　　粗糙度輪廓(R 輪廓)之粗糙度參數分為振幅參數(amplitude parameter)、間隔參數(spacing parameter, RSm)、混合參數(hybrid parameter, RΔq)和曲線及相關參數(curves and related parameter, Rmr(c), Rδc, Rmr)。

　　振幅參數分峰谷(peak and valley)值參數(Rp, Rv, Rz, Rc, Rt)和平均值(average of ordinates)參數(Ra, Rq, Rsk, Rku)。(CNS3-3)(註07-11)。其參數定義請參考 CNS7868。(CNS7868, ISO4287)(註07-12)。其中：

　　峰谷值參數中Rz表面粗糙度(surface roughness)，即最大輪廓高度(maximum height of profile)，亦即在取樣長度(ℓr)範圍內，輪廓之最大波峰高度Zp與最大波谷深度Zv相加之高度如圖07-10。(註：在 ISO4287-1:1984，Rz 曾定義為「十點平均粗糙度」，ISO4287:1997 修訂為最大輪廓高度，使用時應特別注意。)(CNS7868, ISO4287)(註07-13)。

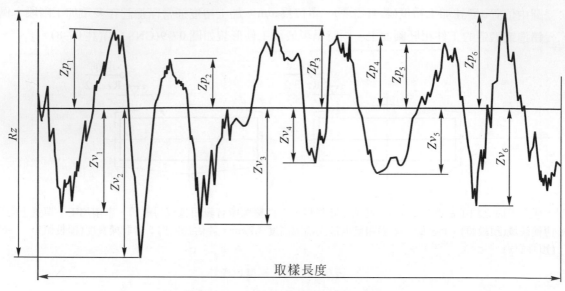

圖 07-10　Rz 求法(ISO4287-1997)

　　平均值參數中 Ra 表面粗糙度,即輪廓之算術平均偏差(arithmetical mean deviation of the assessed poofile),亦即在取樣長度範圍內,縱座標Z(x)絕對值的算術平均數(CNS7868, ISO4287)(註 07-14)。

3. 評估長度為取樣長度之倍數。

　　若參數代號標註未予指定,表示所要求之事項為預設評估長度,粗糙度輪廓之粗糙度參數的預設評估長度(evaluation length, ℓn)為取樣長度(ℓr)的 5 倍(包含 5 倍),即ℓn=5×ℓr,如表 07-2。若預設定義未說明評估長度為若干倍之取樣長度,此時取樣長度之倍數應該加註在參數代號上,如 Rz3、Ra3…。(CNS3-3, ISO4288)(註 07-15)。

表 07-2　粗糙度取樣長度與評估長度(節錄自 ISO4288)(ISO)

Ra/Rz μm	取樣長度 ℓr mm	評估長度 ℓn mm
(0.006)< Ra ≤ 0.02	0.08	0.4
0.02 < Ra ≤ 0.1	0.25	1.25
0.1 < Ra ≤ 2	0.8	4
2 < Ra ≤ 10	2.5	12.5
10 < Ra ≤ 80	8	40
(0.025)< Rz ≤ 0.1	0.08	0.4
0.1 < Rz ≤ 0.5	0.25	1.25
0.5 < Rz ≤ 10	0.8	4
10 < Rz ≤ 50	2.5	12.5
50 < Rz ≤ 200	8	40

4. 應說明所標註的限界規格。

限界之標註以〝16%-規則〞(16%-rule)或〝最大-規則〞(max-rule)來標註及說明表面織構的限界規格。

〝16%-規則〞係指參數以上限界方式標註時,依據一評估長度,在所有選定參數的測量值中,只允許16%以下的測量值超過圖示的要求。參數以下限界方式標註時,依據一評估長度,在所有選定參數的測量值中,只允許16%以下的測量值低於圖示的要求。若參數以上限界或下限界方式標註時,在指定參數值時不應標註〝max〞。

〝最大-規則〞係指參數以最大值方式標註時,在整個表面不同區域所測定出來的參數值,每一個都不能超過圖面要求所標註的最大值。圖面應在指定參數值時加上〝max〞,如 Rz1 max。

輪廓參數適用〝16%-規則〞及〝最大-規則〞。圖形參數僅適用〝16%-規則〞。以材料比曲線為基礎之參數適用〝16%-規則〞及〝最大-規則〞。(CNS3-3,ISO4288)(註07-16)。

表面織構要求事項應該以單邊或雙邊標註。限界應該標註參數代號、參數數值及傳輸波域。表面織構參數以單邊限界標註參數代號、參數數值及傳輸波域時,其參數〝16%-規則〞或〝最大-規則〞應該被當成為單邊上限界;若參數代號、參數數值及傳輸波域之標註,其參數〝16%-規則〞或〝最大-規則〞被解釋成單邊下限界時,則參數代號前要加註〝L〞。如:L Ra 0.32。

表面織構參數的雙邊限界應該以完整符號標註,要求事項加註在每一限界上,上限界標註(〝16%-規則〞或〝最大-規則〞)前面加註〝U〞,下限界標註前面加註〝L〞,參考圖07-6。當上下限界有相同的參數代號,但限界值不同時,〝U〞及〝L〞可以省略。上下限界規定,不需以相同的參數代號及傳輸波域表示。(CNS3-3)(註07-17)。

傳輸波域為包含在評估過程中的一段波長範圍,表面織構是定義在一個傳輸波域上,介於兩個濾波器間之波長範圍,亦即經由一短波濾波器截止短波長,及另一長波濾波器截止長波長來限制其範圍,濾波器以截止值為其特徵值。長波濾波器的截止值即為取樣長度。若為圖形方法(motif method)則介於兩限界間之波長範圍。

若參數代號並未加註傳輸波域,則預設傳輸波域適用於表面織構要求事項,參考圖07-6、圖07-7、圖07-8。為確保表面織構要求項目能明確的約束所規定之表面,傳輸波域應該標註在參數代號之前並以斜線〝/〞分開。輪波域之加註包含濾波器的截止值(單位 mm),首先標註短波濾波器,接著標註長濾波器,中間以符號〝-〞分開,參考圖07-5。(CNS3-3)(註07-18)。

圖07-11為一示例與說明(CNS3-3)(註07-19)。

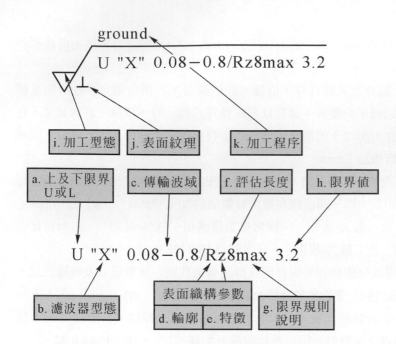

說明：
a. 上(U)下(L)限界之標註。
b. 濾波器型態 〝X〞。標準濾波器是高斯濾波器。
c. 傳輸波域可以標註成短波濾波器或長波濾波器。
d. 輪廓(R、W 或 P)。
e. 特徵/參數。
f. 評估長度爲多少倍取樣長度。
g. 限界規則說明(〝16%-規則〞或 〝最大-規則〞)。
h. 限界值(單位爲μm)。
i. 加工型態。
j. 表面紋理。
k. 加工方法(加工程序)。

圖 07-11　表面織構符號的標註示例

　　粗糙度測量可利用觸針式粗糙度測定機如圖 07-12 測定之。觸針在工件表面輪廓(surface profile)之粗糙度輪廓截取取樣長度，使用相位校正帶通過濾波器，從主輪廓中獲得粗糙度曲線。

圖 07-12　觸針式粗糙度測定機(台灣三豐儀器公司)

　　利用表面粗糙度比較標準片，比較工件之表面粗糙度爲一實用的方法，表面粗糙度標準片係以代表性加工方法加工製得如圖 07-13 ，其粗糙度區分值之標準片範圍如表 07-3(CNS10793)(註 07-20)。使用時可用放大鏡或比測儀比較之。

(a) 砂光、銼削

(b) 平面銑削、普通銑刀銑削

(c) 圓筒磨削、車削

(d) 平面磨削、鉋削

圖 07-13　表面粗糙度標準片(惠豐貿易行公司)

表 07-3　粗糙度區分值之標準片範圍(經濟部標準檢驗局)

粗糙度區分值		0.025a	0.05a	0.1a	0.2a	0.4a	0.8a	1.6a	3.2a	6.3a	12.5a	25a	50a
表面粗糙度範圍 (μm Ra)	最小值	0.02	0.04	0.08	0.17	0.33	0.66	1.3	2.7	5.2	10	21	42
	最大值	0.03	0.06	0.11	0.22	0.45	0.90	1.8	3.6	7.1	14	28	56
粗糙度編號		N1	N2	N3	N4	N5	N6	N7	N8	N9	N10	N11	N12

學後評量

一、是非題

(　)1. 工作圖上標註 ⟋Ra 0.8，表示不得去除材料。

(　)2. 工作圖上標註 ⟋Ra 0.8 ，表示工件輪廓所有平面有相同織構。

(　)3. 輪廓參數中粗糙度輪廓，簡稱 R 輪廓。

(　)4. 粗糙度輪廓之粗糙度參數的預設評估長度，為取樣長度的 5 倍。

(　)5. 工作圖上加工面標註 ⟋Ra 0.8，表示該加工面之最大輪廓高度表面粗糙度為 0.8μm。

二、選擇題

(　　) 1. 最大輪廓高度表面粗糙度符號是　(A)Ra　(B)Rz　(C)Rp　(D)RSm　(E)R。

(　　) 2. 輪廓之算數平均偏差表面粗糙度的符號是　(A)Ra　(B)Rz　(C)Rp　(D)RSm　(E)R。

(　　) 3. 標註車削工件端面之表面紋理方向的符號為　(A)R　(B)✕　(C)C　(D)⊥　(E) //。

(　　) 4. 工件加工刀痕之方向與其所指加工面之邊緣平行時之符號為　(A)R　(B)✕　(C)C　(D)⊥　(E)//。

(　　) 5. 工件加工面標註 $\sqrt{}^{0.008-0.8/\text{Ra }3.2}$，表示該加工面之表面粗糙度輪廓之算術平均偏差為　(A) 0.008mm　(B)0.008μm　(C)0.8μm　(D)3.2μm　(E)3.2mm。

參考資料

註07-1：經濟部標準檢驗局：工程製圖(表面織構符號)。台北，經濟部標準檢驗局，民國99年，第5頁。

註07-2：同註07-1，第6頁。

註07-3：同註07-1，第6~7頁。

註07-4：同註07-1，第23頁。

註07-5：同註07-4。

註07-6：同註07-1，第7,12頁。

註07-7：同註07-1，第7,12~13頁。

註07-8：同註07-1，第7,13~14頁。

註07-9：同註07-1，第7頁。

註07-10：同註07-1，第8,33頁。

註07-11：同註07-1，第33頁。

註07-12：1. 經濟部標準檢驗局：產品幾何規範(GPS)-表面織構：輪廓曲線法-用語、定義及表面織構參數。台北，經濟部標準檢驗局，民國100年，第8~13頁。

2. International Organization for Standardization. *Geometrical Product Specifications(GPS)-Surface texture: Profile method-Terms, definitions and surface texture parameters.* Switzerland: International Organization for Standardization,1997, pp.10~18.

註07-13：1. 同註07-12-1，第9頁。

2. 同註07-12-2，第12頁。

註07-14：1. 同註07-12-1，第10頁。

2. 同註07-12-2，第13頁。

註07-15：1. 同註07-1，第8,36頁。

2. International Organization for Standardization. *Geometrical Product Specifications*(GPS)-*Surface texture: Profile method-Rules and procedures for the assessment of surface texture.*

Switzerland: International Organization for Standardization,1997, p.5.

註 07-16：1. 同註 07-1，第 9~10 頁。

2. 同註 07-15-2，第 2~3 頁。

註 07-17：同註 07-1，第 11 頁。

註 07-18：同註 07-1，第 10,37 頁。

註 07-19：同註 07-1，第 30~31 頁。

註 07-20：經濟部標準檢驗局：表面粗糙度比較標準片。台北，經濟部標準檢驗局，民國 73 年，第1頁。

工廠實習知識單

項目	刻度量具	學習目標	能正確的說出刻度量具的種類與使用方法

前 言

　　測量(measuring)所用的設備可分為兩大類,即測定儀器(measuring instrument)及量規(gage)。測定儀器係指可以量取實際尺寸數值者,而量規則屬比較性質,僅可用以比較或測量一定尺寸是否正確而已。測定儀器均刻有刻度註明數字,在其測量範圍內可直接量取任何尺寸之實際數值,故凡利用測定儀器以測量者稱為度量(measuring),而利用量規以測量者稱之為規測(gaging)。測定儀器如各種尺類、分厘卡或光學儀等,量規如塞規、環規或卡規等。

說 明

　　長度測量設備依其性質可分為尺或刻度量具(rules or graduate tools)、可調整量器(adjustable measuring instruments)、移量量器(transfer tools)、量規或定值量具(gage or fixed-value measuring tools)。

　　最基本的刻度量具為尺,尺依其形式及用途有鋼尺(steel rule)、摺尺(folding rule)、鋼捲尺或捲尺(steel tape rule or flexible rule)、帶鈎尺(hook rule)。其形式如圖 08-1。其用途最廣者為鋼尺,鋼尺分為 A、B、C 三型(CNS7548)(註 08-1),C 型長度自 150 公厘至 2000 公厘,以 0.5 公厘為最小單位如圖(a)。

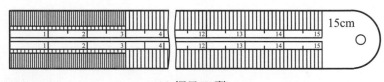

(a) 鋼尺(C 型)

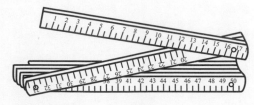

(b) 摺尺

圖 08-1　尺

(c) 捲尺

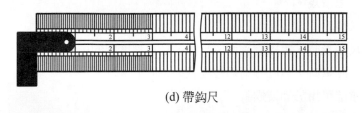

(d) 帶鈎尺

圖 08-1 尺(續)

使用鋼尺度量時需注意下列幾點(註 08-2)：

1. 鋼尺須直接橫過其被度量的長度上，平行於其面且垂直於其邊如圖 08-2。

2. 儘可能的依著肩角如圖 08-3。

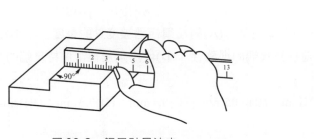

圖 08-2 鋼尺計量法之一

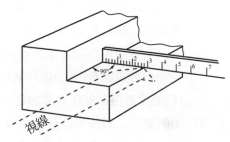

圖 08-3 鋼尺計量法之二

3. 因刻度線亦有寬度，故視線應垂直於尺面，且視刻度線的中央為準如圖 08-4。

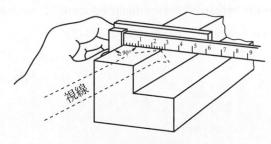

圖 08-4 鋼尺計量法之三

4. 購買時應注意尺端的準確性，並經常保持尺端的準確性。

5. 除作度量之外，不可作鬆緊螺釘等其他用途，並經常保持清潔。

學後評量

一、是非題

( )1. 鋼尺是一種量規。

( )2. 使用鋼尺測量長度是度量的工作。

( )3. 使用鋼尺測量時，視線應垂直於尺面，且視刻度線的中央為準。

( )4. 使用鋼尺測量時，須直接橫過被度量的長度上。

( )5. 鋼尺的頭部可用於卸裝螺釘。

二、選擇題

( )1. 鋼尺是　(A)刻度量具　(B)可調整量具　(C)移量量具　(D)量規　(E)定值量具。

( )2. 下列有關測量之敘述，何項錯誤？　(A)測量所用的設備分為儀器與量規　(B)測定儀器可以量取實際尺寸數值　(C)使用量規可以量取實際尺寸數值　(D)使用測定儀器的測量稱為度量　(E)使用量規的測量稱為規測。

( )3. 車削外徑量取長度常用　(A)摺尺　(B)鋼尺　(C)捲尺　(D)鋼捲尺　(E)皮尺。

( )4. 下列有關使用鋼尺度量的敘述，何項錯誤？　(A)鋼尺須橫過被度量的長度上　(B)鋼尺儘可能依著肩測量　(C)購買鋼尺應注意尺端的準確性　(D)使用鋼尺經常保持尺端的準確性　(E)測量直徑最好使用帶鉤尺。

( )5. 公制鋼尺之最小單位是　(A)0.01mm　(B)0.05mm　(C)0.1mm　(D)0.5mm　(E)1mm。

參考資料

註 08-1：經濟部標準檢驗局：金屬直尺。台北，經濟部標準檢驗局，民國 70 年，第 1 頁。

註 08-2：Labour Departement for Industrial Professional Education. *Measuring*. Labour Departement for Industrial Professional Education, 1958, p.02-21-24-3.

工廠實習知識單

項目	游標卡尺	學習目標	能正確的說出游標卡尺的規格、原理與使用方法

前　言

在度量上通常以尺為最方便，但利用鋼尺量取長度僅可讀至 0.5 公厘，且刻度線本身亦佔有相當的寬度，因此欲讀出較精確之尺寸，唯有使用游標卡尺(vernier calipers)與分厘卡(micrometer)。

說　明

游標卡尺為 1631 年法人威尼氏(Pierce Vernier)所發明，為利用分度直尺量取精確數值之唯一方法，依其精度可分為 1、2 兩級，依其型式可分為 M1 型、M2 型、CB 型及 CM 型(CNS4175)(註 09-1)，其中 M1 型、M2 型及 CM 型之游尺為槽型，CB 型之游尺為箱型；M2 型、CB 型及 CM 型具有微動調整裝置；M1 型及 M2 型具有內側測定喙部，CB 型及 CM 型之顎夾為外側及內側測量用。圖 09-1 為一 M1 型的游標卡尺，其游尺與本尺並列，可沿本尺移動，在同一長度內本尺與游尺的分度數目不等，游尺的分度常較本尺上之分度增加或減少一分度，使本尺與游尺相錯之間獲得精確之尺寸。

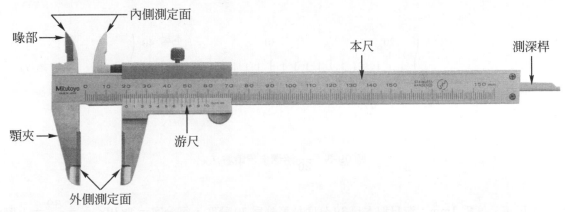

圖 09-1　游標卡尺(M1 型)(台灣三豐儀器公司)

各種不同精度游標卡尺的分度說明如下：

09-1 精度 1/20mm 游標卡尺

1. 本尺每分度爲 1mm：游尺取本尺 19 分度長等分爲 20 分度，每分度 $= 1 \times 19 \times \frac{1}{20} = 0.95$mm。如圖

09-2，則本尺與游尺每分度相差 $1 - 0.95 = 0.05 = \frac{1}{20}$mm。如圖 09-3 之讀數法爲游尺之 0 分度

線對準本尺 21～22mm 間，游尺第 7 格(如＊所示)對準本尺某一分度線，則其讀數爲 $21 + 0.05 \times 7$

$= 21.35$mm。

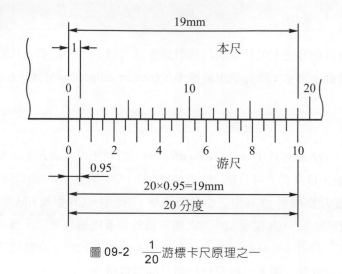

圖 09-2 $\frac{1}{20}$游標卡尺原理之一

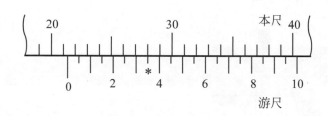

圖 09-3 $\frac{1}{20}$游標卡尺讀數法之一

2. 本尺每分度爲 1mm：游尺取本尺 39 分度長等分爲 20 分度，每分度 $= 1 \times 39 \times \frac{1}{20} = \frac{39}{20} = 1.95$mm。

如圖 09-4，則本尺 2 分度與游尺 1 分度相差 $1 \times 2 - 1.95 = 0.05 = \frac{1}{20}$mm。如圖 09-5 之讀數爲 23.90mm。

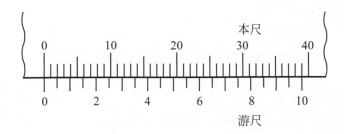

圖 09-4　$\frac{1}{20}$ 游標卡尺原理之二

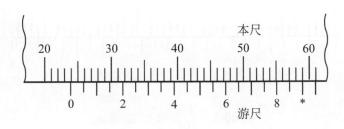

圖 09-5　$\frac{1}{20}$ 游標卡尺讀數法之二

09-2　精度 1/50mm 游標卡尺

1. 本尺每分度為 1mm：游尺取本尺 49 分度長等分為 50 分度，每分度 $= 1 \times 49 \times \frac{1}{50} = \frac{49}{50} = 0.98$mm。

   如圖 09-6，則本尺與游尺每分度相差 $1 - 0.98 = 0.02 = \frac{1}{50}$mm。如圖 09-7 之讀數為 37.36mm。

2. 本尺每分度為 0.5mm：游尺取本尺 49 分度等分為 25 分度，每分度 $= 0.5 \times 49 \times \frac{1}{25} = 0.98$mm。如

   圖 09-8，則本尺 2 分度與游尺 1 分度相差 $0.5 \times 2 - 0.98 = 0.02 = \frac{1}{50}$mm。如圖 09-9 之讀數為 10.72mm。

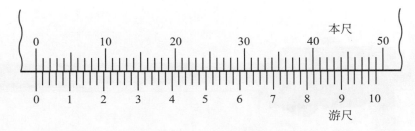

圖 09-6　$\frac{1}{50}$ 游標卡尺原理之一

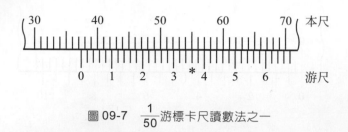

圖 09-7　$\frac{1}{50}$游標卡尺讀數法之一

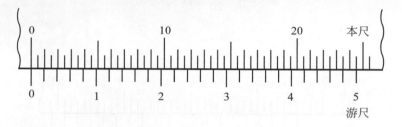

圖 09-8　$\frac{1}{50}$游標卡尺原理之二

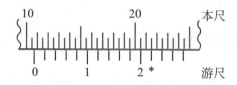

圖 09-9　$\frac{1}{50}$游標卡尺讀數法之二

常用游標卡尺有$\frac{1}{20}$mm、$\frac{1}{50}$mm，其精度視實際需要而選用。或選用數字顯示型游標卡尺(digimatic caliper)、針盤型游標卡尺(dial caliper)如圖 09-10、圖 09-11。利用游標卡尺可量取內外徑、內外長度、深度測量及階級長度測量等，圖 09-12 為其應用(註 09-2)。

圖 09-10　數字顯示型游標卡尺(台灣三豐儀器公司)

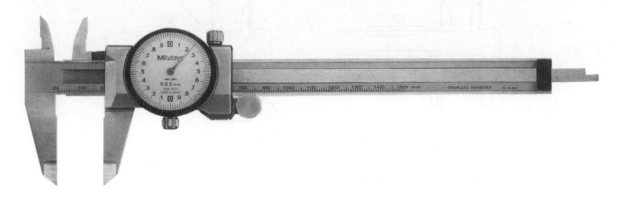

圖 09-11 針盤型游標卡尺(台灣三豐儀器公司)

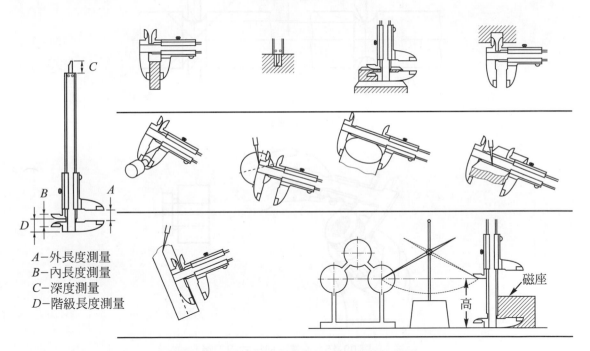

A-外長度測量
B-內長度測量
C-深度測量
D-階級長度測量

圖 09-12 游標卡尺的應用(台灣三豐儀器公司)

在測量尺寸時應先將本尺與游尺推合,檢查 0 分度線是否對準,兩顎夾無光線透過,以確定兩顎夾在規定間隙內,如 $\frac{1}{50}$mm 之 1 級精度為 100mm 以下±0.02mm(CNS4175)(註 09-3)。

1. 外徑或外長度的測量
   (1) 先將游尺顎夾推開,使其較大於工件之尺寸。
   (2) 將本尺顎夾輕置於工件一端(基準面),再推合游尺顎夾靠緊另一端(欲測面)。
   (3) 除因使用顎夾的平端會影響工件尺寸之精確外,應使用顎夾的平端如圖 09-13,以避免因推力之大小而影響尺寸之精確。

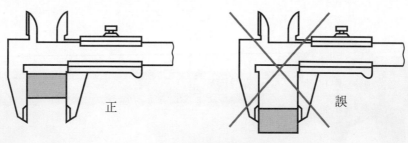

圖 09-13　游標卡尺測量外長度

(4)　測量圓槽或凹部時應用刀端如圖 09-14 及圖 09-15。

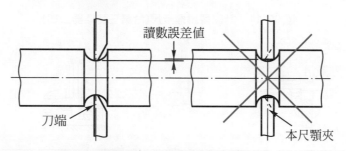

圖 09-14　測量圓槽用刀端

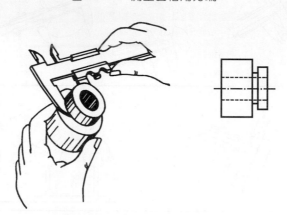

圖 09-15　測量凹部尺寸用刀端

(5)　測量外徑時游標卡尺應與軸線成 90°如圖 09-16。

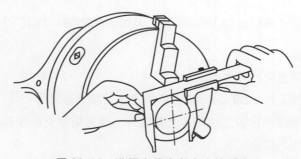

圖 09-16　游標卡尺應與中心線垂直

(6) 欲測量大工件之尺寸時應用雙手扶持。

2. 內徑或內長度的測量

(1) 先將游尺喙部推合，使其小於工件尺寸。

(2) 將本尺喙部置於工件尺寸之一端(基準面)。

(3) 將游尺喙部拉開使緊靠於工件尺寸另一端(欲測面)。

(4) 內側測定面應平行於孔之中心如圖 09-17。

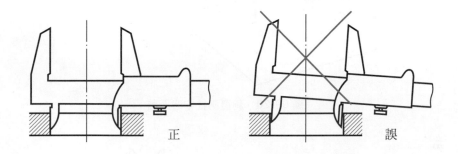

圖 09-17　游標卡尺測量內長度

(5) 將喙部伸入圓孔內測定時，應使喙部平行且於中心線上如圖 09-18。

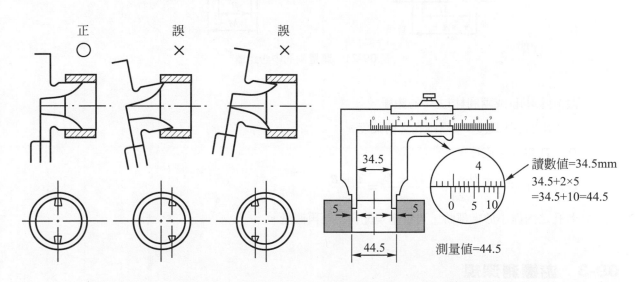

圖 09-18　游標卡尺測量內徑　　　　圖 09-19　利用 CB 型、CM 型測量內長度

(6) 利用 CB 型、CM 型測量時，應加顎夾之寬度如圖 09-19。

3. 兩中心距離的測量如圖 09-20 及圖 09-21。

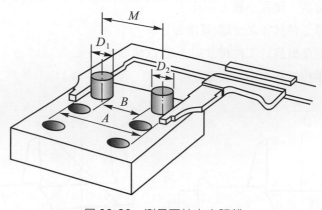

圖 09-20　測量兩柱中心距離

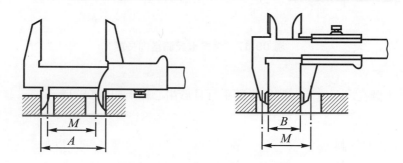

圖 09-21　測量兩孔中心距離

設 M 為兩孔(或兩圓柱)之中心距離。

A 為兩孔之外長度，B 為兩孔之內長度。

D_1、D_2 為孔之直徑。

則 $M = A - \dfrac{D_1 + D_2}{2} = B + \dfrac{D_1 + D_2}{2} = \dfrac{A + B}{2}$

若孔之內徑小於喙部時，可用塞規配合小孔再測量。

09-3　游標測深規

　　游標測深規(vernier depth gage)有 DM 型、DB 型與 DS 型三種，其分度方法如表 09-1(CNS4752)(註 09-4)，圖 09-22 為一DS型，用在測量孔深度或孔低凹部份的深度，其尺寸之讀數與游標卡尺內長度測量相同。

表 09-1 游標測深規之分度方法

種類	分度		最小讀取值
	本尺	游尺	
DM 型	1mm	49mm 50 等分	0.02mm
DB 型	0.5mm	12mm 25 等分或 24.5mm 25 等分	0.02mm
DS 型	1mm	19mm 20 等分或 39mm 20 等分	0.05mm

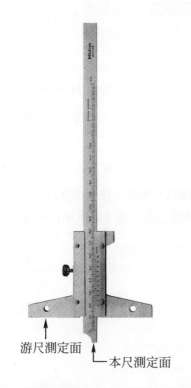

圖 09-22 游標測深規(DS 型)(台灣三豐儀器公司)　　圖 09-23 游標高度尺(HM 型)(台灣三豐儀器公司)

本尺

微動調整裝置

固定螺釘

游尺

畫刀

測定面

底座

游尺測定面

本尺測定面

測量時應注意：

1. 將游尺測定面緊靠工件基準面。
2. 將本尺測定面推抵於孔底。
3. 固定本尺再讀尺寸，其測量值等於實際值。

09-4 游標高度尺

　　游標高度尺(vernier height gage)可分為 HB 型、HM 型與 HT 型，其中 HB 型及 HT 型之游尺為箱型，HM 型之游尺為槽型；HB 型及 HM 型之本尺為固定式，HT 型之本尺具有移動裝置(CNS8189)(註 09-5)，如圖 09-23 為一 HM 型，多用於畫線，或以比較方式量取兩線或兩平面間之距離。如度量絕對高度時，則與同高度之規矩塊比較。

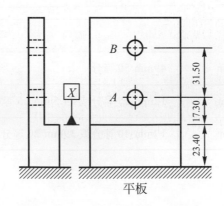

圖 09-24　游標高度尺的應用

例如，欲在如圖 09-24 所示工件上畫 A、B 兩孔中心線，使其兩孔中心距離為 31.50mm 時，其步驟為：

1. 用畫刀求得 A 孔中心線距基準面 $\boxed{X}$ 17.30mm 處時，其游標高度尺之尺寸讀數為 40.70mm。

2. 調整游標高度尺至 40.70 + 31.50 = 72.20mm 處。

3. 畫 B 孔中心線。在此 40.70mm 與 72.20mm 之尺寸對實際上之尺寸並無意義，所取者為兩者之差而已。如此亦可利用平板求取兩工件高度差。如以底座底面為基準時，使用前應注意游尺是否歸零。

游標卡尺使用時，應注意其使用範圍及有效精度，避免劇烈震動，並須經常保持清潔防止銹蝕。

學後評量

一、是非題

( )1. $\frac{1}{20}$mm 游標卡尺最小讀數值是 0.05mm。

( )2. 游標卡尺之喙部亦可當畫刀畫線。

( )3. 測量圓槽用游標卡尺的平端可得準確的尺寸。

( )4. 內孔測量時，游標卡尺的喙部應平行且於中心線上。

( )5. 游標高度尺亦可當畫線台畫線。

二、選擇題

( )1. 下列有關游標卡尺之分度敘述，何項錯誤？　(A)本尺每分度為 1mm，游尺取本尺 19 分度長等分為 20 分度者之精度為 $\frac{1}{20}$mm　(B)本尺每分度為 1mm，游尺取本尺 39 分度長等分為 20 分度者之精度為 $\frac{1}{20}$mm　(C)本尺每分度為 1mm，游尺取本尺 49 分度等分為 50 分度者之精度為$\frac{1}{50}$mm　　(D)本尺每分度為0.5mm，游尺取本尺49分度長等分為25分度者之精度為$\frac{1}{50}$mm　　(E)本尺每分度為1mm，游尺取本尺49分度長等分為25分度者之精度為$\frac{1}{50}$mm。

(　)2. 下列何項不是游標卡尺的應用？　(A)畫線　(B)量取內長度　(C)量取外長度　(D)深度測量　(E)階級長度測。

(　)3. 下列有關游標尺測量外長度之敘述，何項錯誤？　(A)先將游尺顎夾推開使其較大於工件尺寸　(B)本尺顎夾置於欲測面，游尺顎夾緊靠基準面　(C)測量凹部用刀端　(D)測量外徑時應與軸線垂直　(E)測量外徑應使用顎夾平端。

(　)4. 下列有關游標尺測量內長度之敘述，何項錯誤？　(A)先將游尺喙部推合，使其小於工件尺寸　(B)本尺喙部置於基準面　(C)使用CB型測量值等於讀數值　(D)內側測定面應平行於孔之中心　(E)游尺的喙部緊靠欲測面。

(　)5. 下列有關游標測深規與游標高度尺之敘述，何項錯誤？　(A)使用游標測深規時，游尺測定面緊靠工件基準面　(B)使用游標測深規時，本尺測定面抵於孔底　(C)游標測深規之測量值等於實際值　(D)游標高度尺度量絕對高度時應與分厘卡比較　(E)游標高度尺以底座底面為基準時，使用前應注意游尺是否歸零。

三、試讀出下列各圖游標卡尺之讀數：(＊表示游尺分度線對準本尺某分度線)

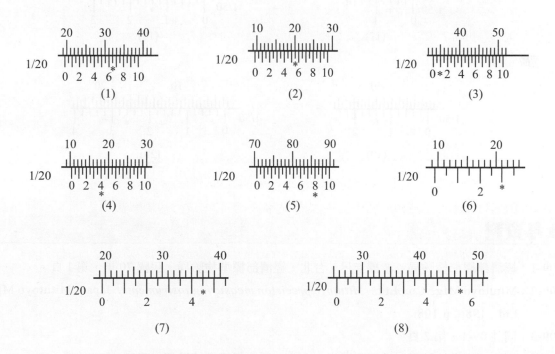

(1)　　　　(2)　　　　(3)

(4)　　　　(5)　　　　(6)

(7)　　　　(8)

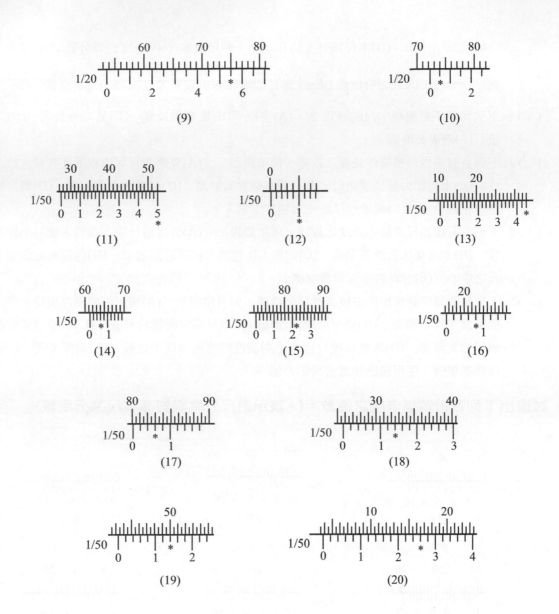

(9)

(10)

(11)

(12)

(13)

(14)

(15)

(16)

(17)

(18)

(19)

(20)

參考資料

註 09-1：經濟部標準檢驗局：游標卡尺。台北，經濟部標準檢驗局，民國 70 年，第 1 頁。

註 09-2：Mitutoyo Mfg. Co., Ltd.. *Mitutoyo precision measuring instruments*. Japan: Mitutoyo Mfg. Co., Ltd., 1986, p.108.

註 09-3：同註 09-1，第 2 頁。

註 09-4：經濟部標準檢驗局：游標測深規。台北，經濟部標準檢驗局，民國 71 年，第 1 頁。

註 09-5：經濟部標準檢驗局：游標高度尺。台北，經濟部標準檢驗局，民國 71 年，第 1 頁。

工廠實習知識單

項目	分厘卡	學習目標	能正確的說出分厘卡的規格、原理與使用方法

前　言

　　分厘卡(micrometer)亦稱測微器或千分卡,為一般精密工件主要測定儀器,其精確尺寸並非心軸與砧之直接推合來獲得,而係螺桿迴轉於固定螺帽間,使之獲得心軸與砧間的距離。公制分厘卡之螺桿螺距為 0.5mm 單線。

說　明

10-1　外分厘卡

1. 精度 0.01mm 外分厘卡:每把分厘卡上都會標明測定範圍與精度,外分厘卡的測定範圍自 0～15 至 475～500 等 21 種,精度 1、2 兩級,如圖 10-1 為 0～25mm 之外分厘卡(outside micrometer) (CNS4174)(註 10-1),精度 0.01mm,其螺桿與螺帽之螺距為 0.5mm 之單線螺紋,心軸或螺桿 (spindle or screw)原為一體,連結於手動套筒(thimble)上,當手動套筒迴轉一周即心軸迴轉一周,同時心軸前進 0.5mm,而手動套筒上等分 50 分度,即每分度為 0.5×1/50 = 0.01mm,此分度線稱為手動套筒分度線(thimble graduation),而固定套筒(sleeve)上的直線稱為刻線(index line),在刻線上方 1mm 長刻有一線,下方於每 1mm 的中央刻有一線代表 0.5mm,即心軸迴轉一周所進退的長度,刻線上下方的分度線稱為固定套筒分度線(sleve graduation)。如圖 10-2 之尺寸為:手動套筒分度線 0(如＊所示)對準刻線,而手動套筒之緣對準於固定套筒分度線之 10mm 處,故其所示之

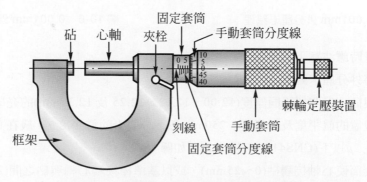

圖 10-1　公制外分厘卡(經濟部標準檢驗局)

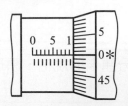

圖 10-2　0.01mm外分厘卡讀數法之一

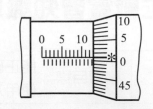

圖 10-3　0.01mm外分厘卡讀數法之二

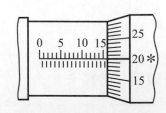

圖 10-4　0.01mm外分厘卡讀數法之三

尺寸爲 10.00mm；圖 10-3 所示之尺寸爲：手動套筒分度線 1(如＊所示)對準刻線，而手動套筒之緣對準於固定套筒分度線之 13mm 多，即 13mm ＋ 0.01×1 ＝ 13.01mm；圖 10-4 所示之尺寸爲：手動套筒分度線 20(如＊所示)對準刻線，而手動套筒之緣對準於固定套筒分度線之 15.5mm 多，即 15.5mm ＋ 0.1×20 ＝ 15.70mm。

2. 精度 0.001mm外分厘卡：外分厘卡在一般應用上爲 0.01mm者，但在更精細的測量上有 0.001mm 之外分厘卡，兩者的構造相同，惟利用一游尺來獲得更精確之尺寸而已，即取手動套筒分度線之 9 分度，等分爲固定套筒游尺 10 分度如圖 10-5，即當固定套筒游尺與手動套筒分度線每分度相錯時，相差 $0.01 \times \left(1 - \dfrac{9}{10}\right) = 0.001$mm，其讀數法即綜合分厘卡與游標卡尺之讀數法，如圖 10-6 之讀數爲：手動套筒分度線 33 與 34 之間(如＊所示)對準刻線，手動套筒之緣對準固定套筒分度線之 20 多，而固定套筒游尺之分度 3(如＊所示)，對準手動套筒分度線之某分度，其尺寸爲 20 ＋ 0.33 ＋ 0.001×3 ＝ 20.333mm。

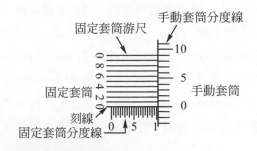

圖 10-5　0.001mm 外分厘卡原理

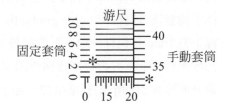

圖 10-6　0.001mm 外分厘卡讀數法

外分厘卡在測量時應注意下列幾點：

1. 測量前應先將外分厘卡歸零

(1) 清拭心軸與砧。以四個不同厚度(12.00、12.12、12.25 及 12.37mm)的光學平板檢查心軸與砧在不同角度位置的眞平度及平行度，250mm 以下分厘卡的眞平度，1 級在 0.6μ以下，75mm 以下的平行度在 2μ以下(CNS4174)(註 10-2)，如圖 10-7。

(2) 旋轉手動套筒使心軸接觸砧(0～25mm)，或以基準棒接觸心軸與砧之間(25mm 以上)。

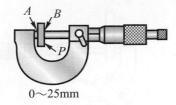
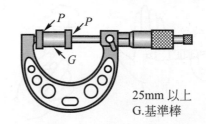

0～25mm
A.心軸之色帶讀數方向
B.砧之色帶讀數方向
P.光學平板

25mm 以上
G.基準棒

圖 10-7　檢查砧之真平度與平行度(台灣三豐儀器分司)

(3)　觀察手動套筒分度線 0 之位置是否對準固定套筒的刻線，若對準則已歸零。

(4)　若未對準而誤差在±0.01mm時，則上緊夾栓，利用扳手調整固定套筒，使之對準如圖 10-8(a)。

(5)　若誤差大於±0.01mm時，則旋鬆棘輪定壓裝置，上緊夾栓，放鬆手動套筒調整，使之對準如圖 10-8(b)。

(6)　以規矩塊校正精度(75mm 以下，1 級±2μ以下)(CNS4174)(註 10-3)。

(a) 調整固定套筒　　　　　　　　　　　(b) 調整手動套筒

圖 10-8　調整外分厘卡(台灣三豐儀器公司)

2.　先將外分厘卡旋開大於欲測量的尺寸，旋開較長時，可用手掌觸轉手動套筒，切勿搖動如圖 10-9。

3.　將砧輕觸於工件一端(基準面)。

4.　旋轉心軸接觸於工件一端(欲測面)，須有適當壓力，或用棘輪定壓裝置獲得適當壓力，(100mm以下分厘卡 400-600gf)(CNS4174)(註 10-4)，接觸後轉棘輪定壓裝置 $1\frac{1}{2}$～2 轉，壓力過小或過大將會影響尺寸的準確性。

5.　測量固定的工件時，用雙手測量如圖 10-10。

6.　測量小零件時，應一手扶持工件，另一手扶持外分厘卡如圖 10-11。

7.　若測量多件零件時，可用分厘卡夾持座(micrometer holder)夾持外分厘卡如圖 10-12。

61

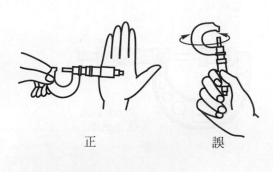

正　　　　　誤

圖 10-9　旋開分厘卡

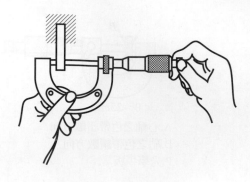

圖 10-10　測量固定工件

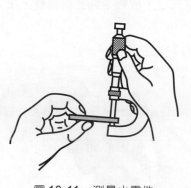

圖 10-11　測量小零件

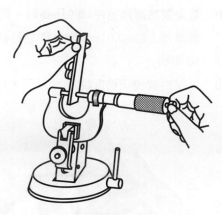

圖 10-12　分厘卡夾持座

8.　若作為移轉量具之原尺寸時,可用夾栓固定以便量取。

10-2　內分厘卡

　　內分厘卡(inside micrometer)的基本原理與讀數法均與外分厘卡相同,唯分度線的讀數方向相反。依其構造可分為卡式、直桿式與孔徑分厘卡。卡式內分厘卡如圖 10-13,其內腳與固定套筒固定一起,外腳則隨手動套筒旋轉而進退,但因有鍵與鍵槽的裝置,使外腳只能進退而不旋轉,其測量範圍不得小於兩腳所佔寬度。直桿式內分厘卡如圖 10-14,其活動圓桿可隨時裝換不同長度的圓桿而獲得不同的測量範圍,此分厘卡適用於大尺寸的測量。測孔分厘卡(holtest)(三點式內徑分厘卡)如圖 10-15,用以測量孔徑、內螺紋節徑、方槽或 V 槽等。

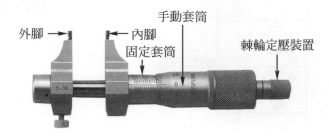

圖 10-13 卡式內分厘卡(台灣三豐儀器公司)

圖 10-14 直桿式內分厘卡(台灣三豐儀器公司)

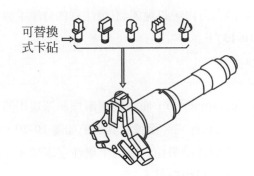

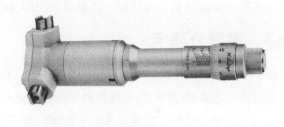

圖 10-15 測孔分厘卡(台灣三豐儀器公司)

在使用時應注意下列各點:

1. 在使用前應先歸零。

2. 先將旋開的內長度值小於欲測值。

3. 輕置內腳於工件長度的一端(基準面)。

4. 轉動手動套筒使外腳接觸於工件長度的另一端(欲測面),壓力須適當以免影響尺寸的精確性。

5. 測量圓孔直徑時,應使兩腳於中心線上,即徑向取最大值(即中心線長)而非小值(弦長),軸向取最小值如圖 10-16。

6. 測量內長度時取其最小值如圖 10-17。

7. 測孔分厘卡測量時其軸線要一致如圖 10-18。

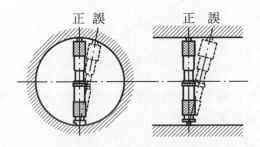

圖 10-16 內分厘卡測量孔徑

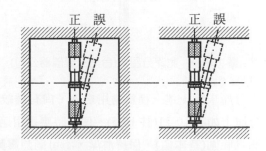

圖 10-17 內分厘卡測量內長度

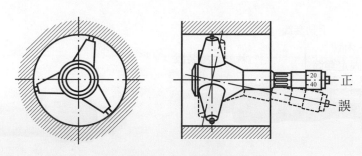

圖 10-18　測孔分厘卡測量孔徑

8. 讀數時應注意固定套筒分度線與手動套筒分度線的讀數方向，以免誤讀(應注意內分厘卡與外分厘卡的分度線讀數方向相反，請參考圖 10-1 與圖 10-13)。

10-3　測深分厘卡

圖 10-19 為測量孔或階級深度用的測深分厘卡(depth micrometer)，使用時與游標測深規相同，先將測定面緊靠孔之表面(基準面)，再轉動手動套筒使心軸下端抵於孔底，而讀取其數值如圖 10-20，由於心軸可換裝，故讀數時應注意其基本值，即實際數值為基本數值加讀數值。使用上應注意事項參見游標測深規，並注意固定套筒分度線與手動套筒分度線的讀數方向，以免誤讀。

圖 10-19　測深分厘卡(台灣三豐儀器公司)

圖 10-20　測深分厘卡的應用

分厘卡除上述三種為常用之外，尚有螺紋用分厘卡用以測量螺紋的節徑(參考"螺紋檢驗單元")等特殊分厘卡如圖 10-21(註 10-5)。使用時應選用適合範圍，並注意讀數時只讀出其讀數值，實際尺寸須加最小測量範圍(基本值)，保持清潔，不可劇烈震動，不可測量高溫工件，以免損傷分厘卡。

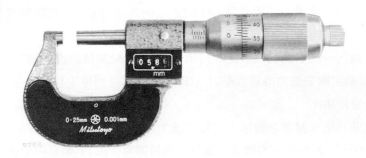

(a) 直進、數字顯示型

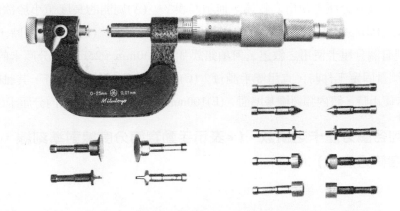

(b) 可替換式型砧

圖 10-21　特殊分厘卡(台灣三豐儀器公司)

學後評量

一、是非題

(　) 1. 0.01mm 與 0.001mm 分厘卡的(心軸)螺桿的螺距是 0.5mm。

(　) 2. 0.01mm 分厘卡誤差在 0.01mm 以內時，調整固定套筒。

(　) 3. 內分厘卡測量孔徑時，沿徑向取最小值。

(　) 4. 使用分厘卡前，均須先歸零。

(　) 5. 測深分厘卡用於測量孔徑。

二、選擇題

(　) 1. 下列有關分厘卡之敘述，何項錯誤？　(A)公制分厘卡的手動套筒迴轉一周，則心軸移動 0.5mm　(B)0.001mm 分厘卡係取手動套筒分度線之 9 分度等分為固定套筒游尺 10 分度

(C)外分厘卡手動套筒上等分為100分度　(D)外分厘卡固定套筒刻度上方每一分度線為1mm　(E)卡式內分厘卡與外分厘卡分度線的讀數方向相反。

( )2. 下列有關外分厘卡測量之敘述，何項錯誤？　(A)測量前應先歸零　(B)以砧輕觸欲測面　(C)以棘輪定壓裝置獲得適當壓力　(D)測量小零件用單手扶持分厘卡　(E)測量多件時宜用分厘卡夾持座。

( )3. 下列有關分厘卡歸零之敘述，何項錯誤？　(A)以光學平板檢查砧的真平度與平行度　(B)25mm以上之外分厘卡的歸零，需以基準棒歸零　(C)手動套筒分度線零對準固定套筒的刻線時即已歸零　(D)以規矩塊校驗平行度　(E)若誤差大於±0.001mm，則調整手動套筒。

( )4. 下列有關外分厘卡使用之敘述，何項錯誤？　(A)旋開的長度值小於欲測值　(B)砧接觸基準面　(C)心軸接觸欲測面　(D)測量外長度取最小值　(E)旋開較長時，宜用手掌觸轉。

( )5. 下列有關分厘卡使用之敘述，何項錯誤？　(A)0mm～25mm外分厘卡的讀數值即為實際值　(B)測量固定工件時，宜用雙手測量　(C)測孔分厘卡測量直徑時，其軸線應一致　(D)內分厘卡使用時，將內腳輕觸基準面　(E)100mm～150mm的直桿式內分厘卡的讀值即為實際值。

三、試讀出下列各圖分厘卡之讀數：(＊表示手動套筒分度線對準刻線，或游尺之分度線對準手動套筒分度線)

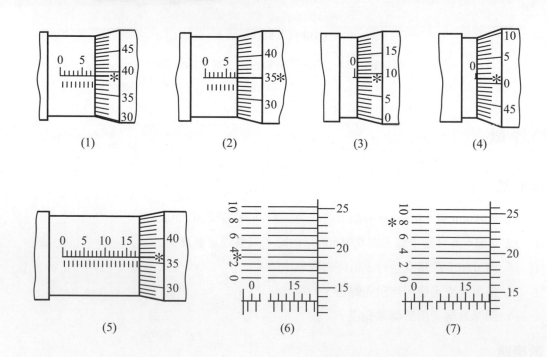

(1)　　　　　(2)　　　　　(3)　　　　　(4)

(5)　　　　　(6)　　　　　(7)

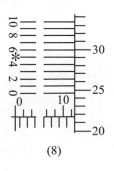

(8)

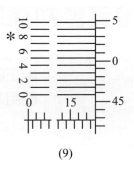

(9)

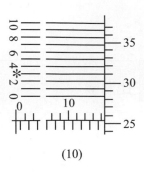

(10)

參考資料

註 10-1：經濟部標準檢驗局：外分厘卡。台北，經濟部標準檢驗局，民國 72 年，第 1 頁。

註 10-2：同註 10-1，第 4～5 頁。

註 10-3：同註 10-1，第 5 頁。

註 10-4：同註 10-1。

註 10-5：Mitutoyo Mfg. Co., Ltd.. *Mitutoyo precision measuring instruments*. Japan: Mitutoyo Mfg. Co., Ltd., 1986, p.21, p.36.

工廠實習知識單

項目	比測儀	學習目標	能正確的說出比測儀的原理、規格與使用方法

前　言

　　比測儀(comparator)分為兩種型式：(1)指示比測儀(indicating comparator)：用以指明確實的尺寸，如針盤指示錶(dial indicator)，(2)限界比測儀(limit comparator)：用以指明受驗尺寸是否在規定限界內，如電氣式、空氣式及光學式等限界比測儀。

說　明

　　一般測定儀器與量規使用的精確性與使用人有關，如使用卡規測量公差在0.001mm時，將因壓力的關係而使規測產生誤差。故凡公差為0.001mm或以下者，均不宜採用固定尺寸的量規，而用比測儀如針盤指示錶等則較佳。

　　針盤指示錶如圖11-1，為指示比測儀的一種，其構造如圖11-2，心軸由桿部伸出，前端接有可替換的測頭，左邊具有齒條，與其齒輪組之齒輪A囓合(同時指示 1mm)，經同軸之齒輪B傳動另一組之齒輪C連接指針指示 0.01mm，即心軸之微動則被放大於指針。其回復係由拉力彈簧的收縮而退回原位。平衡桿用以保持全測定範圍壓力的一致性，如0.01mm 針盤指示錶的心軸垂直向下時之最大測定壓力不得超過 140gf(CNS4176)(註 11-1)；外殼與心軸套管一體，以保持心軸的靈敏性。螺旋彈簧一端固定於外殼，一端經齒輪 D、C、B、A 加力於心軸[心軸與齒條(桿)為一體]，而消除齒輪間隙，以免影響針盤指示錶的精度，針盤指示錶不能任意加油，以免發生遲滯現象。

螺旋彈簧

齒輪 D

齒輪 B

外殼

齒輪 A
(在錶盤下方
與指針同軸)

錶盤固定鈕

錶盤

齒輪 C
(在錶盤下方
與指針同軸)

拉力彈簧

齒條(桿、心軸)

心軸套管

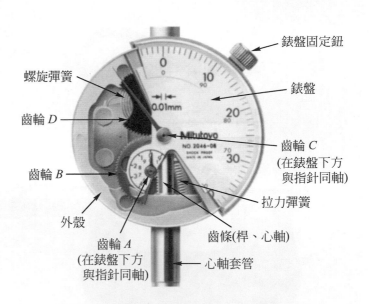

心軸

測頭

圖 11-1　針盤指示錶(台灣三豐儀器公司)　　　　　圖 11-2　針盤指示錶的構造(台灣三豐儀器公司)

　　針盤指示錶依其分度可分為：0.01mm 及 0.001mm 兩種。分度 0.001mm 的指示精度許可值為 $3\mu m$(測定範圍 1mm 之全範圍精度)(CNS4177)(註 11-2)。圖 11-3 為 T 型槓桿式針盤指示錶(CNS4753)(註 11-3)。圖 11-4 為含立座的數字顯示型(digimatic upright gage)。使用時應選擇適當的測頭，心軸垂直於工件，壓下 0.3mm～0.5mm 為宜，避免左右移動測量，以防損害精度。圖 11-5 為針盤指示錶或比測儀應用於各種量具的情形。圖 11-6 為光學式比測儀之一。圖 11-7 為電子式比測儀之一。圖 11-8 為空氣流量式測微儀。

圖 11-3　T 型槓桿式針盤指示錶(台灣三豐儀器公司)　　　圖 11-4　含立座數字顯示指示錶(台灣三豐儀器公司)

(a) 內徑規   (b) 附針盤指示錶外分厘卡

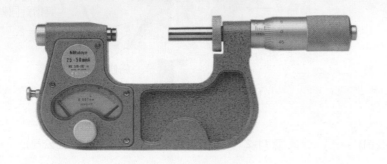

(c) 指示分厘卡   (d) 針盤指示錶及磁座

(e) 內針盤卡規

圖 11-5　針盤指示錶及比測儀的應用(台灣三豐儀器公司)

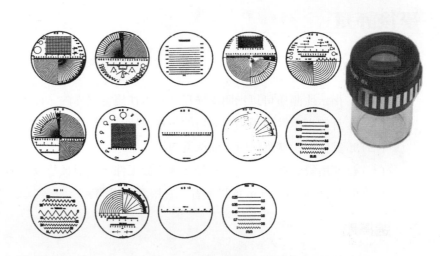

(a) 輪廓投影機　　　　　　　　　　　(b) 袖珍型比測儀

圖 11-6　光學式比測儀(台灣三豐儀器公司)

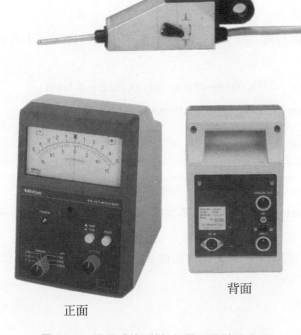

正面　　　　　　　　　　　背面

圖 11-7　電子式比測儀(台灣三豐儀器公司)

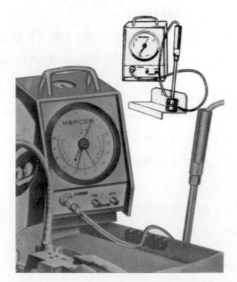

圖 11-8　空氣流量式測微儀(受記精機工業公司)

學後評量

一、是非題

( )1. 指示比測儀可以指明受驗尺寸是否在規定限界內,而不能讀出確實尺寸。

( )2. 針盤指示錶內平衡桿的目的,在保持測量範圍內壓力的一致性。

( )3. 針盤指示錶應隨時加油保養。

( )4. 使用針盤指示錶時,心軸要垂直於工件,並前後移動,避免左右移動測量。

( )5. 公差在 0.001mm 或以下者,宜用量規規測。

二、選擇題

( )1. 下列何項不是界限比測儀? (A)針盤指示錶 (B)光學式比測儀 (C)電子式比測儀 (D)空氣流量式測微儀 (E)空氣壓力式測微儀。

( )2. 下列有關針盤指示錶之敘述,何者錯誤? (A)心軸與齒桿是一體的 (B)測頭是可替換的 (C)與齒條嚙合之齒輪指示 0.01mm (D)心軸的退回係由拉力彈簧的收縮 (E)外殼與心軸套管一體。

( )3. 針盤指示錶的指示精度,下列何項不能指示? (A)0.01mm (B)0.001mm (C)0.10mm (D)0.50mm (E)0.0001mm。

( )4. 0.01mm 針盤指示錶的最大測定壓力不得超過 (A)0.14gf (B)1.4gf (C)14gf (D)140gf (E)1400gf。

( )5. 使用針盤指示錶時下壓之距離以多少為宜? (A)3mm～5mm (B)0.3mm～0.5mm (C)0.1mm～0.2mm (D)0.05mm～0.1mm (D)0.01mm～0.03mm。

參考資料

註 11-1:經濟部標準檢驗局:針盤指示錶(分度 0.01mm)。台北,經濟部標準檢驗局,民國 78 年,第 4 頁。

註 11-2:經濟部標準檢驗局:針盤指示錶(分度 0.001mm)。台北,經濟部標準檢驗局,民國 86 年,第 4 頁。

註 11-3:經濟部標準檢驗局:槓桿式指示錶(分度 0.01mm)。台北,經濟部標準檢驗局,民國 71 年,第 2 頁。

工廠實習知識單

項目	直規與平板	學習目標	能正確的說出直規與平板的規格及使用方法

前　言

　　粗略測量平面的眞平度時，多用直規或角尺之稜或緣緊靠工件欲測面上，觀察光線透過情形而判定是否眞平，但此種〝瞄視法〞僅能測量〝是否〞眞平而已，至於眞平到什麼程度無法用實際數值表示。大平面的測量亦僅能用平板的〝接觸法〞來獲得。若欲測知實際眞平度的數值，須用光學平板等精密測量法才能獲得。

說　明

05-1　直　規

　　直規(straight edge)通常可分為平直型直規、約翰笙型直規(Johanson straight edge)、布朗・沙普型直規(Brown & Sharp straight edge)(B&S)及方形斷面型直規等四種如圖 12-1，平直型為一 300×40×8 至 3000×120×18 的長方形或 I 形斷面如圖 12-1(a)(CNS4759)(註 12-1)；約翰笙型直規的斷面為三角形，有三個工作稜，每一工作稜之頂端為半徑甚小之圓弧如圖 12-1(b)；B&S 型直規僅有一工作稜，工作稜頂端圓弧半徑亦甚小如圖 12-1(c)；方形斷面型，直規有四個工作稜如圖 12-1(d)。在測量時將直規之稜橫觸於欲測面上，對著明亮的背景瞄視，以察覺其眞平情況。

(a) 平直型　　　　　(b) 約翰笙型　　　　　(c) 布朗・沙普型　　　　　(d) 方形斷面型

圖 12-1　直規

12-2　平　板

　　平板(surface plate)是一強度足夠且平面經過刮削之 FC200 以上之鑄鐵或花崗岩如圖 12-2。其大小通常自 250×250 至 2500×1600mm，精度有 0、1 及 2 三級(CNS7549)(註 12-2)，依需要而選擇，測量工件的眞平度採用接觸法，即將工件置於塗有染色劑如紅丹膏或普魯士藍的平板上，輕輕相觸而使平板上的染色劑附著於工件突出部，由工件染色點的分佈情形觀察其真平度。

圖 12-2　平板(台灣三豐儀器公司)

學後評量

一、是非題

( )1. 使用瞄視法或接觸法，均可表示真平度的真實數值。

( )2. 平直型直規有三個工作稜。

( )3. 平板的精度有 1、2、3 等三級。

( )4. 平直型直規的規格是長×寬×厚。

( )5. 平板的規格是長×寬。

二、選擇題

( )1. 下列何項工具，不能測量真平度？　(A)直規　(B)角尺　(C)平板　(D)光學平板　(E)分厘卡。

( )2. 能測知真平度的數值者是　(A)直規　(B)角尺　(C)平板　(D)光學平板　(E)分厘卡。

( )3. 斷面為三角形的直規為　(A)平直型直規　(B)約翰笙型直規　(C)方形斷面型直規　(D)布朗‧沙普型直規　(E)角尺。

( )4. 製作平板的材料是　(A)鑄鐵　(B)高速鋼　(C)不銹鋼　(D)銅　(E)鋁。

( )5. 下列何項工作，不需使用平板？　(A)檢查工件真平度　(B)使用畫針盤畫線　(C)測量工件直徑　(D)檢查六面體平行度　(E)檢查六面體垂直度。

參考資料

註 12-1：經濟部標準檢驗局：直規。台北，經濟部標準檢驗局，民國 71 年，第 1 頁。

註 12-2：經濟部標準檢驗局：精密平板。台北，經濟部標準檢驗局，民國 70 年，第 1 頁。

工廠實習知識單

項目	角尺與圓筒直角規	學習目標	能正確的說出角尺與圓筒直角規的規格及使用方法

前 言

角度測量工具可分為兩大類，一為固定角規，一為可調整角規。固定角規通常用瞄視法來規測工件角度是否準確，而無法測出其實際誤差值，如角尺、120°角度規、磨鑽規及車刀規等，可調整角規的移量角度量規亦無法直接量出其角度，而量角器則可在其有效分度內獲得其角度大小之值。

說 明

13-1 角 尺

角尺(square)有刃型、I型、平型與臺型，係由一短邊與長邊所組成，有75mm～1000mm(長邊長度)等 8 種規格(CNS7343)(註 13-1)，其內外兩角均經校正的直角，除用於規測工件的直角外，尚可用於規測平面的真平度。使用角尺時應注意下列各點：

1. 將短邊緊靠已知的平面(基準面)，長邊置於欲測面上方並留空隙。
2. 緩緩移下角尺使長邊接觸欲測面如圖 13-1。
3. 瞄視長邊與欲測面接觸情形，判定工件的直角是否準確，全面吻合時則其直角必準確，反之則不準確。

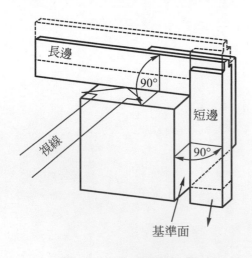

圖 13-1 角尺應用之一

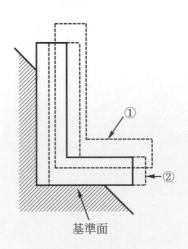

圖 13-2 角尺應用之二

76

4. 若利用角尺的外角時，先將短邊緊靠已知平面(基準面)，再推角尺使長邊接觸，視其接觸情形判定之如圖 13-2。

5. 若工件需要檢驗數處時，切勿將角尺沿工件表面推拉，應規測後提離工件再規測他處。

6. 使用時輕輕放置，不能亂摔，保持清潔，用後注意儲存。其餘各種角度規如 120°(正六邊形兩鄰邊夾角)、135°(正八邊形兩鄰邊夾角)的使用亦同。磨鑽規或車刀規等，於鑽床工作法及車床工作法中再予說明。

13-2 圓筒直角規

　　圓筒直角規(cylindrical square)係以鑄鐵或鋼製成，其軸向直徑誤差及端面垂直度公差皆在 $2.8\mu m$ (150mm長時)，表面粗糙度在 0.2Ra(鋼製)，硬度在維克氏硬度(HV)450 以上(碳工具鋼)(CNS8093)(註13-2)的圓柱，分為肋型及塞型，將端面置於平板上用以檢驗工件是否垂直。另一種圓筒直角規如圖13-3，其一端面與軸線垂直，另一端面與軸線略為傾斜，在圓柱面上以圓點標示其測量範圍，並在上方標其垂直度誤差，每一單位為 $5.08\mu m$，使用時將傾斜端置於精密平板上，圓筒直角規靠近工件後輕輕旋轉使其吻合，沿其接觸圓點線上方讀出其垂直度誤差，圓筒直角規之垂直度誤差係成對標出，因此可在兩處讀出，並自行測量其圓筒直角規之誤差。

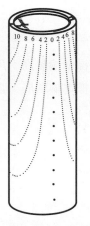

圖 13-3　圓筒直角規

學後評量

一、是非題

( ) 1. 角尺可以規測直角外，亦可當直規規測工件真平度。

( ) 2. 使用角尺規測時，應先以短邊緊靠欲測面，長邊靠近基準面。

( ) 3. 使用角尺可以推拉於工件之垂直表面上，以規測工件全部垂直面。

( ) 4. 圓筒直角規係將端面置於平板，以檢驗工件的垂直度。

( ) 5. 標註垂直誤差的圓筒直角規係成對標出。

二、選擇題

( ) 1. 下列何項是可調整角度量規？　(A)磨鑽規　(B)車刀規　(C)量角器　(D)角尺　(E)120°角度規。

77

(　)2. 下列有關角尺之敘述，何項錯誤？ 　(A)角尺有刃型、平型等型式 　(B)角尺以長邊長度為規格 　(C)角尺之內外角均可使用 　(D)角尺可以讀出其誤差值 　(E)角尺可以測量直角。

(　)3. 圓筒直角規的材料是 　(A)鑄鐵 　(B)高速鋼 　(C)不銹鋼 　(D)銅 　(E)鋁。

(　)4. 下列有關圓筒直角規之敘述，何項錯誤？ 　(A)圓筒直角規有肋型、塞型 　(B)圓筒直角規之兩端均與軸略為傾斜 　(C)標註垂直度誤差的圓筒直角規可自行測量誤差 　(D)標註垂直度誤差之圓筒直角規可在兩處讀出 　(E)圓筒直角規用以測量直角。

(　)5. 標註垂直度誤差的圓筒直角規，其每一單位為 　(A)$0.2\mu m$ 　(B)$0.295\mu m$ 　(C)$0.508\mu m$ 　(D)$2\mu m$ 　(E)$5.08\mu m$。

參考資料

註 13-1：經濟部標準檢驗局：角尺。台北，經濟部標準檢驗局，民國 70 年，第 1～2 頁。

註 13-2：經濟部標準檢驗局：圓筒直角規。台北，經濟部標準檢驗局，民國 70 年，第 1～2 頁。

工廠實習知識單

項目	可調整角度量規	學習目標	能正確的說出可調整角度量規的種類與使用方法

前 言

　　可調整角度量規包括量角器、組合角尺之量角器與萬能量角器等，此等可調整角度量規均能視其分度直接讀出角度。

說 明

14-1 量角器

　　圖 14-1(a)為一具有分度可迴轉葉的簡單量角器(protractor)，此種量角器的分度均以度為單位，精確度較低，若欲得較高的精確度則應用萬能量角器。

　　簡單量角器測量工件之銳角與鈍角的方法如圖 14-2，讀數值等於工件角度值(註 14-1)。

轉葉 轉葉

(a) (b)

圖 14-1　量角器

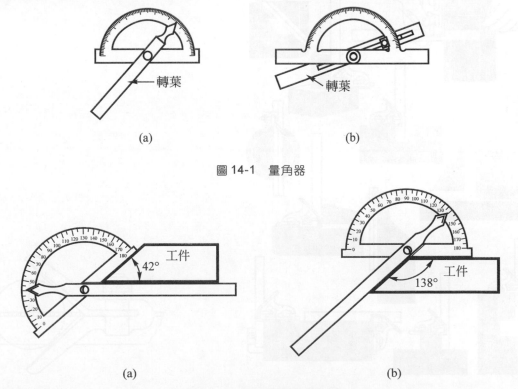

工件 42°

工件 138°

(a) (b)

圖 14-2　簡單量角器之應用

14-2 組合角尺

組合角尺(combination square set)係將直尺、固定規尺、中心規尺與量角器組合為一組如圖 14-3,以直尺為主與其中之一規尺組合,可組成為一種量規而達到各種測量目的,惟其量角器以度為單位,但使用範圍頗為廣泛,其測量讀數法與簡單量角器相同,圖 14-4 為固定規尺的應用,圖 14-5 為中心規尺應用於求圓桿工件端面中心的情形。

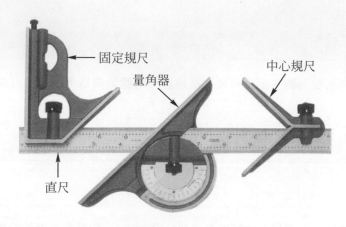

圖 14-3 組合角尺(台灣三豐儀器公司)

圖 14-4 固定規尺的應用

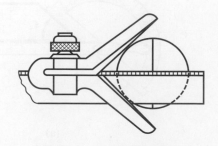

圖 14-5 中心規尺的應用

學後評量

一、是非題

( ) 1. 簡單量角器測量工件的銳角與鈍角，其工件角度與讀數值相同。

( ) 2. 組合角尺的量角器以度為單位。

( ) 3. 組合角尺的固定規尺，可以直接求圓桿工件端面的中心。

( ) 4. 組合角尺的中心規尺，可以測量任意角度。

( ) 5. 組合角尺的固定規尺，可以測量工件之外直角；中心規尺可以測量工件之內直角。

二、選擇題

( ) 1. 下列何項角度量規，不是可調整角度量規？ (A)簡單量角器 (B)量角器 (C)組合角尺之量角器 (D)萬能量角器 (E)中心規尺。

( ) 2. 下列有關可調整角度量規之敘述，何項錯誤？ (A)簡單量角器的分度以度為單位 (B)組合角尺之量角器的分度以度為單位 (C)組合角尺由直尺、固定規尺、中心規尺與量角器組合而成 (D)一工件夾角為30°，則簡單角度量規的讀數為150° (E)一工件夾角為30°，則組合角尺量角器的讀數為30°。

( ) 3. 在圓桿工件端面畫線、求中心，是利用組合角尺的 (A)中心規尺與固定規尺 (B)直尺與中心規尺 (C)直尺與固定規尺 (D)直尺與量角器 (E)直尺。

( ) 4. 組合角尺之固定規尺與直尺組合後，可以測量的角度為 (A)10° (B)30° (C)45° (D)60° (E)75°。

( ) 5. 組合角尺之量角器與直尺組合時，可以測量的角度為 (A)10° (B)10°10′ (C)30°30′ (D)45°45′ (E)60°50′。

參考資料

註 14-1：Labour Department for Industrial Professional Education. *Measuring*. Labour Department for Industrial Professional Education, 1958, p.02-22-22-3.

工廠實習知識單

項目	萬能量角器	學習目標	能正確的說出萬能量角器的原理與使用方法

前 言

測量角度的精確度在"度"以下為單位時可使用萬能量角器，萬能量角器係以量角器與游尺組合而成的精密角度測量工具。

說 明

萬能量角器(universal bevel protractor)如圖 15-1，本尺每分度 1°，游尺取本尺 23 分度之弧長等分為 12 分度，則游尺每分度 $1° \times 23 \times \frac{1}{12} = \frac{23°}{12}$，即本尺兩分度與游尺一分度相差 $1° \times 2 - \frac{23°}{12} = \frac{1°}{12} = 5'$，如圖 15-2，即游尺每分度代表 5′的分度。當要讀出量角器角度時，首先讀出本尺的度數，且注意 0°的起始方向，游尺的讀法與游標卡尺相同，但注意與本尺的方向一致，如圖 15-3 的讀數為 54° + 5'×5 = 54°25'，圖 15-4 的讀數為 50° + 5'×11 = 50°55'。

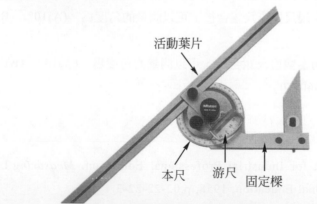

活動葉片

本尺 游尺 固定樑

圖 15-1 萬能量角器(台灣三豐儀器公司)

本尺

游尺

圖 15-2 萬能量角器游尺原理

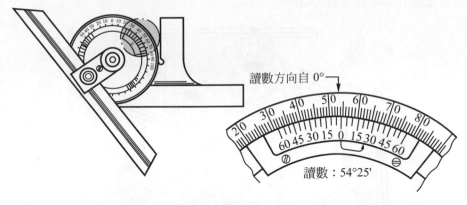

圖 15-3　萬能量角器讀數法之一

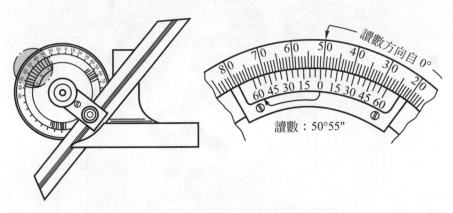

圖 15-4　萬能量角器讀數法之二

萬能量角器使用時應注意下列各點：

1. 使用萬能量角器時，以一基準面緊靠固定樑，移動活動葉片使之吻合工件欲測面。

2. 用萬能量角器測量工件之銳角時，讀數值等於工件角度值如圖 15-5，測量鈍角時工件角度值等於 180°減讀數值如圖 15-6(註 15-1)。

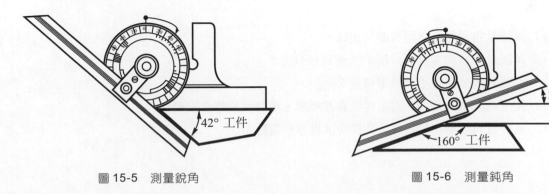

圖 15-5　測量銳角　　　　　　　　　　圖 15-6　測量鈍角

萬能量角器之應用如圖 15-7(註 15-2)。

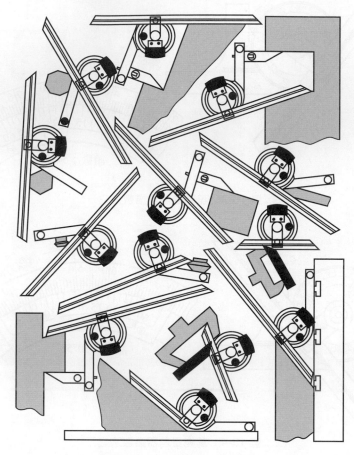

圖 15-7　萬能量角器之應用

學後評量

一、是非題

( )1. 萬能量角器是量角器與游尺組成。

( )2. 萬能量角器的本尺每分度 1°，游尺每分度 5'。

( )3. 萬能量角器的最小測量單位是 5'。

( )4. 使用萬能量角器時，固定樑緊靠基準面，活動葉片吻合欲測面。

( )5. 萬能量角器測量鈍角時，工件角度值等於讀數值。

二、選擇題

( )1. 下列有關萬能量角器之敘述，何項錯誤？ (A)萬能量角器是量角器與游尺組合而成 (B)萬能量角器的游尺取本尺23分度之弧長等分為12分度 (C)使用萬能量角器時基準面靠近固定樑 (D)測量工件夾角為45°，則其讀數為45° (E)測量工件夾角為120°時，則其讀數為120°。

( )2. 萬能量角器的測量精度最小單位是 (A)10° (B)5° (C)1° (D)5′ (E)1′。

( )3. 使用萬能量角器測量一夾角為160°的工件，則其讀數值為 (A)20° (B)40° (C)60° (D)80° (E)100°。

( )4. 使用萬能量角器測量一夾角為60°的工件，則其讀數值為 (A)30° (B)60° (C)80° (D)100° (E)120°。

( )5. 萬能量角器的本尺每分度為 (A)10° (B)5° (C)1° (D)5′ (E)1′。

三、試讀出下列各圖之角度：(＊表示游尺分度線對準本尺某分度線)

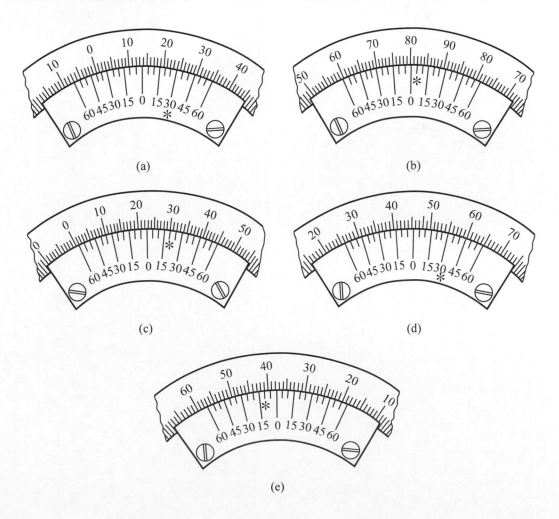

(a)

(b)

(c)

(d)

(e)

參考資料

註 15-1：Labour Department for Industrial Professional Education. *Measuring*. Labour Department for Industrial Professional Education, 1958, p.02-22-21-2, p.02-22-22-3.

註 15-2：Warren T. White, John E. Neely, Richard R. Kibbe, and Roland O. Meyer. *Machine tools and machining practices*. New York: John Wily & Sons, 1977, p.251.

工廠實習知識單

項目	線號規、測隙規、半徑規與角度規	學習目標	能正確的說出線號規、測隙規、半徑規與角度規的規格與使用方法

前 言

在機械加工中，工件的尺寸及形狀公差常以特定形狀量規規測，特定形狀量規種類繁多，如線號規、測隙規、半徑規、角度規、螺紋螺距規、漸開線輪齒規、梯形螺紋車刀規、中心規及磨鑽規等，視需要選用，本單元在介紹線號規、測隙規、半徑規與角度規，其餘各種特定形狀量規參見各相關單元。

說 明

16-1 線號規

線號規用以測量金屬線的直徑如圖 16-1 及圖 16-2，線規上小孔旁的數字表示線之號數，代表一定尺寸，欲測金屬線直徑時，可將其試穿，恰能穿過缺口者即該金屬線為幾號，至於其直徑則需查表。圖 16-3 為開口金屬片號規用以測量金屬片厚度，其用法與線號規相同。

圖 16-1　圓形線號規

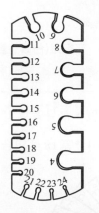

圖 16-2　方形線號規

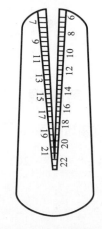

圖 16-3　開口金屬片號規

16-2 測隙規

測隙規如圖 16-4，亦稱厚薄規，用以測量兩工件間的間隙大小，有 10、13、19 及 25 片組(CNS4755)(註 16-1)各規上的數字即為其厚度，使用時可以單片或多片組合使用。

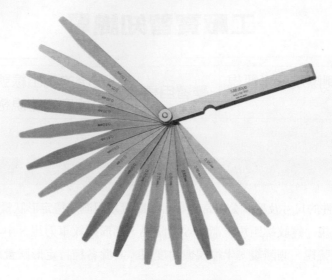

圖 16-4 測隙規(台灣三豐儀器公司)

16-3 半徑規

半徑規如圖 16-5，用以測量工件的內、外圓弧半徑，視需要選用不同半徑規。

圖 16-5 半徑規(台灣三豐儀器公司)

16-4 角度規

角度規如圖 16-6，用以測量工件的角度，常見者為 1°、2°、3°、4°、5°、7°、8°、9°、10°、12°、14°、$14\frac{1}{2}$°、15°、20°、25°、30°、35° 及 45° 等 18 件組合。

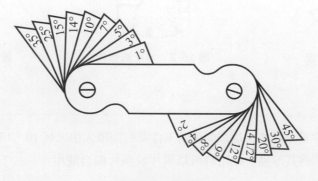

圖 16-6 角度規

學後評量

一、是非題

( )1. 金屬線的直徑以號數稱呼,常以線號規測量,規上數字即為金屬線的直徑。

( )2. 測量兩工件組合後的間隙常用測隙規,規上數字即為規的厚度。

( )3. 測量圓溝槽的半徑可用半徑規。

( )4. 測量工件角度可以用角度規。

( )5. 測隙規與半徑規均可組合使用。

二、選擇題

( )1. 測量鉗工配合件的間隙,應使用何種量規?　(A)線號規　(B)測隙規　(C)半徑規　(D)角度規　(E)金屬片號規。

( )2. 下列有關量規之敘述,何項錯誤?　(A)線號規試穿時以穿過量規缺口為準　(B)測隙規亦稱厚薄規　(C)半徑規用以測量工件的內、外圓弧半徑　(D)角度規可以測量10°10'　(E)測隙規可以兩片以上組合使用。

( )3. 測量工件的圓角,應使用何種量規?　(A)線號規　(B)測隙規　(C)半徑規　(D)角度規　(E)金屬片號規。

( )4. 金屬片厚度的測量,應使用何種量規?　(A)線號規　(B)測隙規　(C)半徑規　(D)角度規　(E)金屬片號規。

( )5. 常見18件組角度規,下列何種角度不能規量?　(A)$10\frac{1}{2}°$　(B)$14\frac{1}{2}°$　(C)20°　(D)30°　(E)45°。

參考資料

註16-1:經濟部標準檢驗局:測隙規。台北,經濟部標準檢驗局,民國71年,第3頁。

工廠實習知識單

項目	切削劑	學習目標	能正確的說出切削劑的種類與使用方法

前言

　　使用切削劑是有效提高切削效率的方法之一，惟切削劑種類繁多，應視切削的方法作適當的選擇。

說明

17-1　切削劑

　　切削性加工法係利用刀具或磨料在工件上產生切削作用以獲得所需工件的形狀與尺寸，切削時約有90 ％以上的能量變爲熱量，熱來自刀具與切屑及工件間的摩擦，如圖 17-1 爲一單刃刀具切削時熱的來源，當切屑越厚時剪力角α愈小如圖 17-2，因此在剪力面(A)，切屑斷裂所產生的熱會增加，另外切削速度與切削深度增加時亦會增加其熱量，尤以切削速度之增加影響最大，因此欲獲得高切削效率，除寧可增加進刀而不提高切削速度外，使用切削劑爲一有效的方法，因使用切削劑使金屬塑性流動距離降低，以增加剪力角，降低熱的產生，減少切屑與刀具間的摩擦，並改善切削韌性材料造成的刀口積屑(built-up)現象。

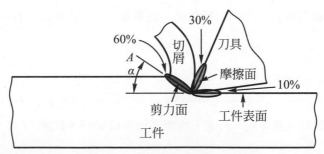

圖 17-1　單刃刀具切削的熱源

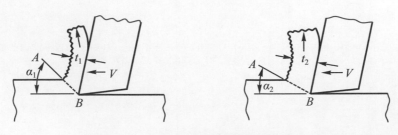

圖 17-2　單刃刀具正交切削形成之切屑

90

17-2 應用切削劑的目的

切削劑，或稱切削用液亦稱冷卻劑(coolant)，係切削時加於切削點以增進切削性能的流質。

使用切削劑的目的有五項：

1. 冷卻刀具防止過熱以延長刀具壽命，冷卻工件防止工件受熱變形。
2. 潤滑刀面減少刀面與切屑之摩擦、磨蝕，減少切削力，使加工面細緻。
3. 防止刀具上產生焊疤(cratering)。
4. 磨削時可防止磨料的鈍化，避免切屑熔著填塞砂輪。
5. 冷卻切屑使易於折斷、清除。

17-3 切削劑的性質

為使切削劑達到上述目的，切削劑必須具備下列主要性質：

1. 具有較高的比熱，能吸收切削時所生之熱量，即需有良好的冷卻力。
2. 具有適當的潤滑性，以減少各接觸面間的磨蝕(或摩擦)。
3. 具有適當的抗壓性質，使在切削時防止切屑與刀面附著。
4. 具有適當的抗熔性，以防止膠附層過量積聚。
5. 具有沾濕能力(wetting power)，使切削劑容易流至切削點，尤其磨削時，速度高、距離長更需具有此能力。

良好的切削劑除具備上述主要性質外，視需要而具備下列條件之一部份或全部：

1. 含有防銹劑(rust inhibitor)以防機械、工件生銹。
2. 具有低表面張力以使切屑容易沈澱，以免因回流而傷及工件。
3. 磨削工作，視需要採用透明切削劑，以觀察磨削點。
4. 不腐臭、不生菌以免危害操作者的健康。
5. 不發泡、不沈澱、不易燃。

17-4 切削劑的種類

常用之切削劑有五種：

1. 水溶液(aquesous solution)：以水加 1％～2％的碳酸鈉或硼砂及苛性鈉的水溶液。適於切削及沖除切屑，因其散熱力高而價廉，但缺乏潤滑作用，表面張力高，切屑不易沈澱。
2. 調水油或乳化液(soluble oil or emulsion)：為具有水溶液的高散熱性能及良好的潤滑能力，對刀具壽命的延長及加工精度的維持均具效果，常用者有三型：
   (1) 乳化型(emulsion)：係將皂化的動物、植物或礦物油，加入於水中攪拌成乳白色的非完全水溶液，用於一般切削，調製乳化油時先將油加入水中(絕不可把水加入油中)且同時加以攪拌，初期乳化液之水約為 6 倍～7 倍，調成後再用水稀釋至 10 倍～100 倍。

(2) 可溶化型(soluble)：與乳化型相似。惟界面活性劑較多而礦物油較少，有較小的表面張力，較佳的沾濕能力。

(3) 溶液型(solution)：是有機與無機鹽類的水溶液，有良好的冷卻與防銹能力，適用於磨削作業。

3. 淨油(straight oil)：指純礦油及脂油。礦油係由石油蒸餾而得，脂油係動物油，尤以豬油(lard oil)的油性最大，沾濕力特強，並且有高抗壓的潤滑性，極薄的油層亦有顯著的減磨作用，適用於欲求表面細緻之加工。

4. 礦豬油混合劑(mineral lard oil)：淨豬油為攻螺紋、鑽深孔的最佳切削劑，但遇高熱易於碳化而燃燒生惡臭，如與礦油混合(豬油約10％～40％)，則可獲得豬油之潤滑效果，比豬油價廉且不生惡臭。

5. 硫化油(sulphurized oil)：將硫粉混入油內或高溫將硫調入油內，而獲得抗蝕性能的切削性，間以氯、磷與硫合用，可分為五類：

(1) 加硫於油或菜油中煉煎而成：性能優於礦豬油混合劑，適用於合金鋼的切削。用時加入石臘油(paraffin oil)稀釋之。含硫量為10％，惟具有硫化氫之惡臭，使用時應加入香料中和之。

(2) 硫氯化之脂油或菜油：油中所含之硫係完全化合，性質安全無惡臭，使用時需以價廉的油類稀釋成透明硫化切削劑。一般切削及金屬衝製及抽製均大量採用。如與其他適當油類混合，則可應用於自動車床、拉床、滾齒機、鑽床、銑床等的切削劑。

(3) 加硫於礦油煎煉而成：硫分子懸浮於油內，含硫量1％～2.5％，多與(5)項硫化油混合使用。

(4) 硫氯化礦油：硫氯真正化合，含活性硫約3.6％，抗壓與抗熔性最佳。

(5) 含天然硫的礦物油。

17-5　切削劑的選擇

切削劑的選擇視加工性質及工件、刀具材料而定。一般而言，鋼料的切削宜採用切削劑，但亦非絕對必要，但為增高切削效率保護刀具起見，仍宜用切削劑。

低碳鋼於切削時，易形成甚多的膠附層，宜用含活性硫氯的油類，增加膠附層的流動；易削鋼的膠附層較少，可適當的保護刃口，不宜用硫氯化油類，而宜用硫化脂油。

鑄鐵易切削成屑片或碎末狀而使切削劑混濁，故多用乾切，必要時以壓縮空氣冷卻或用水沖除。

非鐵金屬不宜使用具有腐蝕性硫氯化油，宜使用淨油或含有惰性硫脂油。粗切削鋁片宜用調水油以散熱，細切削鋁片宜用豬油混合劑以獲得光滑的表面，切削鎂時亦同，唯不得使用含水之切削劑，因鎂與水易起化學作用而燃燒。黃銅的切削通常不用切削劑，尤以質脆者，若需冷卻則用調水油。

就加工性質而言，粗切削用調水油冷卻，若以碳化物刀具粗切削鋼料時宜用調水油，因硫氯化油中的活性物質易使碳化物刀具的膠結劑(cement)軟化；細切削宜採用豬油及含硫量少的硫化油。高速切削時以水或稀釋調水油為佳，以大量散熱並迅速附著於切削部份。低速切削宜用較濃的切削劑，使其持久附著於工件上。

鑽孔、鉸孔等工作，因刀具隱藏高熱於孔內，與切削劑大量接觸的機會較少，需藉刀具的槽流至切削點，故所用的切削劑宜流動性大者如調水油，輕礦油或煤油之混合劑。拉孔、攻螺紋、鉸螺紋宜採用高硫脂油或礦油以使易附著於刃口。

　　磨床工作以冷卻爲主，多採用調水油，成形磨削壓力較大宜用具有抗壓性的油類，以防砂輪高熱及保護砂輪的形狀。

　　由上述知切削劑的應用並無一定原則可資遵循，端視實際應用而作判斷。表 17-1 係各種不同材料及加工方式之切削劑選用參考表。

表 17-1　切削劑的選擇

材料	鑽孔	鉸孔	車削	銑削	攻鉸內(外)螺紋
鋁	煤油與豬油 煤油 調水油	煤油 調水油 礦物油	調水油	調水油 豬油 礦物油、乾	調水油 煤油與豬油
黃銅	乾 調水油 煤油與豬油	乾 調水油	調水油	乾 調水油	調水油 豬油
青銅	乾 調水油 礦物油 豬油	乾 調水油 礦物油 豬油	調水油	豬油 乾 調水油 礦物油	豬油 調水油
鑄鐵	乾 調水油	乾 調水油 礦物豬油	乾 調水油	乾 調水油	硫化油 礦物豬油
鑄鋼	乾 礦物豬油 硫化油	調水油 礦物豬油	調水油	調水油 礦物豬油	礦物豬油
銅	乾 調水油 礦物豬油 煤油	調水油 豬油	調水油	乾 調水油	調水油 豬油
展性鑄鐵	乾 蘇打水	乾 蘇打水	調水油	乾 蘇打水	蘇打水 豬油
軟鋼	調水油 礦物豬油 硫化油 豬油	調水油 礦物豬油	調水油	調水油 礦物豬油	調水油 礦物豬油
工具鋼	調水油 礦物豬油 硫化油	調水油 豬油 硫化油	調水油	調水油 豬油	硫化油 豬油

17-6 切削劑的應用

切削劑的應用方法大大的影響了刀具壽命與切削效率，切削劑需在低壓力而充分的流出，使工件與刀具都全部遮蓋著，噴嘴的內徑約為刀具寬度的 3/4，切削劑需直接向著切屑形成的地方，以減少並控制切削時熱的產生，並延長刀具的壽命。

車削、搪削時，切削劑需供應在刀具切削的部份，一般車外徑與車端面時，切削劑需直接遮蓋刀具，使噴口接近切屑形成處如圖 17-3。在重切削時採用雙噴口，一個在刀具的上方，一個在刀具的下方如圖 17-4。

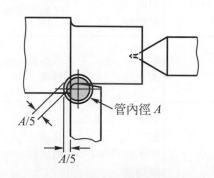

圖 17-3 車削時切削劑之供給方式

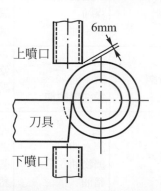

圖 17-4 重車削時切削劑之供給方式

鑽削或鉸削時最好採用自動給油系統，如油孔鑽頭或油孔鉸刀，可使切削劑直接注在切邊，同時使切屑流出，如圖 17-5 為一油孔鉸刀的鉸削，若使用一般鑽頭或鉸刀時需充分供應切削劑於切邊。

普通銑刀銑平面時，切削劑需在銑刀兩側用扁口噴口直接沖於銑刀，扁口的寬度約為銑刀寬度的 3/4如圖 17-6，平面銑刀銑平面時，採用環形分佈噴口，以能完全遮蓋銑刀，保持銑刀每一齒在任何時間均浸在切削劑內，如此可增加銑刀壽命達 100 ％。

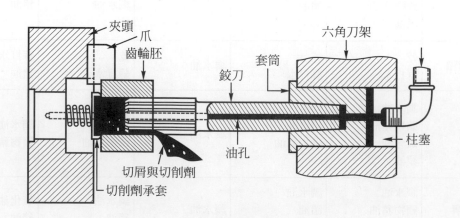

圖 17-5 油孔鉸孔切削劑之供給方式

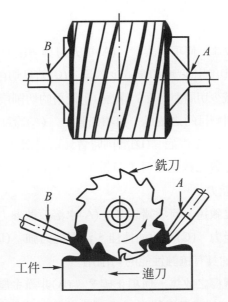

圖 17-6 普通銑刀銑平面時切削劑之供給方式

　　磨削時切削劑用以冷卻工件並避免砂輪的填塞，切削劑在大量且低壓力下供給。平面磨削時可採用下列三種方法供給切削劑：

1. 大量法(flood method)是最常用的，切削劑以固定的流量噴出，但因床台往復運動，如採用雙噴口(參見圖 17-6)則效率更為顯者。

2. 穿透砂輪法(through-the-wheel method)是利用自動給油系統注入砂輪緣盤而被摔注於輪緣與磨削點。

3. 噴霧法(mist spray method)是切削劑由一接收器，空氣虹吸而噴口直接噴在磨削點。

　　圓柱磨削時砂輪與工件間的磨削點需有大量、穩定、清潔且冷卻的切削劑供應，扁口的噴口需略寬於砂輪。內磨削時切削劑由孔內排除磨屑與磨料，因為內孔磨削常要求盡可能用較大的砂輪而導致切削劑注入的困難，此時則應在砂輪直徑與切削劑的注入做一折衷，使能注入較多的切削劑(註 17-1)。

學後評量

一、是非題

( ) 1. 欲提高切削效率最好的方法是提高切削速度並使用切削劑。

( ) 2. 切削劑需具有高比熱、良好的潤滑性、抗壓性、抗熔性及沾濕能力。

( ) 3. 調水油有乳化型、可溶化型、溶液型，乳化型調水油調製時，是將油加入水中。

( ) 4. 低碳鋼車削時宜用調水油，車削鑄鐵宜用礦物油。

( ) 5. 普通銑刀銑平面時，需在銑刀之兩側用扁口噴口直接沖於銑刀。

二、選擇題

( )1. 下列有關切削的敘述，何項錯誤？ (A)單刃刀具切削的熱來自刀具與切削工件間的摩擦 (B)刀具切削時，切削速度增加會減少熱量 (C)刀具切削時，切屑越厚，會增加熱量 (D)使用切削劑可以減少切屑與刀面的摩擦 (E)使用的切削劑可改善切削韌性材料造成的積屑。

( )2. 下列有關應用切削劑目的之敘述，何項錯誤？ (A)冷卻刀具與工件 (B)潤滑刀面減少切削力 (C)防止刀面上產生焊疤 (D)磨削時會使切屑熔著砂輪 (E)使切屑易於折斷、清除。

( )3. 下列有關切削劑性質之敘述，何項錯誤？ (A)高比熱 (B)潤滑性 (C)易熔性 (D)抗壓性 (E)具有沾濕能力。

( )4. 下列有關切削劑之敘述，何項錯誤？ (A)水溶液散熱力差、價廉 (B)調水油有高散熱性能及良好的潤滑能力 (C)淨油油性佳，沾濕能力強 (D)礦豬油混合劑潤滑效果佳，且不生惡臭 (E)硫化油具有抗蝕性能的切削劑。

( )5. 下列有關切削劑選擇之敘述，何項正確？ (A)非鐵金屬宜使用硫氯化油 (B)粗切削鎂材料使用水 (C)切削鋁不用切削劑 (D)碳化物刀具粗切削鋼料使用硫氯化油 (E)磨床工作使用調水油。

參考資料

註 17-1：S.F. Krar, J.W. Oswald, and J.E. St. Amand. *Technology of machine tools*. New York: McGraw-Hill Book Company, 1977, pp.329.

工廠實習知識單

項目	鉗桌與鉗工虎鉗	學習目標	能正確的說出鉗桌與鉗工虎鉗的規格及使用方法

前 言

在機工場中有許多的操作係利用雙手與手工具來完成,如畫線、衝中心眼、鋸割、鑿削、銼削及裝配等,此等操作謂之鉗工。使用的工具包括手錘、銼刀、鑿子、手弓鋸、螺絲攻、螺紋模、鉸刀及量具、畫線工具、小手工具等。這些操作一般皆於鉗桌上工作,通稱(桌上)鉗工(bench work),但大工件有時須於地面上工作,則此等操作謂之地面鉗工(floor work)。

說 明

F01-1 鉗 桌

鉗工所用的工作桌稱為鉗桌,鉗桌通常為堅實栂木所製成,桌面高度約 1000mm 左右,視工作性質而不同,其安放位置應視廠房的光線而定。如係精細工作者,以廠房的北邊為宜,因此面光線整日均勻,各項佈置應有適當寬度並注意安全。

F01-2 鉗工虎鉗

鉗工虎鉗(bench vise)用以固定工件以利進行加工者,有方膛、圓膛等型式如圖F01-1,然底座可旋轉的鉗工虎鉗最適宜鉗工工作。鉗工虎鉗的構造甚為簡易,當轉動手柄時螺桿隨之旋轉,活動叉頭則前後進退以夾緊或放鬆工件。鉗口部份附裝有叉頭鐵片,其表面製有齒紋可使所夾的工件更為牢固。虎鉗的上部可在底座上旋轉,以獲得最佳的工作方向。虎鉗的規格係以鉗口的寬度表示之,有 75、100、125 及 150 等四種(CNS4037、CNS4038)(註 F01-1)。

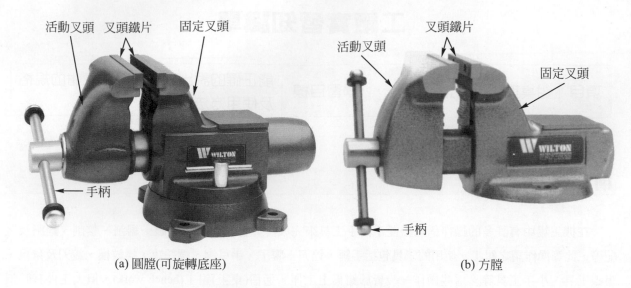

(a) 圓膛(可旋轉底座)　　　　　　　　　　　　　(b) 方膛

圖 F01-1　　鉗工虎鉗(璟龍企業公司)

　　虎鉗的安裝高度為鉗口位於操作者拳置於顎下時的肘下，如圖 F01-2(a)，或舉平手臂低約 50mm～80mm 如圖 F01-2(b)(註 F01-2)。虎鉗過高或過低時，身體將站立不穩而影響工作效率。虎鉗太低時可用木板墊高虎鉗或鉗桌；太高時可用腳踏板補救如圖 F01-3。

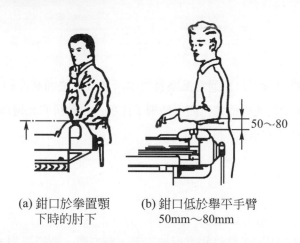

(a) 鉗口於拳置顎　　(b) 鉗口低於舉平手臂
　　下時的肘下　　　　　50mm～80mm

圖 F01-2　虎鉗高度

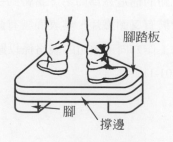

圖 F01-3　腳踏板

98

利用虎鉗夾持已加工之表面均用鉗口套保護之，以免鉗口叉頭鐵片的齒紋傷害工件。夾持圓形工件應用 V 槽塊，夾持螺紋應用螺紋模或螺帽等以保護工件。鏨削時應以固定叉頭受力，切忌用手錘擊手柄以求夾緊。

學後評量

一、是非題

( )1. 鉗工虎鉗的規格以鉗口寬度表示。

( )2. 鉗工虎鉗的高度，以操作者拳置顎下時的肘下，或舉平手臂約低 50mm～80mm。

( )3. 利用虎鉗夾持已加工的表面，宜用鉗口套保護之。

( )4. 鏨削工件時，應以虎鉗的活動叉頭受力。

( )5. 為求夾緊工件，可用手錘錘擊虎鉗的手柄。

二、選擇題

( )1. 下列有關鉗工之敘述，何項錯誤？　(A)鋸割、銼削及裝配均為鉗工　(B)夾持圓形工牛宜用 V 槽塊　(C)精細鉗工工作時，鉗桌宜置放於廠房北面　(D)可旋轉底座的鉗工虎鉗最適宜鉗工工作　(E)鉗桌最好用角鋼或鐵板製作以求堅固。

( )2. 鉗桌的桌面高度約為　(A)500　(B)1000　(C)1500　(D)2000　(E)2500　mm。

( )3. 鉗工虎鉗以何種規格最常用？　(A)25　(B)50　(C)125　(D)200　(E)250　mm。

( )4. 虎鉗鉗口叉頭鐵片表面製有齒紋的目的為　(A)易於夾緊工件　(B)美觀　(C)耐磨蝕　(D)保護工件　(E)減少重量。

( )5. 於鉗工虎鉗鏨削時，應如何處理？　(A)用鉗口套保護工件　(B)用手錘錘擊手柄以求夾緊　(C)以活動叉頭受力　(D)以固定叉頭受力　(E)墊高鉗桌。

參考資料

註 F01-1：(1)經濟部標準檢驗局：鉗工虎鉗(方膛定座式)。台北，經濟部標準檢驗局，民國 72 年，第 1 頁。
(2)經濟部標準檢驗局：鉗工虎鉗(圓膛定座式)。台北，經濟部標準檢驗局，民國 72 年，第 1 頁。

註 F01-2：Labour Department for Industrial Professional Education. *Basic proficiencies metal working-filing, sawing, chiselling, shearing, scraping, fitting.* Labour Department for Industrial Professional Education, 1958, p.02-02-012-2.

工廠實習知識單

項目	銼刀與銼削	學習目標	能正確的說出銼刀的種類、規格與銼削方法

前 言

　　銼刀為鉗工基本工具之一，用於削除工件之餘量使其達於一定尺寸、形狀與加工面。銼削工作的應用範圍非常廣泛，由零件的製造至組合皆常用到銼削。初學者應盡其可能的學習並達於純熟。

說 明

F02-1　銼刀各部份名稱

　　圖 F02-1 為扁平銼刀的各部份名稱，茲分別說明如下：

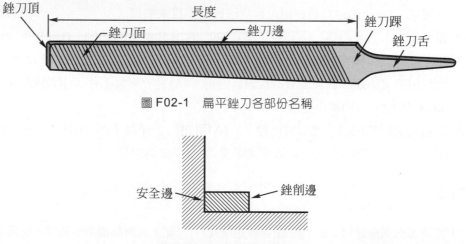

圖 F02-1　扁平銼刀各部份名稱

圖 F02-2　安全邊的功用

1. 長度：銼刀長度為自頂端至踝部之距離，但不包括舌部。
2. 面：銼刀面指具有切齒部份的兩銼削面。
3. 邊：銼刀邊指銼刀之兩邊，一邊具有切齒者為銼削邊，一邊無切齒者稱為安全邊。安全邊用於銼削肩時避免傷及工件垂直邊如圖 F02-2。
4. 頂：銼刀頂指其頂端，其形狀為平或稜形。
5. 踝：為銼刀本體靠近舌部一端無銼齒部份。
6. 舌：銼刀舌指銼刀之末端，使用時套於銼刀柄內，具韌性，俾使受壓力而不致折斷。

F02-2　銼刀種類

銼刀依長度、齒紋形式、銼齒密度及斷面形狀等四特徵而分類，銼刀材料爲 SK2 或 SKS8 等製成(CNS1185)(註 F02-1)。

1.　銼刀長度：自 75mm 至 500mm(CNS1186)(註 F02-2)。

2.　齒紋形式：銼刀的齒紋形式有：單齒紋(single cut)、雙齒紋(double cut)、三重齒紋(triple cut)、波形齒紋(circular arc cut)及木銼齒紋(rasp cut)，機工廠用的銼刀，其常見的齒紋形式有單齒紋、雙齒紋兩種如圖 F02-3。單齒紋銼刀常用於銼削量少，表面需細緻者；雙齒紋銼刀之上齒紋(右齒紋)是有切削作用，下齒紋(左齒紋)具有排屑作用，常用於銼削量多但表面較粗糙者。一般工作時宜先用雙齒紋銼刀除去其餘量再用單齒紋銼細表面。圓及半圓銼刀則常用波形齒紋。

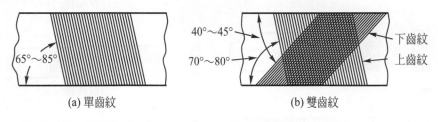

(a) 單齒紋　　　　　　　　　　　(b) 雙齒紋

圖 F02-3　齒紋形式

3.　銼齒密度：銼刀依銼齒密度分爲粗銼、中銼及細銼三種，300mm 以上之大銼刀分爲特粗(rough)、粗(bastard)、中(second cut)、細(smooth)、特細(dead smooth)等五種如圖 F02-4，銼齒密度隨銼刀長度而改變，銼刀愈長則銼齒愈粗，圖 F02-5 爲一自 100mm 至 400mm 的粗銼銼齒密度，如300mm 粗銼比 200mm 粗銼銼齒粗，長度相同的銼刀，其平行銼齒間的距離粗銼最大，中銼次之，細銼最小，即長度相同密度相同，雖其斷面形狀不同，但其平行銼齒間的距離相等，如 250mm 粗扁平銼與 250mm 粗三角銼相等。一 100mm 粗銼(每 10mm 16 齒)的銼齒比 250mm 中銼(每 10mm 15 齒)的銼齒細，350mm 中銼(每 10mm 12 齒)的銼齒比 250mm 中銼的銼齒粗，其乃因欲銼削一寬大平面時，一 400mm 粗扁平銼與 250mm 粗扁平銼的銼齒若相同，則因銼齒較細，使工件與銼齒的接觸較多，而增加銼削時的推力，反而不易推進工作，銼齒密度之規格參考 CNS1186。

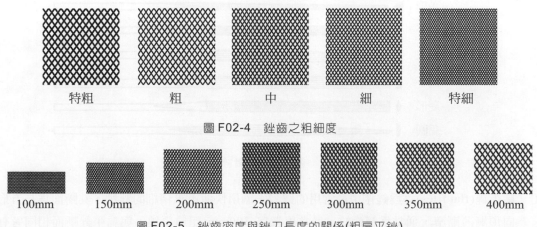

特粗　　　　粗　　　　中　　　　細　　　　特細

圖 F02-4　銼齒之粗細度

100mm　　150mm　　200mm　　250mm　　300mm　　350mm　　400mm

圖 F02-5　銼齒密度與銼刀長度的關係(粗扁平銼)

4. 銼刀斷面形狀：銼刀依斷面形狀可分為扁平、四角、三角、扁圓、圓、刀形如圖 F02-6 及針銼如圖 F02-7 等多種。

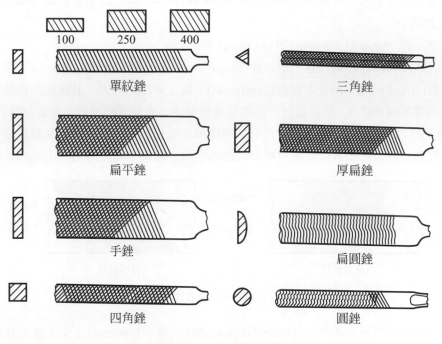

圖 F02-6 銼刀斷面形狀

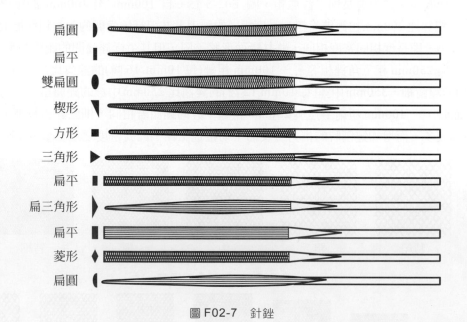

圖 F02-7 針銼

(1) 扁平銼(flat files)：為銼削中最常用的銼刀，適用快速不求精細的銼削，其斷面為長方形，由踝向頂漸薄漸窄，通常為雙齒紋，最常用者為 300mm 粗扁平銼，與扁平銼斷面相同者有單紋銼

(mill files)及手銼(hand files)，以適用於精細加工，單紋銼為單齒紋，銼刀長度的三分之一段間，其寬度與厚度逐漸減小，有圓稜及方稜，亦有一邊為安全邊者。

手銼適用於平面的修整，銼刀兩邊平行而面稍凸；另一種斷面寬度較窄的厚扁銼(pillar files)適用於銼削溝槽及鍵槽，銼齒為雙齒紋，四邊皆平行；鈎針銼(crochet files)的兩邊皆為圓稜用於倒圓孔角的銼削；鎖鑰用銼(warding files)為雙切齒用於銼窄的溝槽。

(2) 四角銼(square files)：四角銼為雙齒紋，用以銼削方孔及長方孔構槽及鍵槽，四面均向銼刀頂傾斜，亦稱方銼。斷面如為菱形則稱為菱形銼(feather-edge files)。

(3) 三角銼(triangular files)：三角銼的面皆為雙齒紋，均向頂端傾斜，用於銼削工件之銳角及修整螺紋等。平三角銼(barrette files)的斷面為平三角形，有一寬平面，用於長方孔的修整，為單齒紋。刀形銼(knife files)常用以代替平三角銼，有一邊為安全邊，一邊為小斷面以做類似三角銼的工作，惟工件孔斷面可更小。

(4) 圓銼(round files)用以銼光圓孔及圓曲面、圓角。其圓面向頂端傾斜亦稱細圓銼(rat tail files)，一般均為波形齒紋或單齒紋。半圓銼(half round files)用以銼平面及大弧度曲面，平面為雙齒紋，兩邊及兩面均向銼刀頂傾斜。另有兩面均為圓弧但不同曲度的橫銼(crossing files)，以適合各種不同之圓曲面銼削。

(5) 針銼(needle files)，亦稱為組銼(set files)或什錦銼，其長度100mm～150mm，有銼齒部份佔約1/3～1/2，適用於精細的製模工作，亦可分扁平、四角、圓、扁圓、三角、刀形、菱形等多種，選用時應表示其一組件數如5支組或10支組等。

以上所述之種類係以其四種特徵來分類，選擇一把合適的銼刀必須根據工件的材料、大小、形狀及加工程度來決定其齒紋形式、銼刀大小、斷面形狀及銼齒密度。一般表示銼刀的規格係同時表示其長度、銼齒密度、斷面形狀及齒紋形式(如雙齒紋或標準齒形則不必表示)如300mm粗扁平銼、200mm中圓銼等。

F02-3 銼刀面之凸出與傾斜

多數銼刀的兩面均沿其長度而稍微凸出，其目的有三：

1. 銼一廣闊之平面時，若所有銼齒均與工件之表面接觸，則須增加推力及壓力才能銼削，則工作不易且使銼刀難予控制。

2. 若銼刀面為筆直者，欲銼得一平面則每一銼削行程必須完全筆直，但事實上銼削時常有前後較重之情況，如具有凸面則獲得平面較易。

3. 若兩面皆平者在製造上熱處理時必會產生彎曲，即一面凸出一面凹入，則凹入邊等於無法使用故須兩面微凸以防彎曲。

而銼刀具有傾斜的目的，在使銼刀具有不同大小之斷面，而增加其用途而已。

F02-4 銼刀把

在使用時，每一銼刀均須配一適合之銼刀把，銼刀把的大小隨銼刀長度及工作性質而定，大銼刀的銼刀把，以容易握持為宜，過大或過小均將影響銼削的操作，小銼刀的銼刀把則與銼刀大小相稱為佳，如 300mm 銼刀宜用φ32 銼刀把(CNS329)(註 F02-3)，銼刀把係由木料所製，銼刀把口裝有銅箍，木質紋理必須直紋最好無木節，裝銼刀時須先鑽孔，孔之大小與舌厚相當，裝銼刀把時，應使用木錘敲擊或雙手扶持、插上、頓入以免造成意外如圖 F02-8，裝入深度需足夠且與銼刀把同中心。卸除銼刀把時，可於虎鉗鉗口間為之，或於鐵砧上卸除之如圖 F02-9(註 F02-4)，銼刀把亦有用塑膠材料所製成的。

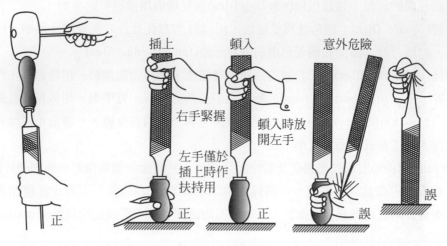

圖 F02-8　裝銼刀

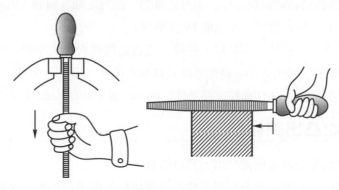

圖 F02-9　卸銼刀

F02-5　銼　削

　　利用銼刀的銼齒去除工件之餘量謂之銼削，包括向前的切削運動及後退的回復運動。如圖 F02-10(a) 為前推開始身體略向前傾，右臂向後伸，圖 F02-10(b)為銼至三分之一，身體繼續前傾，右臂角度不變，圖 F02-10(c)為右臂前推身體續傾，圖 F02-10(d)為前推至終止時臂前推，身體微向後，切削運動施以向下切削壓力，同時去除切屑，回復運動則除去壓力且無切削(註 F02-5)。切屑的去除係一連串靠銼齒的陷入材料切削而得，理想的除屑工作以如圖 F02-11 之理想齒形而獲得，其切削角δ小於 90°，即所謂銑削齒形(milled tooth)，但一般截鏨截出的齒形如圖 F02-12，其切削角δ大於 90°，即所謂的切成齒形(cut tooth)(註 F02-6)。

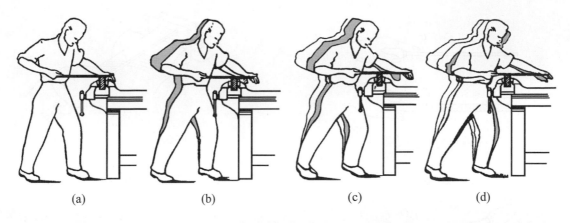

(a)   (b)   (c)   (d)

圖 F02-10 銼削

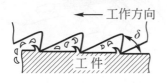

圖 F02-11 理想之齒形

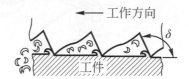

圖 F02-12 用截鏨截出之真實齒形

　　銼削時用右手緊握銼刀柄，柄端壓掌上，姆指置於上端，以便施以推力輔導銼刀的活動；左手使銼刀保持水平，使用大銼刀時手掌僅輕置於銼刀頂如圖 F02-13；使用中銼時左手姆指僅輕輕夾持銼刀頂如圖 F02-14；使用小銼刀時僅用一手扶持，食指於柄上端如圖 F02-15；開孔的銼削時，雙手握於銼刀把及踝，如圖 F02-16；孔開至足以通過時右手握持柄端，以左手兩指扶持如圖 F02-17；細銼平面可指壓銼刀面如圖 F02-18(註 F02-7)。站立時左足指向鉗桌，右足與左足跟之空間約 200mm～300mm，雙足站穩右膝使力；一般獲得正確與自然之足部位可如圖 F02-19。身體自臀部以上可向前傾參見圖 F02-10，右臂彎曲 90°儘量後伸，右手置於跨部之間，左臂則近乎成直線。

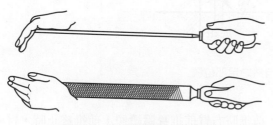

圖 F02-13 掌壓握持大銼刀

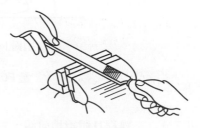

圖 F02-14 扶持握持中銼刀

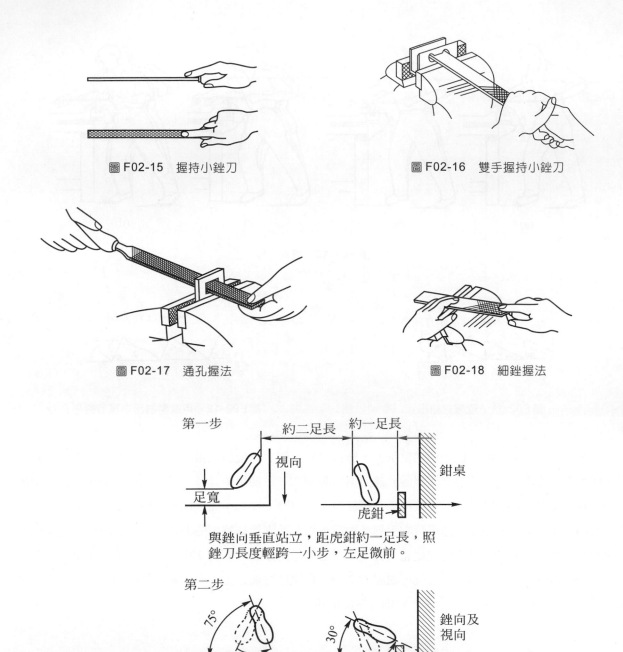

圖 F02-15 握持小銼刀

圖 F02-16 雙手握持小銼刀

圖 F02-17 通孔握法

圖 F02-18 細銼握法

第一步

約二足長　約一足長

視向

鉗桌

足寬

虎鉗

與銼向垂直站立，距虎鉗約一足長，照
銼刀長度輕跨一小步，左足微前。

第二步

75°

30°

銼向及
視向

用踵向工件旋轉

虎鉗

圖 F02-19 正確與自然之足部位置

　　最初三分之一銼程身體續稍前傾，右臂角度不變，前推時右臂前推身體續傾，前推終止時，臂向後
拉同時身體微向後退回開始的位置。銼削時應注意姿勢的正確與自然，並適當的施以壓力使雙手平衡才
能使前推平直，若上身前後搖動過甚成弧形動作，工作面則成弧形。

F02-6　銼削平面、圓曲面

　　銼平面時銼削的向前切削運動包括了推力與壓力，銼平面時左右兩手的壓力務必隨時保持平衡，如圖 F02-20，首先在開始銼削時，左手施以較大之壓力，銼削一半時兩手均等，在最後銼削時，右手施以較大的壓力，亦即右手壓力處於漸增狀態，左手處於漸減狀態(註 F02-8)。除注意前後壓力的均衡之外，同時保持銼刀左右兩邊對工件斷面的壓力均衡，當銼削圓斷面或斷面不等時，應使銼刀的左右對工件斷面的壓力保持平衡，以免因為對工件斷面的壓力不均造成傾斜面如圖 F02-21(a)、(b)，此時，如圖 F02-21(c)應將銼刀面向左略為翻轉，如圖 F02-21(d)則向右略為翻轉，以使銼削壓力對工件斷面保持均衡(註 F02-9)。

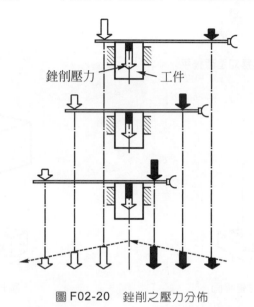

銼削壓力　　工件

圖 F02-20　銼削之壓力分佈

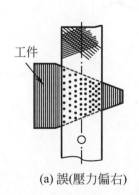

工件

(a) 誤(壓力偏右)

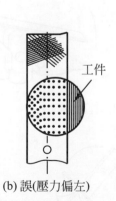

工件

(b) 誤(壓力偏左)

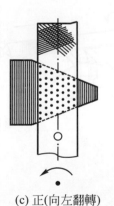

(c) 正(向左翻轉)

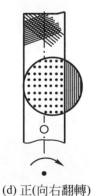

(d) 正(向右翻轉)

圖 F02-21　銼削時保持壓力平衡

　　一工件若為鑄件，則先用舊銼刀除其表面，然後用新銼刀以免損壞新銼刀。銼削平面時，銼刀應順銼刀的長方向工作，並每隔一次相互變換其銼削方向，以便由其銼削後陰暗部份獲知是否銼平如圖 F02-22。長平面應橫向銼削，大平面的工件從角處銼削，將平面銼成數個小平面以銼削如圖 F02-23。銼削時應常以角尺用瞄視法檢查平面或直角，其檢查方向應如圖 F02-24，平行面可以針盤指示錶測量之，銼方塊的順序如圖 F02-25。銼圓曲面，開始銼時應橫向銼削而後縱向銼削如圖 F02-26。銼軸時可將工件夾於木製或銅製的 V 槽塊中。工件旋轉方向與銼削方向相反如圖 F02-27，如削除量多時，則先銼成多角形再銼圓，銼樞時應先銼除角隅再銼圓如圖 F02-28，圖 F02-29 示銼圓球的情形(註 F02-10)。

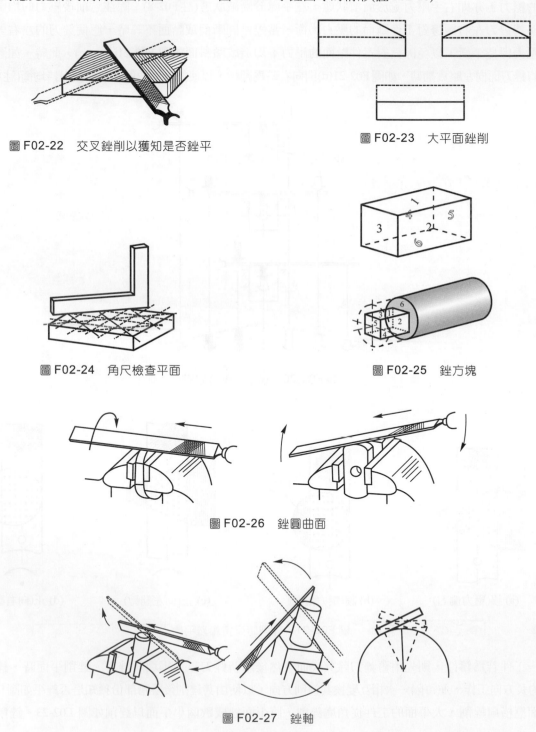

圖 F02-22　交叉銼削以獲知是否銼平

圖 F02-23　大平面銼削

圖 F02-24　角尺檢查平面

圖 F02-25　銼方塊

圖 F02-26　銼圓曲面

圖 F02-27　銼軸

圖 F02-28 銼樞

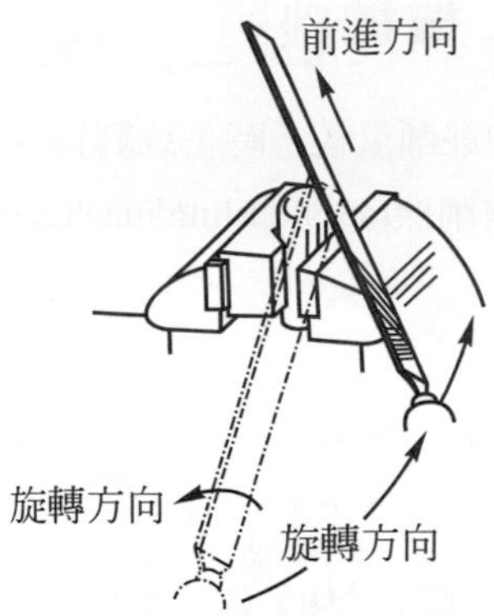

圖 F02-29 銼圓球

F02-7 推銼法

工件經粗銼銼削後，正確的使用推銼，通常可以獲得較細的加工面。銼刀的推銼如圖 F02-30，銼刀保持平面壓於工件上，壓力視需要而定，無論前推或回復均施以壓力，但避免使用鈍銼刀或夾雜銼屑，以免刮傷工件表面，有時把手移動，使銼刀得到較好的平衡。在推銼法中使用單紋銼可得較好效果。

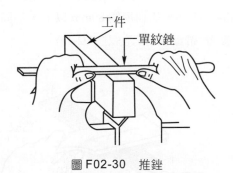

圖 F02-30 推銼

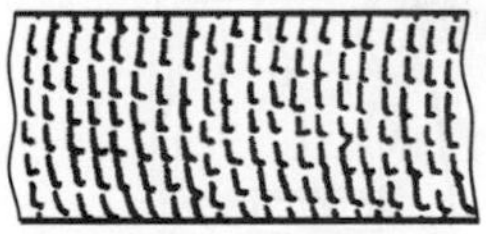

圖 F02-31 波形齒紋銼刀

F02-8 軟金屬及非金屬銼削

銼削軟金屬如黃銅、銲錫、鉛或鋁等，若以普通雙齒紋銼刀則常因銼齒被填塞而失去銼削作用，且填塞物除去困難，故銼削軟金屬時常用波形齒紋銼刀如圖 F02-31，以避免填塞。

銼削木料、皮革時則用木銼齒紋銼刀如圖 F02-32。

銼削塑膠及輕金屬則用斜齒紋(oblique cut)銼刀如圖 F02-33。

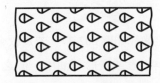

圖 F02-32 木銼齒紋銼刀

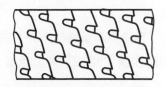

圖 F02-33 斜齒紋銼刀

F02-9 機械銼削

工件的銼削量較多時，或製模具時常用銼削機銼削，如圖F02-34為檯式銼削機(bench filing)，圖F02-35為往復式銼削機(stroke filing machine)，亦可利用帶鋸機裝置銼刀銼削。

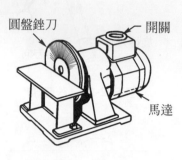

圓盤銼刀　　　開關

馬達

圖 F02-34　檯式銼削機

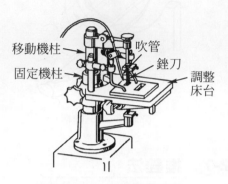

移動機柱　　　吹管
固定機柱　　　銼刀
　　　　　　調整床台

圖 F02-35　往復式銼削機

檯式銼削機係利用 50mm～300mm 的圓盤銼刀(circular files)，迴轉數為 100rpm～300rpm，工件用人工推進銼削；往復式銼削機係利用 100、125、150 或 200mm 等不同長度及斷面形狀的銼刀以每分鐘 50 次～350次的衝程次數往復銼削；帶式銼削機(band filing machine)如圖 F02-36，係利用約 80mm 以上，不同長度及斷面形狀的銼刀環接，以 10m/min～100m/min 的速度銼削(參考"帶鋸機"單元)(註 F02-11)。

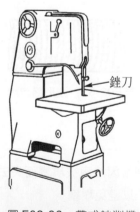

銼刀

圖 F02-36　帶式銼削機

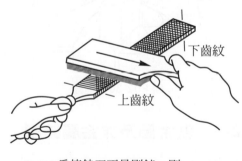

下齒紋
上齒紋

為使銼刀不易刷鈍，刷
子應順上齒紋方向拉刷。

圖 F02-37　刷除銼屑

銼削時常因銼屑刺入銼齒內，而造成工件表面的刮傷或失去銼削作用，此時應當用銼刀刷或銅片給予去除其填塞。

當一般工件之材料填塞時用銼刀刷刷除，刷除方向則順銼刀之齒紋如圖F02-37，若是軟金屬如鉛等，則用銅片剔除如圖 F02-38，若因油漆、木材或塑膠填塞時用肥皂水煮或浸於石油中，使之去除填塞(註F02-12)。

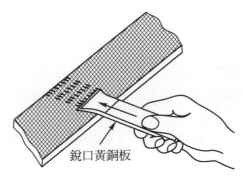

銳口黃銅板

緊嵌的切屑,用銼刀清除器
順上齒紋方向剔除。

圖 F02-38 剔除銼屑

F02-10 安全規則

1. 使用銼刀時必須隨時裝妥銼刀把。
2. 銼刀應存於於乾燥之處,不得受潮或接觸油脂。
3. 銼刀與銼刀間應避免接觸以免銼齒磨損。
4. 不可用銼刀當做撬具,或當做手錘敲擊。
5. 不可用銼刀銼削已經淬火的工件。
6. 銼刀用後應即用銼刀刷刷去銼屑,切勿用口吹除以免侵入眼睛。

學後評量

一、是非題

( ) 1. 銼刀依長度、齒紋形式、銼齒密度及斷面形狀等四種特徵來分類。
( ) 2. 銼刀愈長銼齒愈粗,因此 100mm 粗銼比 250mm 中銼銼齒粗。
( ) 3. 300mm 粗扁平銼,適用於鉗工粗銼平面。
( ) 4. 銼內圓弧可以用圓銼或扁平銼。
( ) 5. 銼刀兩面沿其長度稍微凸出的目的,在於易銼平工件及熱處理不易變形。
( ) 6. 可用手錘錘擊卸除銼刀把。
( ) 7. 小銼刀宜用掌壓握持。
( ) 8. 銼平面應維持前後及左右壓力之平衡。
( ) 9. 推銼宜用單紋銼。
( ) 10. 銼刀刷刷除銼屑時,應沿下齒紋方向拉刷。

二、選擇題

( )1. 下列有關銼刀之敘述，何者錯誤？　(A)銼刀長度為頂端至踝部的距離　(B)銼刀面均具有銼齒　(C)銼削肩時應以切削邊緊靠肩垂直邊　(D)銼刀踝無銼齒　(E)銼刀舌具有韌性。

( )2. 300mm 粗扁平銼的齒形形式為　(A)單齒紋　(B)雙齒紋　(C)三重齒紋　(D)波形齒紋　(E)木銼齒紋。

( )3. 下列有關銼刀之敘述，何項錯誤？　(A)四角銼各面為雙齒紋用以銼削方孔　(B)三角銼各面為雙齒紋用以銼削銳角　(C)鉤針銼的兩邊皆為圓稜　(D)針銼以長度稱之　(E)半圓銼的平面為雙齒紋，圓弧面為波形齒紋。

( )4. 下列有關銼削之敘述，何項錯誤？　(A)銼削時，銼刀均需裝有銼刀把　(B)銼削圓曲面宜先橫向銼削再縱向銼削　(C)使用交叉銼削可獲知是否銼平　(D)長平面的銼削宜沿長方向銼削　(E)大平面的銼削宜從角處銼削。

( )5. 圖示銼方塊之順序，下列何項正確？　(A)1-2-3-4-5-6　(B)1-6-2-4-3-5　(C)1-6-4-2-3-5　(D)1-5-3-6-4-2　(E)1-3-5-2-6-4。

參考資料

註 F02-1　：經濟部標準檢驗局：銼(總則)。台北，經濟部標準檢驗局，民國 67 年，第 1 頁。

註 F02-2　：經濟部標準檢驗局：銼齒密度。台北，經濟部標準檢驗局，民國 67 年，第 1 頁。

註 F02-3　：經濟部標準檢驗局：銼刀把。台北，經濟部標準檢驗局，民國 62 年，第 1 頁。

註 F02-4　：Labour Department for Industrial Professional Education. *Basic proficiencies working-filing, sawing, chiselling, shearing, scraping, fitting.* Labour Department for Industrial Professional Education, 1958, p.02-02-13-2.

註 F02-5　：同註 F02-4，p.02-02-23-2。

註 F02-6　：同註 F02-4，p.02-02-01-2。

註 F02-7　：同註 F02-4，p.02-02-20-2。

註 F02-8　：同註 F02-4，p.02-02-21-2。

註 F02-9　：同註 F02-4，p.02-02-22-2。

註 F02-10：同註 F02-4，p.02-02-24-2，pp.02-02-80-3～02-02-82-3。

註 F02-11：同註 F02-4，p.02-02-08-2。

註 F02-12：同註 F02-4，p.02-02-14-2。

工廠實習知識單

項目	畫線工具與畫線	學習目標	能正確的說出各種畫線工具的規格與使用

前　言

　　畫線是從工作圖、另一工件或已知資料中，傳達一尺寸至材料或工件的表面，做為工件加工依據的一種操作，以獲得最經濟的加工效率。畫線的方式繁多，如在平面上用尺、角尺、模板與畫針畫線，用畫針盤(平面規)、分規等畫線，但皆以獲得標準的尺寸為目的，做一個良好的畫線技工，除必須對畫線技巧熟練外且須有高水準的測量技術。

　　任何需要加工的工件，操作者須知表面加工程度、削除量、加工位置及加工方式。在工作圖上除可知道加工位置、加工方式及表面加工程度之外，並不知道其削除量，而削除量對整個加工過程來說卻是最重要的，它可確定毛胚是否合用，或補救毛胚的缺陷，及決定其加工的方式。

說　明

F03-1　平　板

　　平板為畫線工作中最重要的設備，它用以支持工件及畫線工具，畫線的精確與否，均以台面是否精確為依據(參考〝直規與平板〞單元)。

F03-2　畫線針

　　畫線針(scriber)係用工具鋼圓條製成並加以熱處理，可以在硬工件上畫線，其式樣繁多如圖 F03-1。常用者為直徑ϕ5，長度200mm～300mm，尖端經淬火硬化。使用時應先查看尖端是否尖銳，否則應先磨尖成針狀，磨尖畫線針時，在油石上左右移動，並時時用姆指與食指將畫針轉動，俾使磨成針狀如圖F03-2。畫線針有時以銅合金製成，以便在已加工過的表面畫線以免傷害已加工的表面。畫線時應使尖端沿尺緣畫線，且沿畫線方向傾斜，才能獲得真正尺寸的直線如圖F03-3。使用時應注意下列事項(註F03-1)：

1. 　保持畫線針尖端尖銳。
2. 　畫線時用力不宜太大，應在表面銼平的工件上畫線。
3. 　避免衝擊以免折斷尖端。
4. 　僅可供畫線用。

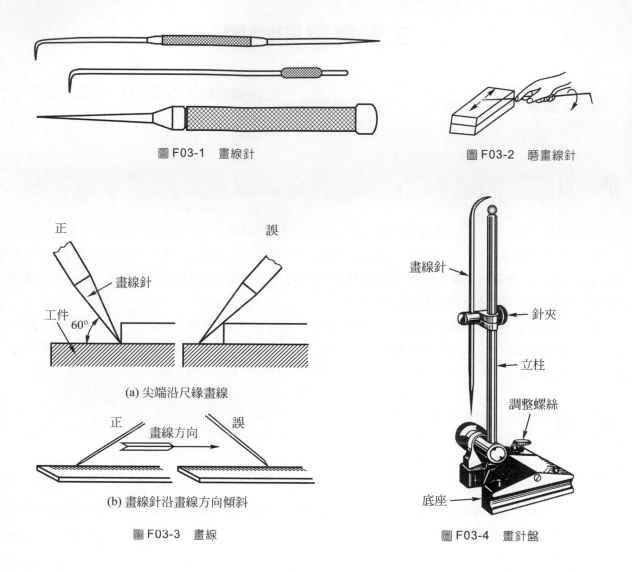

圖 F03-1　畫線針

圖 F03-2　磨畫線針

正　　　　　　　　　　誤

畫線針

工件

60°

(a) 尖端沿尺緣畫線

正　　　　　　誤

畫線方向

(b) 畫線針沿畫線方向傾斜

圖 F03-3　畫線

畫線針

針夾

立柱

調整螺絲

底座

圖 F03-4　畫針盤

F03-3　畫針盤

　　畫針盤(surface gage)亦稱平面規，係工場中重要的工具，除在鉗工用以畫平行線、中心線外，尚於車工中用以校正工件，其形式如圖 F03-4。爲底座(base)、立柱(spindle)、畫線針及針夾(scriber snug nut)四者所組成，畫線針及針夾可沿立柱上下而固定於合適的位置，較好的畫針盤尚可調整任意角度，底座尚且有 V 形槽，以適應各種畫線工作如圖 F03-5。

　　利用畫針盤畫線時，先將畫線針調整至所需的尺寸位置，將針夾稍爲捻緊，視實際而要輕擊畫針使針尖略向下傾，以獲得所需高度後再捻緊針夾。畫線時應使畫針與工件成一角度並沿其方向滑動畫針盤如圖 F03-6。

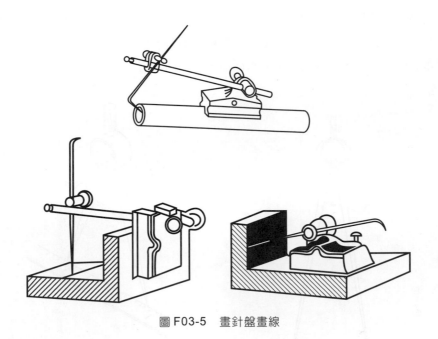

圖 F03-5 畫針盤畫線

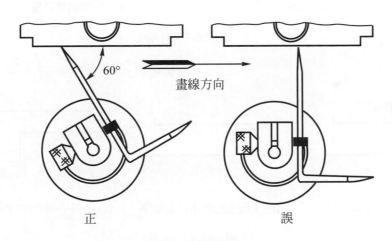

圖 F03-6 畫針盤畫線方法

F03-4 分 規

　　分規(dividers)通常用於測定距離、比較距離及畫圓或圓弧如圖 F03-7，使用時應注意下列事項(註 F03-2)：

1. 圓心必須根據畫線的交點中央所衝的中心眼為準。

2. 半徑得自圓弧至中心距離或同一平面的直線距離，不同平面求半徑應用墊片墊平，所求得的才是真正的半徑如圖 F03-8(a)、(b)，圖 F03-8(c)所示不同平面求得的半徑將有誤差 a。

3. 分規尖端必須保持單面斜尖狀如圖 F03-9，而其接樺適當固緊，以避免畫線時產生誤差。

4. 畫線前將分規張開至所需半徑，一端置於圓心。

5. 用拇指食夾持於接樺使分規與工作面成一角度，傾向順時針方向且順時針旋轉如圖 F03-10。

6. 旋轉時其傾斜度應保持一定，接樺點亦隨其縱軸迴轉一週。

7. 畫圓時重心置於內腳，外腳隨工件的軟硬而施以不同之力。

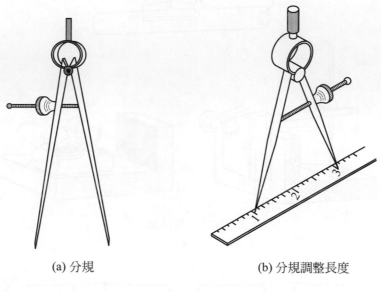

(a) 分規   (b) 分規調整長度

圖 F03-7　分規

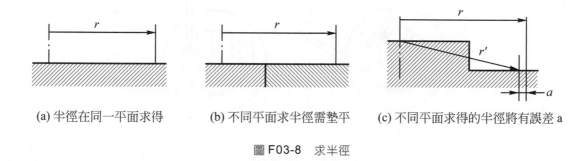

(a) 半徑在同一平面求得　　(b) 不同平面求半徑需墊平　(c) 不同平面求得的半徑將有誤差 a

圖 F03-8　求半徑

分規

圖 F03-9　分規的腳尖

(a) 分規的夾持

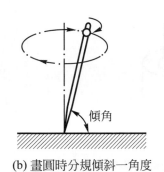

(b) 畫圓時分規傾斜一角度

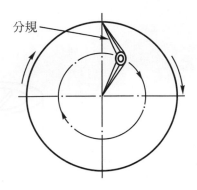

(c) 畫圓時順時針畫圓

圖 F03-10 畫圓

F03-5 異腳卡鉗

異腳卡鉗(hermaphrodite calipers)或稱單腳卡鉗，常用於車工上長度的測量或鉗工上沿基準面畫平行線如圖 F03-11。尤其用於求內圓中心最為方便，使用時應：

1. 墊一木塊於孔內如圖 F03-12(a)。
2. 將異腳卡鉗張開大於孔的半徑，將腳靠於孔緣(位置要一致)，尖腳在木塊上畫弧。
3. 如上法連取四個相對點畫弧。
4. 連接一對圓弧的交點，求得兩直線交點即為圓心。
5. 求圓柱中心亦同如圖 F03-12(b)。

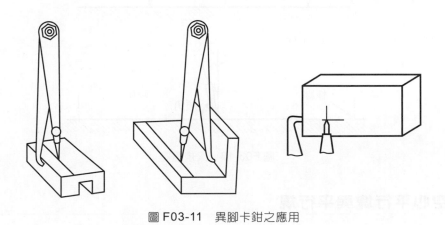

圖 F03-11 異腳卡鉗之應用

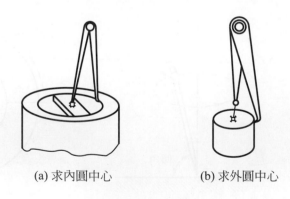

(a) 求內圓中心　　(b) 求外圓中心

圖 F03-12　求圓心

F03-6　梁　規

　　分規在畫半徑很大的圓弧或圓時，其兩腳分開太大，將會影響其畫圓，因此半徑大的圓弧及圓都用梁規(trammels)來畫，梁規係由一任意長度的圓鋼桿及經熱處理的兩腳所組成，其兩腳可在鋼桿上任意移動，並可固定在任何位置，使用時一腳為圓心，一腳為畫線針，使用時應(註 F03-3)：

1.　展開雙腳至所需半徑。

2.　左手固定中心腳於圓心，右手持畫線針，傾斜一定角而畫圓，使中心腳亦隨之畫圓如圖 F03-13。

3.　梁規若附有卡顎則可當內卡用，用以測量大的內長度。

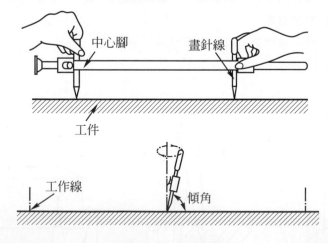

圖 F03-13　梁規畫圓

F03-7　空心平行塊與平行規

　　空心平行塊與平行規(box parallels and parallels)如圖 F03-14，為畫線的輔助工具，各面互相垂直，以使工件的基準面與平板平行或垂直，而使畫線容易。

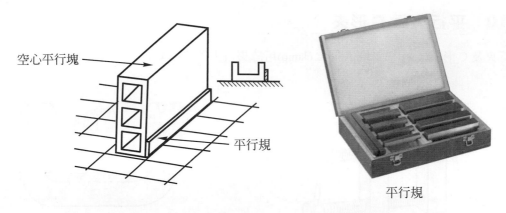

空心平行塊

平行規

平行規

圖 F03-14 空心平行塊與平行規(維昶機具廠公司)

F03-8 角 板

角板(agle plate)如圖 F03-15，其兩面互相垂直，使工件之基準面垂直於平板。

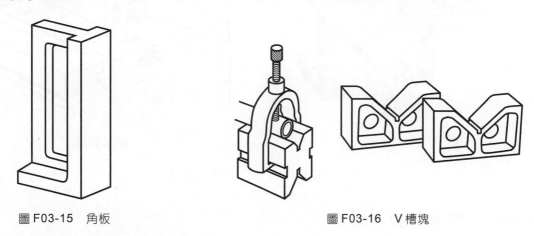

圖 F03-15 角板

圖 F03-16 V 槽塊

F03-9 V 槽塊、千斤頂

V 槽塊(V block)如圖 F03-16，用於支持圓形工件於其 V 形槽中，任意迴轉以利畫線。千斤頂(jack)用於調整工件之高低，圖 F03-17 示其應用。

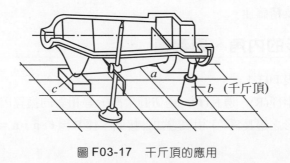

圖 F03-17 千斤頂的應用

F03-10 　平行夾與 C 形夾

平行夾及 C 形夾(parallel clamp and C clamp)用於夾持工件如圖 F03-18。

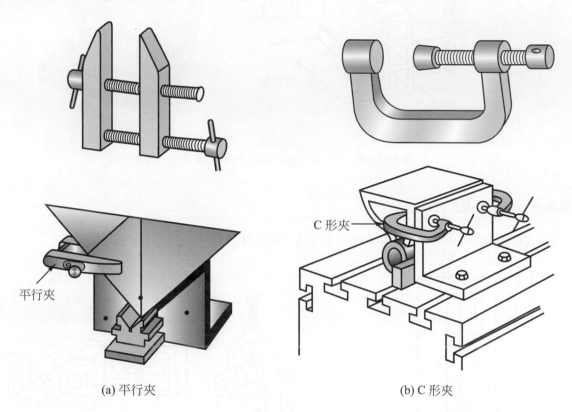

(a) 平行夾　　　　　　　　　　　　　(b) C 形夾

圖 F03-18 　平行夾與 C 形夾

F03-11 　畫線前的準備

1. 工件表面先予處理：未加工表面除去其毛頭後塗粉筆；已加工表面塗以普魯士藍、藍色硫酸銅或奇異墨水等染色劑。

2. 如有圓孔則先鑲嵌必要空間，以便求中心。

3. 尋求基準面：基準面的尋求依據加工的需要及事實的需求來獲得，基準面選定是否適當，直接影響畫線、加工程序及精確性。

F03-12 　正多邊形的內角、因素值

1. 正多邊形的內角如表 F03-1。

2. 正多邊形與外接圓半徑(R)、邊長(ℓ)、內切圓半徑(r)等相對的換算因素值(n)如表 F03-2。例如，若一正三邊形之邊形之邊長為 ℓ，由表查知外接圓半徑 $R = \ell \times n$，$n = 0.5774$；內切圓半徑 $r = \ell \times n$，$n = 0.2887$。

120

表 F03-1　正多邊形的內角

邊數	角度
3	60°
4	90°
5	108°
6	120°
7	128°34'17"
8	135°
9	140°
10	144°
11	147°16'22"
12	150°

表 F03-2　正多邊形的因素值(n)

邊數	外接圓半徑 R		邊長 ℓ		內切圓半徑 r	
	$=\ell \times n$	$= r \times n$	$= R \times n$	$= r \times n$	$= R \times n$	$= \ell \times n$
3	0.5774	2.0000	1.7320	3.4641	0.5000	0.2887
4	0.7071	1.4142	1.4142	2.0000	0.7071	0.5000
5	0.8507	1.2361	1.1756	1.4531	0.8090	0.6882
6	1.0000	1.1547	1.0000	1.1547	0.8660	0.8660
7	1.1524	1.1099	0.8678	0.9631	0.9010	1.0383
8	1.3066	1.0824	0.7654	0.8284	0.9239	1.2071
9	1.4619	1.0642	0.6840	0.7279	0.9397	1.3737
10	1.6180	1.0515	0.6180	0.6498	0.9511	1.5388
11	1.7747	1.0422	0.5635	0.5873	0.9595	1.7028
12	1.9319	1.0353	0.5176	0.5359	0.9659	1.8660

學後評量

一、是非題

(　) 1. 畫線工作可以知道工件的加工位置及削除量,以確定加工方法。

(　) 2. 以畫線針畫線時,應使尖端沿尺緣畫線,且沿畫線方向傾斜。

(　) 3. 畫針盤可以沿平板,畫與平板垂直之線。

(　) 4. 以分規求半徑時,須在同一平面上。

(　) 5. 畫線針的尖端是針狀,分規的尖端亦是一針狀。

( )6. 異腳卡鉗適合求內圓孔端面的中心,而不適於求外圓周端面的中心。

( )7. 梁規適合畫較小直徑的圓。

( )8. 角板的兩面互相垂直。

( )9. 如欲在空心的工件上求端面中心時,須先鑲嵌必要空間。

( )10. M20 六角螺帽的對邊是 30mm,則其對角長度是 32.64mm。

二、選擇題

( )1. 下列有關畫線工作之敘述,何項錯誤? (A)畫線針的柄端經淬火硬化 (B)畫針盤畫線時,畫針與工件成一角度,並沿其方向滑動畫針盤 (C)分規可用於畫圓 (D)V 槽塊用於支持圓形工件 (E)C 形夾用於夾持工件。

( )2. 在圓桿端面求中心點宜用 (A)分規 (B)異腳卡鉗 (C)平行規 (D)角板 (E)梁規。

( )3. 下列何項不是畫線前的準備事項? (A)欲畫線的表面先予處理 (B)鑲嵌必要空間 (C)尋求基準面 (D)準備分厘卡 (E)詳閱工作圖。

( )4. 欲使工件的基準面垂直於平板,可以使用 (A)C 形夾 (B)千斤頂 (C)角板 (D)平行夾 (E)分規。

( )5. 在已加工的表面畫線,宜使用何種染色劑? (A)粉筆 (B)紅丹膏 (C)炭粉 (D)水彩 (E)奇異墨水。

參考資料

註 F03-1:Labour Department for Industrial Professional Education. *Basic proficiencies metal working-indenting work and laying-out*. Labour Department for Industrial Professional Education, 1958, p.02-01-3-20.

註 F03-2:同註 F03-1,p.02-01-3-22。

註 F03-3:同註 F03-1,p.02-01-3-24。

工廠實習知識單

項目	衝眼與衝字	學習目標	能正確的說出衝眼工具及鋼字模的種類與使用方法

前 言

　　衝眼工作是利用尖衝及手錘，在工件表面上經畫線針畫出所需的線條上留以記號的一種工作。其目的在使畫線針所畫的線永久留存，材料被加工後尚可檢驗其畫線的準確性。用中心衝衝眼，可防止鑽頭死點在未鑽孔之前就碰底。一般而言畫線後的衝眼皆用尖衝，中心衝用於擴大眼孔而已。

說 明

　　衝眼工作分為衝頭的扶持、置放與敲擊等三步驟，扶持衝頭是用拇指與其餘四指分別夾持衝頭，將衝頭與工件成 60°，使尖端易於對準線的中心或交點如圖 F04-1(如為衝模工作則衝眼於線外)。

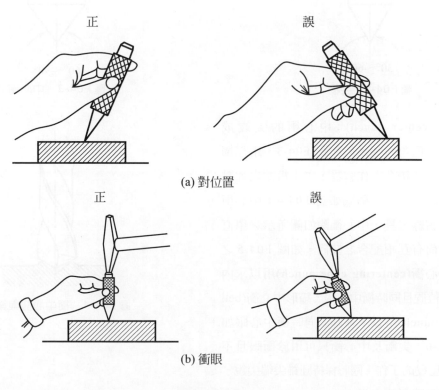

正　　　　　　　　　　　　　　誤

(a) 對位置

正　　　　　　　　　　　　　　誤

(b) 衝眼

圖 F04-1　衝眼

對準之後再立起衝頭使之與工件表面成 90°，用手錘輕敲衝頭柄端。施力須垂直於工件表面，且視眼孔的大小而施不同之力，眼孔大小視實際需要而定，但以能一目瞭然的最小孔為原則，直線部份眼孔分佈較疏，曲率半徑越小的曲線則越密。

F04-1 衝 頭

衝頭(punch)係由工具鋼 SK7 或 S45C 製成，其尖端部份經熱處理後硬度在 HRC40～45，柄部硬度在 HRC21～25(CNS3095)(註 F04-1)，尖端磨成圓錐尖且與柄部同中心，依其柄部尺寸表示其規格，依其用途分為兩種：

1. 尖衝(prick punch)：尖衝的尖端成 30°～60°頂角的圓錐形如圖 F04-2，畫線後的工件表面常因工作時不慎塗抹，或時隔較久而失去清晰，致使工作不便，故在畫線之後常在線上以相當距離用尖衝衝眼以利工作，或用於氧氣切割使視覺方便。一般工件及精細畫線皆用 30°，較硬工件用 60°以免尖端變鈍或破碎。

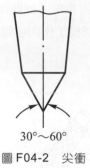

圖 F04-2 尖衝

30°～60°

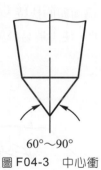

圖 F04-3 中心衝

60°～90°

2. 中心衝(center punch)：中心衝的尖端成 60°～90°頂角的圓錐形如圖 F04-3，用以擴大眼孔，使鑽孔工作容易，防止鑽頭之死點在鑽刃未切削時就碰底如圖 F04-4；中心衝不屬於畫線工具，中心衝除如圖所示之單直柄外，尚有互相配合之裝置，如圖 F04-5 之圓錐中心衝(centering cone punch)用以求內圓中心位置且同時衝中心眼，鐘形中心衝(bell center punch)用以求外圓心同時衝中心眼如圖 F04-6。尖衝及中心衝只可用於衝眼且不可衝擊堅硬的工作，隨時保持圓錐尖端尖銳，研磨錐尖時勿使之過大。

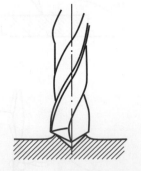

圖 F04-4 衝中心孔與鑽孔

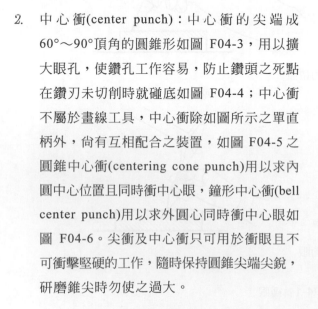

圖 F04-5 圓錐中心衝

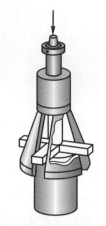

圖 F04-6 鐘形中心衝

F04-2 鋼字模

與衝眼工件相似的一種工作法為衝印。任何一工件完成後常加以衝印以資區別批號、件號或學生成品的記號等，這種記號常用鋼字模衝印，鋼字模分為數字的號碼衝(figure punch)與英文字母的衝字模(letter punch)兩大類如圖 F04-7，其大小有 1、1.5、2、2.5、3、4、5、6mm……等，視需要選用。衝印時與衝眼相似，將字模垂直於工件表面，手錘垂直敲擊鋼字模頭部，視字模的大小施以不同種的敲擊力(參考衝眼工作法)。

圖 F04-7 鋼字模

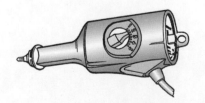

圖 F04-8 電動雕刻機

工件記號除使用鋼字模衝印外，亦可使用電動雕刻機(electric engraver)雕刻如圖 F04-8，電動雕刻機可更換碳化物或鑽石尖端，調整雕刻深度而適用於金屬、玻璃或塑膠等材料的雕刻。

學後評量

一、是非題

(　　)1. 衝眼留痕用中心衝。

(　　)2. 鑽孔前以尖衝擴孔，以免鑽頭死點碰底。

(　　)3. 衝眼的三步驟是扶持、置放與敲擊。

(　　)4. 衝眼留痕時，直線部份眼較密，曲線部份則隨曲率半徑愈小愈疏。

(　　)5. 鋼字模以字體大小為規格。

二、選擇題

(　　)1. 下列有關衝眼之敘述何項錯誤？　(A)鑽孔中心點先用中心衝留眼，用尖衝擴孔　(B)鐘形中心衝用於求外圓中心　(C)衝印批號用鋼字模　(D)尖衝之尖端成30°～60°　(E)衝頭尖端經熱處理淬火應回火。

(　　)2. 畫線後留痕宜用　(A)中心衝　(B)尖衝　(C)圓錐中心衝　(D)鐘形中心衝　(E)號碼衝。

(　　)3. 工件批號的衝印宜用　(A)中心衝　(B)尖衝　(C)圓錐中心衝　(D)鐘形中心衝　(E)鋼字模。

(　　)4. 衝眼時衝頭應與工件表面成　(A)30°　(B)45°　(C)60°　(D)90°　(E)120°。

(　　)5. 中心衝的尖端頂角為　(A)30°　(B)45°　(C)90°　(D)120°　(E)150°。

參考資料

註 F04-1：經濟部標準檢驗局：9.5mm 中心衝。台北，經濟部標準檢驗局，民國 74 年，第 1 頁。

工廠實習知識單

項目	手　錘	學習目標	能正確的說出手錘的種類與使用方法

前　言

　　手錘為鉗工中一種錘擊用的手工具，俗稱槌頭，依其材料可分為硬面(鋼製)手錘、與軟面手錘兩種。

說　明

　　鋼製手錘係由機械構造用碳鋼料(如 S45～S58C)或碳工具鋼(如 SK6 或 SK5)的鋼料經淬火、回火而製成，兩端之硬度以 HRC45～58 為準，手錘的大小皆以其重量而分為#1/4～#3(CNS1026)(註 F05-1)，鉗工常用者為#1$\frac{1}{2}$(0.67kg)者居多，錘面用於一般錘擊，錘頭用於延展、冷鍛等，錘頭的形狀常用者為球頭；若用於彎曲、校直或鉚接時則用平頭及交叉頭如圖 F05-1。柄楔在使手柄與錘頭牢固，裝置手柄時務必保持錘頭與柄的垂直，錘的方向與木柄的橢圓方向一致如圖 F05-2。當用鋼製手錘足以傷害工件時，則用軟面手錘，軟面手錘由鉛、銅、橡皮、皮革或塑膠等製成如圖 F05-3，用以錘擊已加工之工件表面、軟金屬或經淬硬之工作面，以防意外。

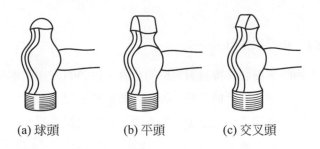

(a) 球頭　　　　　(b) 平頭　　　　　(c) 交叉頭

圖 F05-1　鋼製手錘

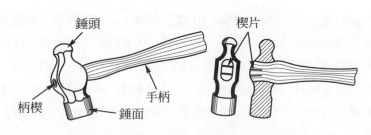

圖 F05-2　手錘構造

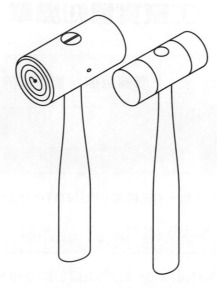

圖 F05-3 軟面手錘

　　使用手錘時應確實將手柄裝緊，如鬆動時切勿使用。鋼製手錘不可錘擊尖或硬工件，軟面手錘切勿錘擊粗糙表面，或用以打擊衝頭及鐵釘等。

學後評量

一、是非題

( ) 1. 鉗工常用的手錘為球頭#1 $\frac{1}{2}$。

( ) 2. 裝置手錘手柄時，務必保持錘頭與柄的垂直，錘頭的方向與木柄的橢圓方向一致。

( ) 3. 使用手錘時，應確實將手柄裝緊，如有鬆動切勿使用。

( ) 4. 軟金屬、已經淬硬的工件或已加工的表面，宜用鋼製手錘。

( ) 5. 打擊衝頭宜用軟面手錘。

二、選擇題

( ) 1. 鋼製手錘的材料是　(A)低碳鋼　(B)碳工具鋼　(C)高速鋼　(D)鎳鉻鋼　(E)碳化物。

( ) 2. 鑿削時所用的手錘是　(A)鉛製　(B)橡膠　(C)鋼製　(D)銅製　(E)皮革。

( ) 3. 常用手錘的錘頂形狀是　(A)球頭　(B)平頭　(C)交叉頭　(D)方頭　(E)尖頭。

( ) 4. 鋼製手錘的手柄材料通常是　(A)鉛料　(B)鋼料　(C)銅料　(D)皮革　(E)木材。

( ) 5. 鋼製手錘的規格表示是　(A)手柄長度　(B)手柄直徑　(C)手錘直徑　(D)手錘重量　(E)手錘長度。

參考資料

註 F05-1：經濟部標準檢驗局：手用鋼鎚。台北，經濟部標準檢驗局，民國 75 年，第 1～2 頁。

工廠實習知識單

項目	手工鋸割	學習目標	能正確的說出弓鋸架及鋸條的選擇與鋸割方法

前　言

　　在鉗工工作中除鑄件、鍛件等成形的工件外，圓料、方料等常需用鋸割來取得，稱為下料。鋸割乃利用許多齒的鋸齒安排於鋸條上，用以去除切屑的一種工作方法，手工鋸割除鋸割下料外尚可開槽等。在向前的切削運動中是向前的推力與向下的壓力，回復時除去壓力而往後拉而已。

說　明

　　鋸割的方法可分為手工鋸割及機械鋸割。手工鋸割的工具稱為手弓鋸，其構造包括鋸條與鋸架如圖F06-1。

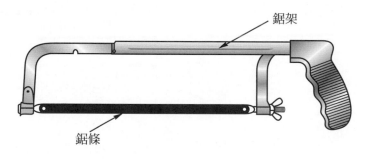

圖 F06-1　手弓鋸(Ⅰ型1類)

F06-1　鋸條的種類與選擇

　　鋸條(saw blades)為許多鋸齒所構成，依其長度可分為200、250及300mm等三種規格，長度為兩梢孔之間的距離。依鋸齒的多寡可分為每25.4mm 有10、12、14、18、24及32齒等數種如圖 F06-2。最粗齒鋸條10、12齒，適用於鋸割石棉板，粗齒14齒適用於軟金屬材料或斷面大的工件的鋸割，因有充分的鋸齒間隙使鋸割輕快自如；中齒18齒者為一般鋸割用如鋼料、鑄鐵及白合金等的鋸割，有充分的鋸齒間隙且齒節較細，不需太大之推力即可鋸割自如。細齒 24 齒用於較硬材料及斷面較小的材料，如角鋼、工字鋼、厚鋼管及大於(SWG)18 號(1.219mm)的鋼板等的鋸割，因齒節較細能有兩齒以上橫跨工件斷面，不致割裂工件表面並獲得較快的鋸割較硬工件；最細齒32齒適用於硬或強韌及斷面薄的材料，如硬鑄鐵、工具鋼及小於18號的鋼板、薄鋼管等，使之能較快鋸割並有兩齒以上橫跨工件斷面如圖F06-3。

　　鋸條係由厚度為 0.64mm，寬度 12 或 12.7mm 的高級工具鋼如 SK3、SKS7 或高速鋼如 SKH51 或 SKH55(CNS1433)(註F06-1)所製成，在熱處理時若僅將鋸齒部份淬硬約3mm者稱之為撓性鋸條(flexible blades)，因除鋸齒部份淬硬外皆較韌，故折斷機會較少，另有全部淬硬者稱之為全硬鋸條(all hard blades) 則較易折斷。通常以長度與齒數表示鋸條，如 300mm － 24T，有時亦將寬度及厚度同時表示之，如 300×12×0.64mm － 24T。

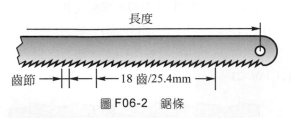

圖 F06-2　鋸條

正	齒數 (每 25.4mm)	工件材料	厚度或直徑 (mm)	誤
有充分的鋸齒間隙	14	碳鋼（軟鋼）	25 以上	細齒節無鋸齒間隙 鋸齒填塞
		鑄鋼、合金鋼、 輕合金	6～25	
		鐵軌	－	
有充分的鋸齒間隙	18	碳鋼 （軟鋼、硬鋼）	6～25	細齒節無鋸齒間隙 鋸齒填塞
		鑄鐵、合金鋼、	25 以上	
有兩個或兩個以 上的鋸齒接觸	24	鋼管	壁厚 4 以上	粗齒節鋸齒跨於工件 上損壞工件
		合金鋼	6～25	
		角鋼	－	
有兩個或兩個以 上的鋸齒接觸	32	薄鋼板、薄鋼管	－	粗齒節鋸齒跨於工件 上損壞工件
		合金鋼	6 以下	

圖 F06-3　鋸條的選擇

F06-2 鋸條的易削作用

鋸削效果的良好與否除須正確的選擇適當的齒節與工件材料的關係外，齒條的易削作用亦有相當的影響。齒條的易削作用在於齒刃的排列，齒刃的排列方式與齒節的粗細有關，單交叉排列方式的齒刃適用於最細齒(32 齒)如圖 F06-4(a)。其相鄰兩齒一齒向左，一齒向右，使鋸齒只左右兩齒邊鋸割而齒背不致於與工件之兩旁摩擦，使鋸削輕快，如圖 F06-5(a)。雙交叉排列用於細齒(24 齒)，其排列方式為兩齒向左，兩齒向右如圖 F06-4(b)。波形排列用於中齒(18 齒)，齒刃左右排列成波浪形而產生易削作用如圖 F06-4(c)、圖 F06-5(b)。交叉及中間排列用於粗齒(14 齒)，齒刃之排列係一齒向左，一齒向右，一齒中間依序排列如圖 F06-4(d)(註 F06-2)。

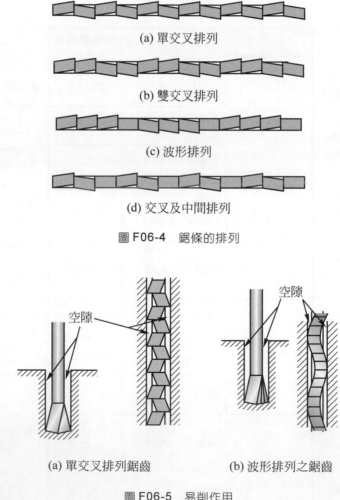

(a) 單交叉排列

(b) 雙交叉排列

(c) 波形排列

(d) 交叉及中間排列

圖 F06-4　鋸條的排列

(a) 單交叉排列鋸齒　　　　(b) 波形排列之鋸齒

圖 F06-5　易削作用

F06-3 弓鋸架

弓鋸架(hack saw frames)分為Ⅰ～Ⅶ等七種型式(CNS3659)(註 F06-3)，依其調整方式可分為可調節式及固定式兩種，可調節式可以裝不同長度的鋸條，用途較廣，而固定式只可裝一種長度，若按其手柄形式可分爲手槍柄(pistol-grip handle)與直柄兩種，前者由翼形螺帽的旋轉來調整鋸條的鬆緊，易於握持施力參見圖 F06-1。

F06-4　鋸條的裝置與鋸割

　　裝置鋸條時應注意其鋸齒方向，手工鋸鋸割爲向前切削運動，因此鋸齒應向前如圖 F06-6 之鋸齒方向。左手握持鋸架前端，起鋸時，以右手握持鋸架手柄，左手拇指引導鋸割如圖 F06-7，鋸割深入後，向前施以推力及壓力，回復時僅施以拉力。鋸割時應保持鋸條的垂直，使用鋸條的全長，開始時僅用手臂運動，而後用身體施以適當的運動，身體的位置以能獲得自由且容易運動爲主。能獲得最佳鋸割效果位置如圖 F06-8。並以每分鐘鋸割 30 次～60 次爲宜，視材料的性質而異，材質較軟則較快。

圖 F06-6　鋸齒向前

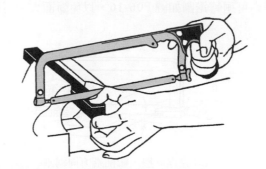

圖 F06-7　起鋸時以左手拇指引導鋸割

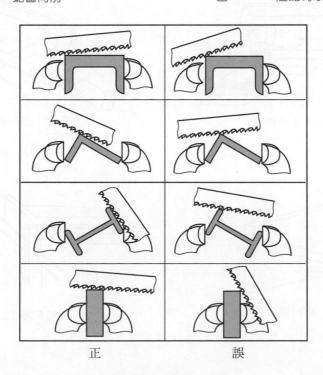

正　　　　　　　　　　誤

圖 F06-8　鋸割位置

　　開始鋸割時，若先鋸 b 邊如圖 F06-9(a)，則順前端方向稍施壓力；若先鋸 a 邊，鋸角「α」應小，鋸條可立即鋸入，導鋸穩定，鋸齒不易折斷如圖 F06-10(a)。若在一平面同時鋸割，則鋸條不易鋸入，工件表面易被刮壞，難於適當的畫線處鋸割如圖 F06-9(b)；若鋸角「α」過大，順箭頭方向起鋸 a 邊，則鋸條無法鋸割，鋸齒易咬住而折斷鋸條如圖 F06-10(b)。

　　鋸割扁平工件，則平鋸可使鋸條引導良好、鋸縫平直。如直立鋸割，鋸條引導少鋸縫彎曲如圖 F06-11。小於 18 號的薄板應夾於板內可使引導好，鋸縫直，若與鉗口平行鋸割，工作不準確，如圖 F06-12。同時鋸一個以上的工件時，可將工件一併夾持，則鋸縫直、工件長度相等、節省時間、鋸架夠高，若是豎立夾持，則鋸縫彎曲、工件長度不等、浪費時間，且常有鋸架不夠高的現象如圖 F06-13。鋸深縫時，如鋸架不夠高，則將鋸條轉 90°如圖 F06-14。鋸割薄管，應選最細齒(32 齒)鋸條，且不宜一次鋸穿，須時時迴轉，然後鋸割如圖 F06-15，以免因一次鋸穿使管的內壁咬住鋸齒使鋸條折斷。大直徑圓桿亦可迴轉鋸割如圖 F06-16，以免斷面太大而難以鋸割。

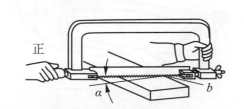

(a) 先鋸 b 邊，順前端方向鋸割

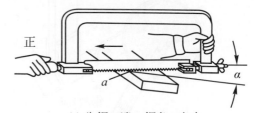

(a) 先鋸 a 邊，鋸角 α 宜小

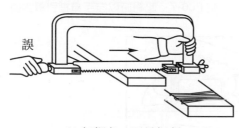

(b) 無鋸角，不易鋸割

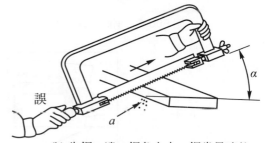

(b) 先鋸 a 邊，鋸角太大，鋸齒易咬住

圖 F06-9　鋸角與鋸割之一　　　　　　　　圖 F06-10　鋸角與鋸割之二

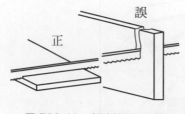

圖 F06-11　鋸割扁平工件

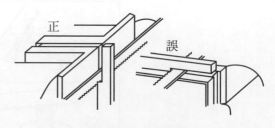

圖 F06-12　薄板鋸割

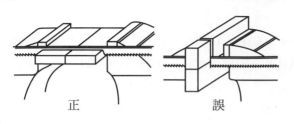

正　　　　　　　誤

圖 F06-13　鋸割兩工件

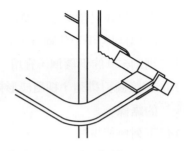

圖 F06-14　手弓鋸轉90°的鋸割

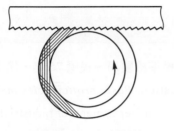

圖 F06-15　鋸割薄管

圖 F06-16　大直徑圓桿鋸割

F06-5　安全規則

1. 不可鋸割未經夾緊的工件。
2. 注意使用正確的鋸條以適應各種不同的工作,如粗齒鋸條不得鋸割薄金屬片。
3. 鋸割堅硬工件時不可鋸得太快。
4. 鋸割薄邊或尖端時,不可立即往前推鋸。
5. 如鋸條折斷時,應立即停加壓力並緩緩取出。換新鋸條不要沿原路徑鋸割。

學後評量

一、是非題

(　) 1. 鋸割 6mm～25mm 的碳鋼,適用 18 齒／25.4mm 的鋸條。

(　) 2. 300mm － 18T 鋸條的鋸齒排列為交叉及中間排列。

(　) 3. 鋸條裝置於鋸架時,鋸齒應向前。

(　) 4. 鋸割薄管宜一次鋸過,鋸割大斷面圓桿宜迴轉鋸割。

(　) 5. 鋸割中途鋸條折斷,換新後不可沿原路徑鋸割。

二、選擇題

(　) 1. 下列有關鋸割的敘述,何項錯誤?　(A)鋸割大斷面的軟金屬適用粗齒節 14 齒,因有充分的鋸齒間隙　(B)弓鋸架轉90°鋸割適用於斷面小的工件　(C)鋸條之齒刃排列與齒節粗細有關，以達易削作用　(D)小於 18 號之鐵板宜用最細齒節 32 齒，因有兩齒以上橫跨工件斷面 (E)鋸割扁平工件宜沿平面鋸割。

( )2. 鋸削ϕ20 的低碳鋼，宜用　(A)12　(B)14　(C)18　(D)24　(E)32　齒／25.4mm 的鋸條。

( )3. 鋸條齒刃排列，採用波形排列的是　(A)10　(B)12　(C)14　(D)18　(E)24　齒／25.4mm 的鋸條。

( )4. 下列何種規格之材料，宜用迴轉鋸割？　(A)□75×10×75　(B)□25×7　(C)P10×75×75 (D)ϕ12×50　(E)ϕ32×150。

( )5. 鋸條的材料是　(A)高速鋼　(B)低碳鋼　(C)中碳鋼　(D)鉻鉬鋼　(E)不銹鋼。

參考資料

註 F06-1 ：經濟部標準檢驗局：手弓鋸用鋸條。台北，經濟部標準檢驗局，民國 75 年，第 1～2 頁。

註 F06-2 ：Labour Department for Industrial Professional Education. *Basic proficiencies metal working-filing, sawing, chiselling, shearing, scraping, fitting.* Labour Department for Industrial Professional Education, 1958, p.02-03-32-2.

註 F06-3 ：經濟部標準檢驗局：弓鋸架。台北，經濟部標準檢驗局，民國 62 年，第 1 頁。

工廠實習知識單

項目	鉸刀與鉸削	學習目標	能正確的說出鉸刀的種類與使用方法

前　言

　　以鑽床鑽過的孔徑均略大於鑽頭尺寸，如 $\phi6$ 以下約大$\phi0.08$；$\phi6\sim\phi13$ 約大$\phi0.10\sim\phi0.13$；$\phi13\sim\phi19$ 約大$\phi0.13\sim\phi0.18$；$\phi19\sim\phi25$ 約大$\phi0.20\sim\phi0.25$，因此若欲得到一個尺寸準確、加工面精細、真圓度足夠的圓孔，通常以鉸刀鉸削。

說　明

F07-1　鉸刀的種類

　　鉸刀係以高速鋼或碳化物材料製成如圖F07-1，其尺寸視實際需要而定，通常均以標準尺寸製之，其製造公差一般為 m5 以獲得 H7 或 H8 之鉸孔精度。鉸刀分為去角、鉸刀體及鉸刀柄三部分，去角為鉸刀的切削部份，鉸刀體的刃口為支持部分，鉸刀柄用以配合手工或機器的套筒。

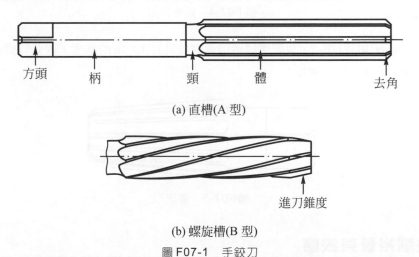

方頭　　柄　　　頸　　體　　　　去角

(a) 直槽(A 型)

進刀錐度

(b) 螺旋槽(B 型)

圖 F07-1　手鉸刀

　　在鉗工所用的鉸刀稱手鉸刀(hand reamers)，一般所用的手鉸刀為直鉸刀，柄為方頭以配合扳手，切邊係經全齒磨直者，頂端具有進刀錐度(去角)，使鉸刀易於鉸進鑽好的孔，其進刀錐度的長約等於其直徑，鉸刀的溝槽分為直槽(A 型)與螺旋槽(B 型)兩種參見圖 F07-1(CNS240)(註 F07-1)。螺旋槽可使切削較為順利而不產生顫動。鉸刀柄常比鉸刀體小(e9 公差)以便順利通過鉸孔，鉸刀之直徑以鉸刀體刃口直徑為標準，由 1.5mm～50mm 不等。

可調整鉸刀(adjustable reamers)如圖F07-2，為鉸刀中最具效率者，其直徑可在其範圍內調整任何尺寸(如 A 號調整範圍在φ12～φ13.5)，刀片磨銳較易但成本較高，另一種活動鉸刀(expansion reamers)如圖F07-3，其刀身係搪孔且具有錐度，並分裂成若干條，以便細微調整，與可調整鉸刀不同，其活動調整量僅約φ0.13～φ0.35mm，以精鉸標準尺寸。

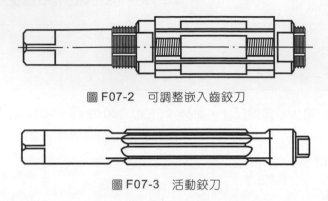

圖 F07-2　可調整嵌入齒鉸刀

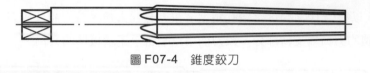

圖 F07-3　活動鉸刀

錐度鉸刀(taper reamer)如圖 F07-4，無論粗鉸或精鉸均製成標準錐度，如莫氏錐度(Morse taper)、布朗・沙普錐度(Brown & Sharpe taper)等，惟粗鉸刀在刃口上設製缺口，在粗鉸工作中應使用粗齒鉸刀，而精鉸工作應使用精鉸刀且進刀應慢。

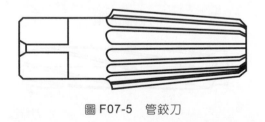

圖 F07-4　錐度鉸刀

管鉸刀(pipe reamer)如圖F07-5，攻管螺紋時因管螺紋具有1：16的錐度，因此攻螺紋之前應先用管鉸刀鉸過，管鉸刀亦具有1：16之錐度。

圖 F07-5　管鉸刀

F07-2　鉸削裕量與鉸削

手工鉸孔通常預留φ0.10mm～φ0.40mm(鑄鐵)或φ0.10mm～φ0.25mm(鋼)，即先以小φ0.40mm(鑄鐵)或小φ0.30mm(鋼)的鑽頭鑽之，再以粗鉸刀鉸過留φ0.10mm，再用精鉸刀鉸之。如預留量在精鉸範圍內(φ0.10mm)，則可直接精鉸；在開始精鉸時，鉸刀的進刀量最少應為每齒每轉 0.05mm。開始鉸削時不可在不平處進行，因鉸刀一開始就有向低處進刀之趨勢，若開始鉸削就不正確，則終難得一正確之圓孔，開始鉸削應注意使鉸刀保持正直，施力均勻。並注意所有鉸刀均不可反轉以免損傷刃口。

F07-3 安全規則

1. 手工鉸削工件內孔時，鉸刀應保持正直，施力須均勻，勿操之過急。
2. 鉸光時除鑄鐵及銅外均須加潤滑油。
3. 鉸光內孔時，右切鉸刀應順時針方向鉸削或退出，切勿反轉。
4. 使用鉸刀全部鉸削內孔時，應先檢查鉸刀柄是否稍小些，否則通過時易刮傷鉸孔。
5. 手工精鉸孔時以工件直徑小ϕ0.10mm為佳。
6. 鉸刀用畢須先擦清潔、加油及防銹並存放一定處所，勿與其他工具撞擊，以免損壞刃口。

學後評量

一、是非題

( ) 1. 手鉸刀分為 A 型(直槽)與 B 型(螺旋槽)兩種。
( ) 2. 可調整鉸刀與活動鉸刀均可調整尺寸，惟可調整鉸刀的調整量較小，調整方式亦不同。
( ) 3. 手工鉸削鑄鐵工件，其預留量約ϕ0.10mm～ϕ0.40mm。
( ) 4. 精鉸削時，進刀量最少應為每齒每轉 0.05mm。
( ) 5. 右切鉸刀順時針鉸孔，逆時針方向退出。

二、選擇題

( ) 1. 下列有關鉸削的敘述，何項錯誤？ (A)ϕ6mm～ϕ13mm 的鑽頭鑽孔後直約大ϕ0.10mm～ϕ0.13mm (B)精鉸鋼料的預留量為ϕ0.10mm (C)螺旋槽鉸刀可使切削較為順利而不產生顫動 (D)錐度鉸刀無論粗鉸或精鉸均製成錐度 (E)管鉸刀的錐度為 16：1。
( ) 2. 鉸刀的材料是 (A)高速鋼 (B)中碳鋼 (C)低碳鋼 (D)不銹鋼 (E)鉻鉬鋼。
( ) 3. 精鉸標準尺寸時，需微量調整直徑的鉸刀是 (A)直槽鉸刀 (B)螺旋槽鉸刀 (C)可調整鉸刀 (D)活動鉸刀 (E)錐度鉸刀。
( ) 4. 手鉸刀的柄是 (A)圓柄 (B)圓柄方頭 (C)方柄 (D)方柄圓頭 (E)錐柄。
( ) 5. 精鉸時，鉸刀的進刀量宜每齒每轉至少 (A)0.001 (B)0.01 (C)0.05 (D)1 (E)1.5 mm。

參考資料

註 F07-1： 經濟部標準檢驗局：手鉸刀。台北，經濟部標準檢驗局，民國 69 年，第 2 頁。

工廠實習知識單

項目	螺絲攻與攻螺紋	學習目標	能正確的說出螺絲攻的種類，計算攻螺紋的鑽頭直徑與攻螺紋的方法

前　言

　　螺絲攻為鉗工中用以攻內螺紋的一種切削工具，利用螺絲攻切削內螺紋的操作謂之攻螺紋，攻螺紋的方法可分為手工攻螺紋與機器攻螺紋。手工攻螺紋的螺絲攻謂之手扳螺絲攻。

說　明

F08-1　手扳螺絲攻

　　手扳螺絲攻(hand tap)如圖 F08-1，由頭道螺絲攻(taper tap)、二道螺絲攻(plug tap)及末道螺絲攻(bottoming tap)三枚所組成。頭道螺絲攻亦稱第一攻，其末端有 5 牙～9 牙螺紋去角成錐度，以便在開始攻螺紋時，螺絲攻易於導入所鑽之孔；二道螺絲攻亦稱第二攻，末端錐度較短，約 3.5 牙～5 牙螺紋去角；末道螺絲攻亦稱第三攻，末端有 1.5 牙～2 牙螺紋去角。螺絲攻的規格標示於柄部，如 3-M4-6H 即表示第三攻、螺紋規格 M4、製造公差 6H、螺絲攻為輪磨製造，如為滾軋製造者另加註 R，三件成套的螺絲攻以 "3S" 表示(CNS6877)(註 F08-1)，其三件螺絲攻的直徑通常相同，因此在攻穿孔螺紋時，只需用第一攻即可，若攻未穿孔(blind hole)螺紋，則先以第一攻導之，再以第二攻攻之，但若未穿孔的孔深相當淺，則先以第一攻導之，再用第三攻而不用第二攻，並視情形亦可直接用第二攻或第三攻，圖 F08-2 示第一、二、三攻攻螺紋的結果。但有一種三枚直徑不同的螺絲攻，稱之為順序螺絲攻(serial tap)如圖 F08-3，此種螺絲攻僅第三枚直徑為標準直徑，第一攻的直徑比第三攻小 0.30P，第二攻的直徑比第三攻小 0.125P，以使每一螺絲攻均切削一部份金屬。以第一攻引導，第二攻負主要攻螺紋工作，第三攻校正螺紋直徑，其切削負荷各為 25%、55%及 20%，此種順序螺絲攻的負荷由三枚分配而不易折斷，但攻螺紋時須三枚依序攻過始可達到所需的尺寸，適合大直徑通孔的攻螺紋工作。

圖 F08-1　手扳螺絲攻(大寶精密工具公司)

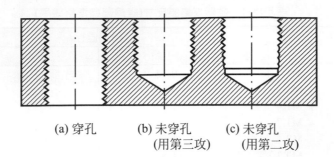

(a) 穿孔　　　　(b) 未穿孔　　　(c) 未穿孔
　　　　　　　　(用第三攻)　　　(用第二攻)

圖 F08-2　第一、二、三攻攻螺紋的結果

圖 F08-3　順序螺絲攻(大寶精密工具公司)

F08-2 攻螺紋之鑽頭直徑

　　在攻螺紋之前預先鑽好底孔，所鑽底孔的直徑比欲攻螺紋的螺紋小徑較大，所攻製完成的螺紋高度約為標準螺紋高度之 75%如圖 F08-4，圖中 C 為螺紋小徑，B 為底孔直徑，A 為螺紋大徑。螺絲攻鑽頭尺寸(tap drill size，TDS)等於螺絲攻大徑(d)減螺距(P)。即 TDS = d － (0.64952P×2×0.75)÷d － P。(0.64952P 為公制外螺紋螺谷在輪廓下限的螺紋高度，參考"螺紋各部份名稱與規格"單元)。例如欲攻 M5×0.8 的螺紋，其 TDS = ϕ5 － 0.8 = ϕ4.2，螺絲攻鑽頭直徑如表 F08-1(CNS211)(註 F08-2)。

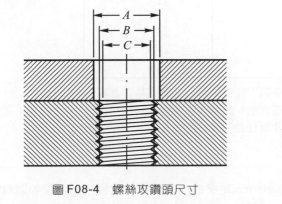

圖 F08-4　螺絲攻鑽頭尺寸

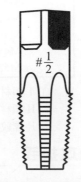

圖 F08-5　管螺絲攻

　　若欲攻管螺紋時，則須以錐度 1：16 之管鉸刀鉸過之後，用管螺絲攻攻之如圖 F08-5。

表 F08-1　螺絲攻鑽頭尺寸(經濟部標準檢驗局)

螺紋規格	鑽頭直徑	
	I 類	II 類
M1	0.75	
M1.2	0.95	
M1.4	1.1	
M1.7	1.3	
M2	1.5	1.6
M2.3	1.8	1.9
M2.6	2.1	2.1
M3	2.4	2.5
M3.5	2.8	2.9
M4	3.2	3.3
(M4.5)	3.6	3.7
M5	4.1	4.2
(M5.5)	4.4	4.5
M6	4.8	5
(M7)	5.8	6
M8	6.5	6.7
(M9)	7.5	7.7
M10	8.2	8.4
(M11)	9.25	9.4
M12	9.9	10
M14	11.5	11.75
M16	13.5	13.75
M18	15	15.25
M20	17	17.25
M22	19	19.25
M24	20.5	20.75
M27	23.5	23.75
M30	25.75	26
M33	28.75	29
M36	31	31.5
M39	34	34.5
M42	36.5	37
M45	39.5	40
M48	42	42.5
M52	46	46.5

註：(1) I 類材料如：鑄鐵、青銅、黃銅、脆性銅基合金及鋁基合金等。
　　　II 類材料如：鋼、鑄鋼、鋅基合金、鋁基合金及壓成材料等。
　　(2)凡螺紋長度較螺紋大徑大或非通孔者，最好用第 II 類。

F08-3　螺絲攻扳手

　　手工攻螺紋時，螺絲攻的方頭須用螺絲攻扳手(tap wrench)夾持，常用螺絲攻板手有兩種如圖F08-6，圖(b)為 T 形板手，用於轉動小尺寸的螺絲攻或工作位置受制限時(如凹入部份之攻螺紋)用之。如圖(a)為最常用的扳手，在其夾持範圍內可調節之。

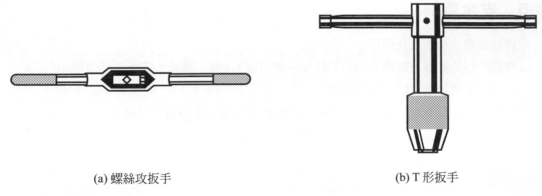

(a) 螺絲攻扳手　　　　　　　　　　(b) T 形扳手

圖 F08-6　螺絲攻扳手

F08-4 攻螺紋

開始攻螺紋時，先用第一攻置於孔中，使螺絲攻的中心與鑽孔的中心對準，先轉一整周後再用角尺校驗是否對準如圖F08-7，如對準則繼續攻入，若發現螺絲攻未對準鑽孔時則退回矯正之。攻螺紋時，每轉 1 圈即退回$\frac{1}{4}$圈(四槽螺絲攻時)，以使切屑掉落並潤滑切齒，攻螺紋時，雙手保持平衡穩定，切勿加以橫向壓力以免螺絲攻折斷。若螺絲攻折斷於工件內，可用螺絲攻退除器退出如圖F08-8，或用衝頭依反方向衝出如圖 F08-9，但必須戴護目鏡以免碎片傷及眼睛。

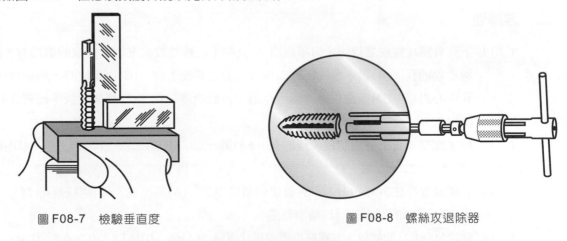

圖 F08-7　檢驗垂直度　　　　　　　　　圖 F08-8　螺絲攻退除器

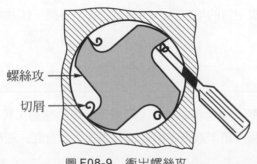

螺絲攻
切屑

圖 F08-9　衝出螺絲攻

F08-5 安全規則

1. 攻螺紋前應先檢查底孔直徑。
2. 攻螺紋時應將螺絲攻對準孔中心，每攻一轉須退 1/4 轉，並給予適當的潤滑劑。
3. 攻螺紋時應選擇適當的螺絲攻扳手。
4. 切勿橫向用力以避免螺絲攻折斷，衝出折斷的螺絲攻一定要戴護目鏡。
5. 使用後應清理乾淨，上油儲存於保護盒中。

學後評量

一、是非題

( ) 1. 順序螺絲攻的三件直徑一樣大，第一攻用於通孔攻螺紋用。

( ) 2. 使用成套螺絲攻須三件都攻過，才能使螺紋獲得完整的尺寸。

( ) 3. 欲攻 M6×1 的螺紋，其螺絲攻鑽頭之尺寸是ϕ5。

( ) 4. 使用四槽螺絲攻時，每前進一圈需退$\frac{1}{4}$圈，以斷屑並潤滑。

( ) 5. 使用衝頭衝出折斷的螺絲攻，必須戴安全眼鏡。

二、選擇題

( ) 1. 下列有關攻螺紋之敘述，何項錯誤？ (A)手扳螺絲攻的末道螺絲攻的截齒有 5 齒～9 齒，適於攻通孔 (B)順序螺絲攻第二攻負主要攻螺紋工作 (C)攻螺紋時，螺絲攻中心需與鑽孔中心對準 (D)螺絲攻退除器用以退出折斷的螺絲攻 (E)螺絲攻扳手應視螺絲大小選擇使用之。

( ) 2. 順序螺絲攻負主要攻螺紋工作的是 (A)第一攻 (B)第二攻 (C)第三攻 (D)第一、三攻 (E)第一、二、三攻。

( ) 3. 一螺絲攻標註 3-M4-6H，下列敘述何項錯誤？ (A)第三攻 (B)螺紋規格 M4 (C)製造公差 6H (D)滾軋製造 (E)輪磨製造。

( ) 4. 欲攻M8×1.25的螺紋，其螺絲攻鑽頭尺寸應為 (A)ϕ8 (B)ϕ7.8 (C)ϕ6.8 (D)ϕ6 (E)ϕ5.8。

( ) 5. 手扳螺絲攻三枚不同的地方是 (A)柄長 (B)外徑 (C)螺距 (D)螺紋高度 (E)末端去角齒數。

參考資料

註 F08-1： 經濟部標準檢驗局：螺絲攻。台北，經濟部標準檢驗局，民國 70 年，第 1～2 頁。

註 F08-2： 經濟部標準檢驗局：鑽頭直徑—鑽螺絲孔底孔用。台北，經濟部標準檢驗局，民國 42 年，第 1 頁。

工廠實習知識單

項目	螺紋模與鉸螺紋	學習目標	能正確的說出螺紋模的規格與使用方法

前　言

切削外螺紋，尤其小直徑的螺紋通常皆用螺紋模(dies)鉸之。

說　明

螺紋模的尺寸係按標準螺紋制度製成，整件開口式螺紋模可分為可調整式及無調整式兩種(CNS3156)(註 F09-1)，每一規格只有一個，鉸螺紋工作均係一次完成，除裂縫處可細微調整之外，其他尺寸均係固定如圖 F09-1，鉸螺紋時須使用適合的螺紋模扳手如圖 F09-2。鉸螺紋時應將工件的前端去角 $45° \times \frac{1}{2}$ 螺距長，並以截齒端引導鉸螺紋如圖 F09-3，鉸一周後注意其中心是否對準，如對準再繼續鉸之，且每轉 1 周退回 $\frac{1}{4}$ 周(四槽螺紋模)，以使切屑掉落並潤滑切齒。如欲在肩處獲得完整螺紋時，則再以截齒向上鉸之如圖 F09-4，若一對工件欲同時攻螺紋與鉸螺紋時，則應先攻螺紋，而後鉸螺紋，因螺絲攻的尺寸完全固定，螺紋模尚可細微調整。

安全規則：

1. 鉸螺紋時除鑄鐵或銅外，其餘材料均需加潤滑油。

2. 鉸螺紋時，工件應夾持穩當，螺紋模須保持正直，用力需均勻，每鉸進 1 圈須退回 $\frac{1}{4}$ 圈，以使切屑斷裂，並使潤滑油能流注切邊。

3. 使用合適的螺紋模扳手。

4. 鉸螺紋時，兩手把持扳手，用力須保持穩定。

5. 螺紋模用畢須加油保護。

圖 F09-1　螺紋模(大寶精密工具公司)

圖 F09-2　螺紋模扳手

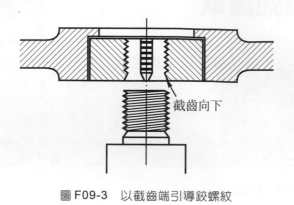

圖 F09-3　以截齒端引導鉸螺紋

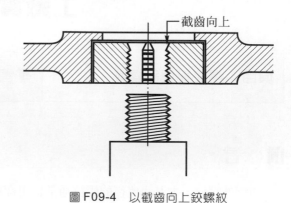

圖 F09-4　以截齒向上鉸螺紋

學後評量

一、是非題

( )1. 螺紋模每一規格分為三個成一組。

( )2. 鉸螺紋時，工件前端應給予適當去角。

( )3. 鉸螺紋時，每鉸 1 周應退 $\frac{1}{4}$ 周。

( )4. 同時攻、鉸螺紋時，應先鉸螺紋後攻螺紋。

( )5. 鉸螺紋時，以截齒端引導鉸螺紋。

二、選擇題

( )1. 螺紋模每一規格有　(A)1 個　(B)2 個　(C)3 個　(D)4 個　(E)5 個。

( )2. 鉸螺紋時，工件之前端去角長度約為螺距的幾倍？　(A)$\frac{1}{10}$　(B)$\frac{1}{5}$　(C)$\frac{1}{2}$　(D)1　(E)2 倍。

( )3. 切削小直徑外螺紋宜用何種工具？　(A)螺絲攻　(B)螺紋模　(C)鋸條　(D)銼刀　(E)鑿子。

( )4. 下列有關螺紋模之敘述，何項錯誤？　(A)螺紋模是用高速鋼製成的　(B)鉸螺紋時應對準中心　(C)鉸鋼料螺紋時應加切削劑　(D)可調整螺紋模可以調整螺距　(E)欲在工件肩處獲得完整螺紋時，可以截齒向上鉸螺紋。

( )5. 常用螺紋模的外形是　(A)方形　(B)三角形　(C)稜形　(D)錐形　(E)圓形。

參考資料

註 F09-1：經濟部標準檢驗局：螺紋模(整件開口式)。台北，經濟部標準檢驗局，民國 59 年，第 1 頁。

工廠實習知識單

項目	手工具	學習目標	能正確的說出各種手工具的用途與使用方法

前　言

在鉗工工作中除鑿、銼或鋸等手工具外，在裝配上常用到起子、扳手及手鉗等，此類工具的適當運用，對一機工來說是非常重要的。

說　明

F10-1　螺絲起子

螺絲起子(screw drivers)的主要用途在於鬆緊螺釘，也僅用於此。螺絲起子分為三部份，即用以握持的手柄、桿及首端(頭部)如圖 F10-1，首端用以進入槽頭螺釘，機械型(B 式)之兩邊平行如圖 F10-2，且經淬火及回火，使其硬度在HRC42～50，以承受適當的彎曲應力及磨蝕，螺絲起子的標稱以起子種類、名稱及首端尺寸標稱值或號碼稱呼之，如 A1.2×8 表示 A 型平頭螺絲起子，首端厚度標稱尺寸 1.2mm，邊寬 8mm(CNS4814)(註 F10-1)。

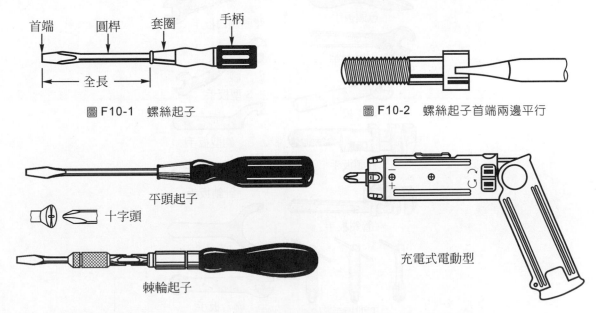

圖 F10-1　螺絲起子　　　　　圖 F10-2　螺絲起子首端兩邊平行

平頭起子

十字頭

棘輪起子

充電式電動型

圖 F10-3　螺絲起子

　　螺絲起子的型式依形狀、構造及用途區分為平頭起子、十字頭起子、棘輪(ratchet)起子、螺絲棘輪起子、木工用起子及平桿式起子等六種。平頭起子的首端有輕型、工程型(A式)、機械型(B式)等三型，十字頭起子的首端有 PZ 型、PH 型等二型(CNS4814)(註 F10-2)如圖 10-3。使用時應使首端與螺釘槽吻合，以避免螺釘槽起毛頭及損壞首端。棘輪型起子則適用於快速動作時使用之，用時先調整其螺旋方向，將把手向下施壓力，即可達到鬆緊螺釘的目的。充電式電動型(或氣動式)適用於組合及裝配維修用。

　　安全規則：

1. 螺絲起子首端應保持兩邊平行。
2. 螺絲起子首端應與螺釘頭部之凹槽吻合。
3. 螺絲起子螺絲起子僅能用作鬆緊螺釘，並限於鬆緊常溫之螺釘。
4. 螺絲起子手柄必須保持清潔，不得用手鎚敲擊柄端。
5. 磨首端時不可使其退火。
6. 使用完畢須保持清潔。

F10-2　扳　手

　　扳手(wrench)為施展扭轉力量的一種工具，用以旋緊或旋鬆螺帽或螺栓，扳手的形式隨其形狀、目的或構造而分，常見的型式如圖 F10-4。

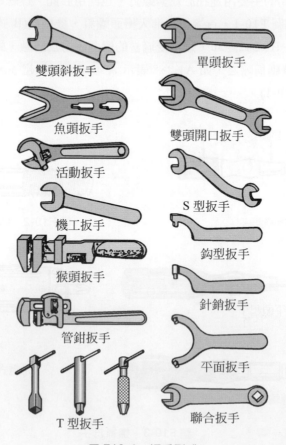

雙頭斜扳手　　　　　　單頭扳手

魚頭扳手　　　　　　雙頭開口扳手

活動扳手

機工扳手　　　　　　S 型扳手

猴頭扳手　　　　　　鉤型扳手

管鉗扳手　　　　　　針銷扳手

平面扳手

T 型扳手　　　　　聯合扳手

圖 F10-4　扳手型式

在開口扳手和活動扳手中其開口對角線常與柄之中心線成 15°(六角螺帽用)或 $22\frac{1}{2}$°(方螺帽用)。有時因機器中螺栓或螺帽以扳手扳轉時受空間的限制，其旋轉的角度無法達到 90°(方螺帽)或 60°(六角螺帽)時，若扳手具上述角度則可每轉一次翻轉一次，如此可將螺帽在極為有限的範圍內旋轉如圖 F10-5。

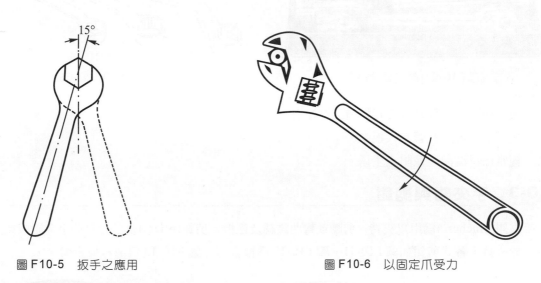

圖 F10-5　扳手之應用　　　　　　　　　　圖 F10-6　以固定爪受力

使用扳手時應選擇適當的規格，以此配合螺帽大小與施力，如M10之螺栓使用(開口對邊長)17mm，開口扳手柄部長係依扳轉力矩之大小而設計，故使用活動扳手時，尤其大型扳手用於旋轉小螺絲時更應注意其施力，且應以固定爪為受力方向如圖 F10-6，當旋緊螺帽時應予一急扭，則可得較好的效果。並多用開口扳手，少用活動扳手。

扭矩扳手(torque wrench)如圖F10-7，可以指示出螺帽所受轉矩以防止轉矩過大而折斷螺栓或破壞螺帽。

圖 F10-7　扭矩扳手　　　　　　　　　　圖 F10-8　六角桿扳手

六角桿扳手用於六角承窩固定螺釘或六角承窩頭螺釘的裝卸，如圖 F10-8。

棘輪扳手(ratchet wrench)如圖F10-9，用於擺動距極小時，通常可在 10°擺動範圍內使用，同時在旋緊或旋鬆螺帽時不必每擺動一次，就自螺帽上下扳手一次，可一直工作至完成。

套筒扳手(box or socket wrench)有各種不同尺寸，以應各種螺帽之需，通常為在某一範圍內為一組，如圖 F10-9為棘輪套筒扳手，圖 F10-10為梅花扳手(ring spanner)。

安全規則：
1. 使用扳手時須與工作配合。
2. 用力須合乎扳手之大小。

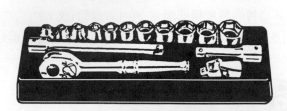

圖 F10-9　棘輪套筒扳手

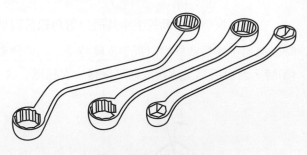

圖 F10-10　梅花扳手

3.　扳手僅可用於旋緊或旋鬆螺帽及螺栓用。

4.　扳手柄不可用套管套入扳之。

5.　經常保持潔淨，並防止生銹。

F10-3　手夾鉗與剪鉗

　　手夾鉗(pinchers)為用以夾持、剪斷或彎曲鐵絲及鐵板。剪鉗(pliers)要用於剪斷小金屬線或鐵板，但不可用於夾持，各式剪鉗如圖 F10-11。圖 F10-12 為板金剪，圖 F10-13 為曲線板金剪。

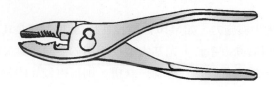

(a) 薄直頭剪鉗(thin straight nose pliers)

(b) 對角剪鉗(斜口鉗)(diagonal cutting nippers)

(c) 克絲鉗子(電工鉗)(side cutting pliers)

(d) 圓頭鉗(尖嘴鉗)(round nose pliers)

圖 F10-11　剪鉗

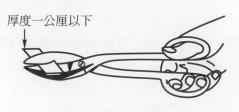

厚度一公厘以下

圖 F10-12　板金剪

圖 F10-13　曲線板金剪

F10-4　螺釘拔取器

欲拆卸折斷的螺釘，可先在螺釘鑽一適當直徑的孔，再以螺釘拔取器(screw extractor)卸除之，如圖 F10-14。

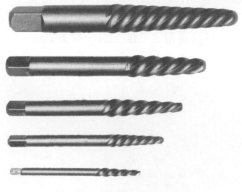

圖 F10-14　螺釘拔取器

學後評量

一、是非題

( )1. 螺絲起子的首端兩邊平行，配合螺釘槽以承受扭力。

( )2. 開口扳手的開口與柄中心線成 $22\frac{1}{2}^{\circ}$，以應用於六角螺帽的裝卸。

( )3. 裝卸螺帽應儘量使用開口扳手，少用活動扳手。

( )4. 使用活動扳手時，應以活動爪受力。

( )5. 拆卸折斷的螺釘，可先在螺釘鑽一孔後，再用螺釘拔取器拆除。

二、選擇題

( )1. 螺絲起子的規格是以　(A)柄長　(B)柄徑　(C)種類、名稱及首端尺寸標稱值　(D)桿徑　(E)全長　表示。

( )2. 適用於快速動作鬆緊螺絲起子是　(A)標準平口型　(B)雙彎平口型　(C)標準十字口型　(D)雙彎十字口型　(E)棘輪型。

( )3. 用於鬆緊六角螺帽的開口扳手，其開口對角線與中心線成　(A)10°　(B)15°　(C)20°　(D)$22\frac{1}{2}^{\circ}$　(E)30°。

( )4. 可以指示螺帽所受轉矩大小的扳手是　(A)開口扳手　(B)活動扳手　(C)六角桿扳手

(D)轉矩扳手　(E)棘輪扳手。

(　)5. 剪斷1mm厚板宜使用　(A)板金剪　(B)薄直頭剪鉗　(C)圓頭鉗　(D)克絲鉗子　(E)對角剪鉗。

參考資料

註F10-1 ：經濟部標準檢驗局：螺釘及螺帽之裝配工具—螺絲起子。台北，經濟部標準檢驗局，民國89年，第1頁。

註F10-2 ：同註F10-1。

工廠實習知識單

項目	鑽床的種類	學習目標	能正確的說出鑽床的種類與用途

前 言

在機件上產生圓孔的方法不外乎鍛、鑄、衝孔及鑽削等，鍛鑄孔的尺寸及眞圓度均無法達到需要的精度，而衝孔只限於較薄的材料，多數在一機件產生孔的方法均利用鑽孔。鑽孔係利用雙刃刀具(鑽頭)在機件實體中切削產生圓孔的一種操作方法。鑽床除用以鑽孔外尚可鉸孔、搪孔、光魚眼、鑽柱坑、鑽錐坑、翼形刀切削及攻螺紋等工作。

說 明

鑽床依其鑽軸位置分爲立式與臥式兩種，又可依其工作鑽軸數目而分爲單軸式及多軸式兩類，在一般工場用以鑽孔的鑽床多爲單軸立式，常見者有立式、檯式、旋臂鑽床及特種鑽床(註 D01-1)。

D01-1 直立鑽床

直立落地式鑽床(vertical drill press, floor type)如圖 D01-1，鑽孔直徑在ϕ 25mm 以下時用之，亦可用於鉸孔、攻螺紋及搪孔。包括頭座、機柱、床台及底座，其運動大致分爲速度傳動機構及進刀傳動機構。

速度傳動機構：鑽床的動力係由頭座內的齒輪系改變其心軸速度，鑽頭裝於心軸的軸孔內隨心軸轉動。

進刀傳動機構：鑽頭轉動一周時，鑽頭進入工件內的距離稱之爲進刀，進刀方式除可由手工操作外，尚可由自動進刀機構獲得自動進刀，其進刀深度可由標識牌上的分度獲得。

直立落地式鑽床的床台有三種調節方式：(1)可沿機柱上下以適合工件高度，(2)以機柱爲中心向左右轉動 90°，(3)圓型床台者，可以床台中心爲中心轉動 360°，以求工件的鑽孔位置。在較高的工件上鑽孔尚可裝置於底座上。

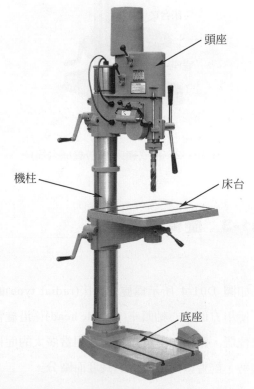

圖 D01-1　直立落地式鑽床(韻光機械工業公司)

153

D01-2 檯式鑽床

　　檯式鑽床(bench type)為一般小型工件及學生實習工廠實用的一種鑽床，常用於小孔(ϕ13mm以下)之鑽孔，裝置於工作台上使用，包括：頭座(head)、機柱(column)、床台(table)、底座(base)四部份，其心軸轉動的變化，依靠馬達與心軸之間的V形塔輪皮帶的交換而獲得，進刀由手工操作，進刀深度可由兩個調整螺帽獲得，進刀所受的阻力極易察覺，操作靈敏，故亦稱靈敏鑽床(sensitive drill press)其各部份構造如圖D01-2及圖D01-3。

頭座

機柱

床台

底座

圖 D01-2　檯式鑽床(良苙機械公司)

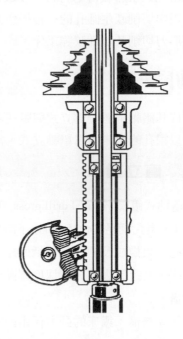

圖 D01-3　心軸之迴轉與進刀

D01-3 旋臂鑽床

　　如圖 D01-4 所示為旋臂鑽床(radial type)的一種，用於鑽削圓孔於龐大工件上，其應用範圍頗為廣泛，使用方便，心軸頭座(spindle head)係沿旋臂(radial arm)左右移動，旋臂可沿機柱上下、水平旋轉至任何位置，鑽削工具可以迅速在相當廣大的面積範圍內定位，因此大型工件鑽孔工作常有代替立式搪床的趨勢，旋臂鑽床依旋臂的長度而區分。

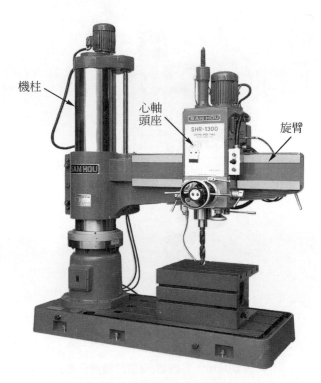

圖 D01-4　旋臂鑽床(三和精機廠公司)

D01-4　特種鑽床

　　因適合生產需求而特別設計的鑽床稱為特種鑽床，如工件需鑽不同直徑的大小孔及不同形式的加工時，則可將數部樑式鑽床排在一起而稱為成排鑽床(gang drill press)如圖 D01-5，工件可沿床台依次移動直至工作完成；若一工件需同時鑽削數孔時則可用多軸鑽床(mulitspindle drilling machine)如圖 D01-6。

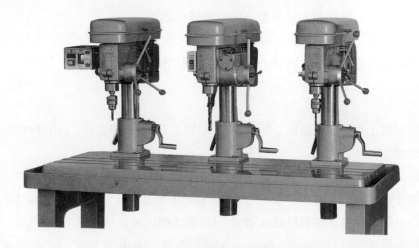

圖 D01-5　成排鑽床(良苙機械公司)

155

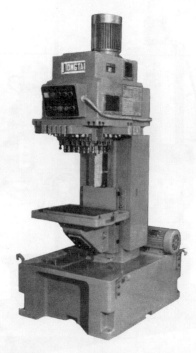

圖 D01-6 多軸鑽床(東台精機公司)

學後評量

一、是非題

( ) 1. 鑽床除用以鑽孔外，尚可攻螺紋、鉸孔、搪孔、鑽柱坑及鑽錐坑等工作。

( ) 2. 一般鑽床工作，係移動工件對準鑽頭。

( ) 3. 檯式鑽床的心軸傳動，以V型塔輪皮帶變化之。

( ) 4. 一次同時鑽削數孔時，用成排鑽床。

( ) 5. 旋臂鑽床以旋臂的長度區分，以移動工件對準鑽頭鑽削之。

二、選擇題

( ) 1. 下列何種工作不能在鑽床上加工？ (A)鑽方孔 (B)鑽圓孔 (C)鑽錐坑 (D)鑽魚眼 (E)攻螺紋。

( ) 2. 下列有關鑽孔之敘述，何項錯誤？ (A)直立落地式鑽床可以自動進刀 (B)直立落地式鑽床鑽孔時，移動工件對準鑽頭 (C)旋臂鑽床鑽孔時，移動鑽頭對準工件 (D)將數部鑽床排在一起，加工工件稱為成排鑽床 (E)檯式鑽床可以自動進刀。

( ) 3. 一旋臂鑽床規格1000mm，表示 (A)機柱高度 (B)旋臂長度 (C)底座寬度 (D)頭座高度 (E)底座長度。

( )4. 檯式鑽床的規格是以　(A)塔輪級數　(B)機柱高低　(C)床台大小　(D)鑽孔直徑　(E)頭座大小　表示。

( )5. 一工件同時鑽削數孔時可用　(A)齒輪傳動型直立式鑽床　(B)檯式鑽床　(C)多軸鑽床　(D)成排鑽床　(E)旋臂鑽床。

參考資料

註 D01-1：S. F. Krar, J. W. Oswald, and J. E. St. Amand. *Technology of machine tool*s. New York: McGraw-Hill Book Company, 1997, pp.114～117.

工廠實習知識單

項目	鑽床上工件的夾持法	學習目標	能正確的說出鑽床上工件夾持的種類與使用方法

前　言

　　欲鑽孔的工件除須先畫線及衝眼外，準備鑽孔時須對準中心眼位置，而後再固定工件，鑽孔時所產生的扭力會扭動工件，此種扭力在鑽頭死點即將貫穿鑽孔時特別有力，故工件必須夾緊固定，以抵抗其扭力。

說　明

　　鑽孔時，大型工件可由其本身的重量壓制定位，但小型工件則必須用鑽床虎鉗夾持，切忌用手扶持以防意外，鑽床虎鉗如圖 D02-1，可將其固定於床台上而將工件夾持於虎鉗上鑽孔。

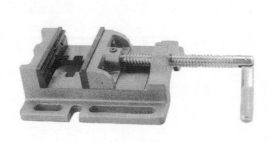

圖 D02-1　鑽床虎鉗

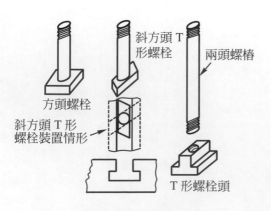

圖 D02-2　T形螺栓

圖 D02-3　T形螺栓組(勝竹機械工具公司)

158

　　固定虎鉗或直接固定工件時可用螺栓直接固定之，鑽床床台上均具有 T 形槽，故一般鑽床用之螺栓均為 T 形螺栓如圖 D02-2，方頭螺栓須自槽端放入，而斜方頭螺栓可自任意處置入床台之 T 形槽，加以旋轉即可應用，或用 T 形螺栓頭與兩頭螺樁結合亦可，圖 D02-3 為一 T 形螺栓組。

　　用 T 形螺栓及階級承塊支持工件時如圖 D02-4，務使階級承塊有適當高度，螺栓長度適當並應儘可能接近工件，可由槓桿原理知工件與階級承塊所受的壓力與螺栓的距離成反比，螺栓上的螺帽應加墊圈。勿使工件緊貼床台，在鑽通孔時以免鑽及床台，圖 D02-5 至圖 D02-7 為其應用例(註 D02-1)。

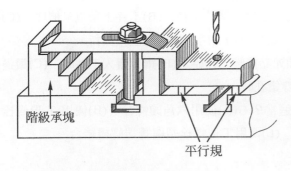

圖 D02-4　裝置工件

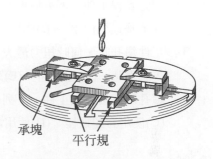

圖 D02-5　裝置工件之一

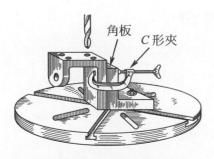

圖 D02-6　裝置工件之二

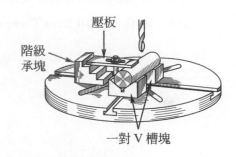

圖 D02-7　裝置工件之三

學後評量

一、是非題

( )1. 工件鑽孔前，應先以中心衝衝眼。

( )2. 鑽孔工作中，鑽頭死點即將貫穿孔時的扭力最大。

( )3. 小型工件鑽孔時，用手扶持工件，較為迅速可靠。

( )4. 使用 T 型螺栓與階級承塊夾持工件時，階級承塊應與工件等高。

( )5. 鑽通孔時，工件底面應緊貼床台。

二、選擇題

( )1. 小型工件鑽孔宜用 (A)手扶持 (B)手鉗夾持 (C)鑽床虎鉗夾持 (D)固定於床台上 (E)由工件之重量壓制定位。

( )2. 下列有關鑽孔時，工件以T型螺栓及階級承塊夾持時，何項敘述錯誤？ (A)階級承塊與工件等高 (B)螺栓應接近工件 (C)螺栓上之螺帽應加墊圈 (D)工件應緊貼床台 (E)工件下應墊平行規。

( )3. 固定圓桿工件，下列何種方法最佳？ (A)工件下緊貼床台 (B)工件下墊以V槽塊 (C)工件下墊以平行規 (D)使用C形夾與角板夾持 (E)使用T型螺栓直接夾持。

( )4. 工件鑽孔時，何時扭力最大？ (A)鑽頭死點接觸工件時 (B)鑽刃鑽入工件時 (C)鑽邊鑽入工件時 (D)鑽孔中 (E)死點即將貫穿鑽孔時。

( )5. 鑽孔時直接固定工件，下列何種方式不適當？ (A)使用六角頭螺栓 (B)使用T形螺栓 (C)使用方頭螺栓 (D)使用斜方頭螺栓 (E)使用T型螺栓頭與雙端螺樁結合。

參考資料

註 D02-1：Henry D. Burghardt, Aaron Axelrod, and James Anderson. *Machine tool operation, part I*. New York: McGraw-Hill Book Company, 1959, pp.200～201.

工廠實習知識單

項目	鑽頭的種類、刃角與磨削	學習目標	能正確的說出鑽頭的種類、刃角與磨銳方法

前　言

　　鑽頭依其形式可分為蔴花鑽頭及特種鑽頭，而鑽削效果的良好與否，完全靠鑽頭刃角磨銳是否適當，因此操作者必須瞭解鑽頭的各部份名稱及刃角的關係，並能正確的磨銳鑽頭。

說　明

D03-1　鑽頭的種類

1.　蔴花鑽頭：蔴花鑽頭(twist drill)亦稱為扭轉鑽頭，為應用最廣泛的一種鑽頭，其鑽槽視需要有二、三及四槽等，二槽蔴花鑽頭常用於金屬材料上鑽孔，三槽或四槽則常用於加大已鑽成的孔或衝床上衝成的孔，因其具有極寬的鑽刃，對於擴大孔徑有極高效率如圖 D03-1，亦稱取心鑽頭(core drills)。

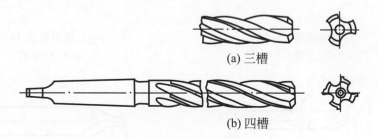

(a) 三槽

(b) 四槽

圖 D03-1　多槽鑽頭

2.　特種鑽頭

(1)　帶油孔鑽頭(oil-hole drill)：當大量鑽削直徑 13mm 以上且需深孔時，通常應用帶油孔鑽頭如圖 D03-2，帶油孔鑽頭的鑽身長度具有油孔，可將切削劑直接導至鑽刃，使用時須與給油套(oil-feeding socket)如圖 D03-3 連接使用。

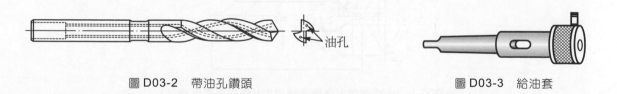

圖 D03-2　帶油孔鑽頭　　　　　　　　　　圖 D03-3　給油套

(2) 直槽鑽頭(straight-flute drill)：鑽青銅、紫銅及其他軟金屬時除可將蔴花鑽頭的鑽刃前端磨平如圖 D03-4 以為應用外，通常均應用直槽鑽頭如圖 D03-5，因其具有一種挖掘的作用。

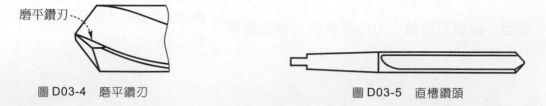

圖 D03-4　磨平鑽刃　　　　　　　　　　　　　　　圖 D03-5　直槽鑽頭

(3) 鏟形鑽頭(spade drills)：係由刀柄(鑽體與鑽柄)與一可替換的刀片(鑽尖)所組成如圖 D03-6，適合於φ25mm～φ125mm 及深孔鑽削。

(4) 中心鑽(center drill)：係一雙槽鑽頭加一錐坑鑽頭組合而成，用以引導鑽孔，有圓弧錐形(R形中心孔用)(CNS226)(註 D03-1)如圖 D03-7、直線錐形(A 形中心孔用)(CNS227)(註 D03-2)如圖 D03-8 及去角直線錐形(B形中心孔用) (CNS228) (註 D03-3) 如圖 D03-9 等，以鑽頭直徑(d_1)×鑽柄直徑(d_2)表示之。

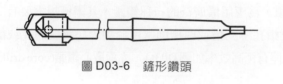

圖 D03-6　鏟形鑽頭

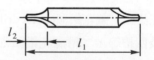

圖 D03-7　中心鑽(60°圓弧錐形)(經濟部標準檢局)

中心鑽規格為 0.5×3.15
與 0.8×3.15 者

中心鑽規格為 1×3.15
至 12.5×31.5 者

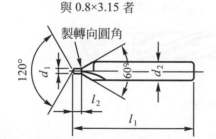

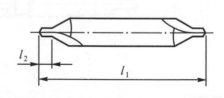

圖 D03-8　中心鑽(60°直線錐形)(經濟部標準檢局)

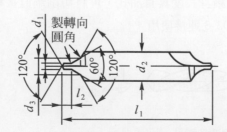

圖 D03-9　中心鑽(60°去角直線錐形)(經濟部標準檢局)

D03-2 蔴花鑽頭的各部份名稱

蔴花鑽頭為最常用的鑽頭，一般以二槽為其標準形狀，其各部份名稱如圖D03-10，分為三大部份即鑽尖、鑽體及鑽柄。

1. 鑽尖(point)：係指鑽頭頂端圓錐部份或稱鑽頂。

   (1) 死點(dead center)：正確磨銳鑽頭時兩圓錐形面在鑽頭頂端相交的線稱之為死點或稱靜點，死點的中點須與軸線同在一直線上。

   (2) 鑽刃(cutting edge or lip)：為一銳利的直邊亦稱切邊，由鑽槽及圓錐形面相交而成，其長度由死點開始至 A 點，擔負鑽孔時的主要鑽削作用。

   (3) 刀鋒背(land)：在兩鑽刃後面的圓錐形面，亦稱鑽踝。

   (4) 鑽刃餘隙(lip clearance)：磨銳鑽頭時，刀鋒背磨成傾斜面所形成的傾斜角度稱之為鑽刃餘隙，以使鑽孔時僅有銳利的鑽刃與孔底產生切削作用，避免刀鋒背與孔底全面接觸，產生摩擦作用而導致無法鑽削。

2. 鑽體(body)：鑽體為鑽尖與鑽柄間部份。

   (1) 鑽槽(flute)：繞鑽頭的螺旋形溝槽，可使鑽屑自孔底逸出，同時使切削劑達於鑽刃，亦稱屑溝。

   (2) 鑽邊(margin)：圖 D03-10 所示 A 與 B 間部份稱為鑽邊，鑽體全長沿鑽槽均有此鑽邊，使鑽頭鑽削時保持對準(alignment)，其兩相對點的距離為鑽頭的實際直徑。

   (3) 鑽體餘隙(body clearance)：圖 D03-10 所示 C 與 C 間的直徑較鑽頭的實際直徑為小，此半徑差數即為鑽邊後的鑽體餘隙，以使鑽孔時除鑽邊與孔接觸外，其他部份不致產生摩擦。

   (4) 鑽腹(web)：鑽槽間的實體部份謂之鑽腹，亦稱腹板，其愈近鑽柄則愈厚參見圖 D03-10，以增鑽頭強度，但當鑽頭磨短時常需磨薄鑽腹以避免死點太大而不易鑽削。

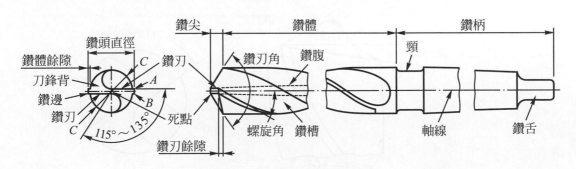

圖 D03-10　鑽頭各部份名稱

3. 鑽柄(shank)：鑽體與鑽頭末端間的部份稱之為鑽柄，用於被夾持在鑽夾(直柄時)或承接在軸孔中(錐柄時)，使順利鑽孔，一般分為直柄與錐柄兩種，直徑在ϕ13 以下常為直柄，ϕ13 以上常為具有莫氏錐度的錐柄，視鑽頭直徑而有不同號數的錐柄，中國國家標準爲$\phi3\sim\phi14$爲 1 號、$\phi14.25\sim$ $\phi23$ 爲 2 號、$\phi23.25\sim\phi31.75$ 爲 3 號、$\phi32\sim\phi50.5$ 爲 4 號、$\phi51\sim\phi76$ 爲 5 號、$\phi77\sim\phi100$ 爲 6 號 (CNS216)(註D03-4)。錐柄部份並具有鑽舌(tang)，可賴以維持鑽頭與軸孔間的旋轉而不致產生滑動。

4. 軸線(axis)：爲想像中的一條通過鑽頭各部份中心的直線。

D03-3　鑽頭的刃角與選擇

鑽削效果的良好與否完全靠鑽頭刃角磨銳是否適當，鑽頭的刃角有鑽刃角、鑽刃餘隙角及螺旋角等。

1. 鑽刃角(lip angle)：鑽刃角係指兩鑽刃所夾的角度，亦稱鑽尖角(point angle)，其角度正確與否直接影響鑽孔的準確性，在理論上鑽頭進刀時受壓縮應力，由於轉動而受扭轉應力，在一般工作時鑽刃與鑽軸磨成 59°時，其所受壓縮應力與扭轉應力約爲平衡，故一般鑽削的鑽刃角爲 118°，但可視材料的不同而改變其角度，一般的選擇如表 D03-1(CNS237)(註 D03-5)。

2. 鑽刃餘隙角(lip clearance angle)：正常的鑽削必須具有適當的鑽刃餘隙，使鑽刃銳利易削，正常的鑽刃餘隙角在周界上的角度爲 12°～15°，但越向死點則越增大，因當 0.05mm 之材料在鑽頭的 1/2 轉被鑽除時，其周邊所承受的力大於中心，磨削鑽刃餘隙角時，可由死點的線與鑽刃所成的角度(115°～135°)看出其準確性如圖 D03-11，一般鑽刃餘隙角的大小如表 D03-1。

3. 螺旋角(helix angle)與側斜角(side rake angle)：鑽邊螺旋線與軸線的交角稱爲螺旋角，於鑽頭外圓周與鑽刃交點的鑽邊與軸線的交角稱爲側斜角，側斜角爲形成鑽削楔入的角度，以增鑽頭的銳利度，但其實際上的有效側斜角(effective side rake angle)小於鑽槽與工件所成的角度，鑽刃角越小，有效側斜角亦越小如圖D03-12，一般鑽頭的螺旋角爲20°～32°，鑽極硬的鋼料則側斜角予以磨小增加切邊後的支持，鑽黃銅與青銅則不需側斜角。一般鑽頭螺旋角大小如表 D03-1。

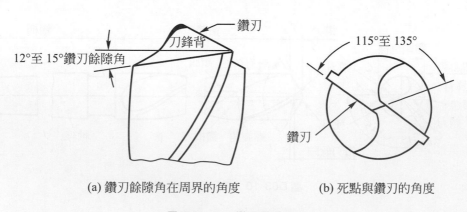

(a) 鑽刃餘隙角在周界的角度　　　　(b) 死點與鑽刃的角度

圖 D03-11　鑽刃餘隙角

表 D03-1　鑽頭角度(°)(經濟部標準檢驗局)

工件材料	鑽刃角	鑽刃餘隙角	螺旋角
軟鑄鐵(HBS175 以下)	90～100	12～15	20～25
硬鑄鐵(HBS175～275)	118～135	7～12	20～25
碳鋼	118	9～15	20～25
合金鋼	125～145	7～9	20～25
不銹鋼	125	12	25
7～13％錳鋼	136～150	7～10	25
鋁合金	90～130	12～18	17～45
鎂合金	80～136	12～18	10～45
鋅合金	80～136	12～20	10～45
銅錫合金	118	12～15	15～30
銅及銅鋅合金	100～118	10～15	25～40
塑膠	60～118	12～15	10～20
標準鑽頭	118	12～15	20～32

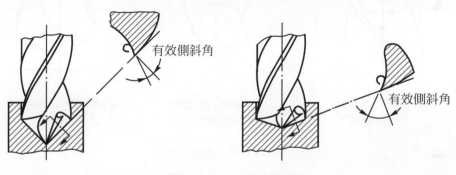

圖 D03-12　有效側斜角

D03-4　鑽頭尺寸

　　鑽孔工作中所鑽孔的直徑大小不同，鑽頭的尺寸以公厘(mm)表示鑽頭直徑。有自 1mm～13mm 為一組裝者。較大的鑽頭，常將其尺寸刻於鑽柄或接近鑽柄處方便選用，若太小或尺寸不易察視時，可用鑽頭號規(drill gage)如圖 D03-13 檢驗之。

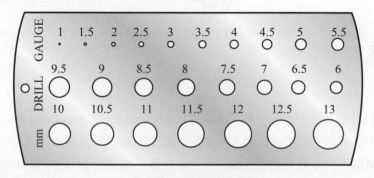

圖 D03-13　鑽頭號規

D03-5 磨鑽頭

鑽頭的刃角與鑽床工作的切削效率大有關係，因此磨鑽頭時，除應依工件材料而選用不同的刃角外，尚需注意下列幾點：

1. 鑽刃角除依工件材料而選擇不同角度外，應使兩鑽刃與鑽軸的夾角各成等角度。如一般鑽削為 118°，則兩鑽刃與鑽軸的夾角各為 59°如圖 D03-14(a)，若鑽刃與鑽軸之夾角(鑽刃半角)兩者不等如圖 D03-14(b)，則此鑽頭將砥於鑽孔的一邊如圖 D03-14(c)，使所鑽削的孔變大，且只一邊有切削作用而使此一邊迅速磨損，鑽頭壽命縮短。磨鑽頭時應與砂輪使用面成 59°，如圖 D03-15(a)，或用磨削附件磨削如圖 D03-15(b)，圖 D03-15(c)示手持磨削鑽頭。

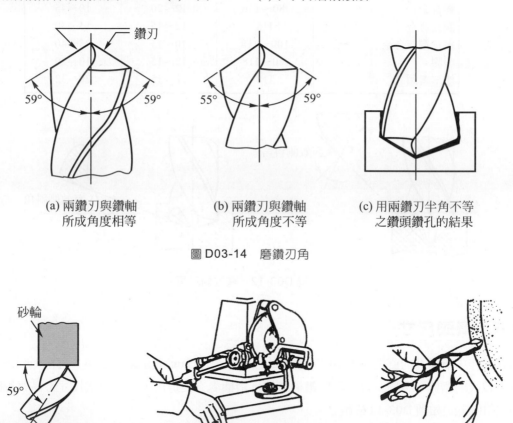

(a) 兩鑽刃與鑽軸
所成角度相等

(b) 兩鑽刃與鑽軸
所成角度不等

(c) 用兩鑽刃半角不等
之鑽頭鑽孔的結果

圖 D03-14　磨鑽刃角

(a) 軸線與砂輪
使用面成 59°

(b) 鑽頭磨削附件磨鑽頭

(c) 手持磨削鑽頭

圖 D03-15　磨鑽頭

2. 鑽頭兩鑽刃的長度必須相等。一般可用磨鑽規(drill grinding gage)或稱鑽尖規(drill point gage)測量，若鑽刃不等長則死點不在鑽軸上，如此所鑽削的孔則將如圖 D03-16 情形，即孔比兩鑽刃長度相等的鑽頭直徑大，此乃鑽軸搖動所致，若兩鑽刃相差愈大，則死點離軸愈遠，鑽頭在心軸搖動亦愈烈，所得的鑽孔亦愈大。鑽刃角及鑽刃的大小可用磨鑽規校驗之如圖 D03-17。

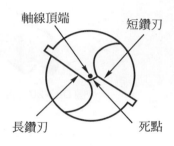

(a) 兩鑽刃長度不等的鑽頭

(b) 用兩鑽刃邊長度不等之
鑽頭鑽孔的結果

圖 D03-16　磨鑽刃長度

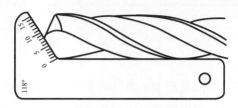

圖 D03-17　磨鑽規

3.　鑽刃餘隙角應依所鑽削的材料而定。因若無鑽刃餘隙如圖 D03-18(a)，或太小(小於 8°)，將使鑽頭的鑽刃無切削作用而僅產生刮擦，如強迫進刀則易使鑽腹破裂或鑽頭折斷如圖 D03-18(b)；若鑽刃餘隙太大(大於 15°)則因鑽刃缺乏適當支持，鑽刃在鑽削時易破碎如圖 D03-18(c)。

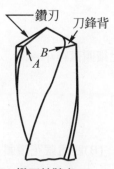

(a) 鑽刃餘隙角 0°，
　　$A - B$ 點等高，
　　無切削作用

(b) 鑽刃餘隙角小於
　　8°，鑽腹破裂

(c) 鑽刃餘隙角大於
　　15°，鑽刃破碎

圖 D03-18　鑽刃餘隙

4.　鑽腹在愈近鑽柄處愈厚，尤其φ20 以上的鑽頭較為顯著，因此鑽頭磨近鑽柄時應將鑽腹磨薄，如圖 D03-19 自兩邊磨去，但應保持其中心並顧及其強度。

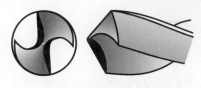

圖 D03-19　磨薄鑽腹

圖 D03-20　鑽刃去角

5. 用於鑽鑄鐵之鑽頭其鑽刃應予去角，以使切屑破裂而減輕鑽刃的負荷，增加鑽刃壽命如圖 D03-20。鑽青銅、紫銅等應將鑽刃磨平，參考圖 D03-4。

學後評量

一、是非題

(　) 1. 一般鋼料的鑽孔用二槽蔴花鑽頭，鑽孔前先鑽中心孔以引導鑽孔。

(　) 2. 鑽青銅或紫銅時，可將鑽刃磨平，或用直槽鑽頭。

(　) 3. 鑽孔時，主要以鑽邊切削。

(　) 4. 鑽頭尺寸係以鑽邊兩對點的距離表示之。

(　) 5. ϕ20mm 的鑽頭是莫氏 3 號錐度柄。

(　) 6. 一般鑽頭的鑽刃角 118°，鑽刃餘隙角 12°～15°。

(　) 7. 鑽刃角愈小，則鑽頭有效側斜角愈大。

(　) 8. 鑽頭的尺寸以公厘(mm)表示鑽頭直徑。

(　) 9. 兩鑽刃半角不等，或鑽刃長度不等時，所鑽得的孔徑比鑽頭直徑小。

(　) 10. 鑽刃餘隙角大於 15°時，鑽腹易破裂。

二、選擇題

(　) 1. 鑽削青銅等軟金屬時，宜用何種鑽頭？　(A)蔴花鑽頭　(B)四槽蔴花鑽頭　(C)帶油孔鑽頭　(D)直槽鑽頭　(E)鏟形鑽頭。

(　) 2. 擔負鑽孔時主要鑽削作用的是　(A)死點　(B)鑽邊　(C)鑽刃　(D)刀鋒背　(E)鑽模。

(　) 3. ϕ19 鑽頭的鑽柄是莫氏錐度幾號？　(A)1　(B)2　(C)3　(D)4　(E)5。

(　) 4. 一般鑽削用鑽頭之鑽刃角是幾度？　(A)118°　(B)12°～15°　(C)20°～32°　(D)136°　(E)145°。

(　) 5. 下列有關磨鑽頭之敘述，何項錯誤？　(A)兩鑽刃與鑽軸的夾角各成等角度　(B)兩鑽刃的長度必須相等　(C)鑽刃餘隙角太大，鑽削時鑽刃易破碎　(D)大鑽頭磨近鑽柄時應將鑽腹磨薄　(E)鑽鑄鐵的鑽頭鑽邊應予去角。

參考資料

註 D03-1：經濟部標準檢驗局：中心鑽(60°，圓弧錐形)。台北，經濟部標準檢驗局，民國 68 年，第 1 頁。

註 D03-2：經濟部標準檢驗局：中心鑽(60°，直線錐形)。台北，經濟部標準檢驗局，民國 68 年，第 1 頁。

註 D03-3：經濟部標準檢驗局：中心鑽(60°，去角直線錐形)。台北，經濟部標準檢驗局，民國 68 年，第 1 頁。

註 D03-4：經濟部標準檢驗局：(莫氏)推拔柄鑽頭。台北，經濟部標準檢驗局，民國 80 年，第 1～3 頁。

註 D03-5：⑴經濟部標準檢驗局：鑽頭角度。台北，經濟部標準檢驗局，民國 42 年，第 1 頁。

⑵精機學會：精密工作便覽。台北，新源出版社，民國 61 年，第 305 頁。

工廠實習知識單

項目	鑽　孔	學習目標	能正確的說出鑽孔的切削速度及進刀大小並計算加工時間與鑽孔

前　言

鑽孔工作必須正確的選擇切削速度及進刀大小，並將鑽頭及工件確實夾持後，移動工件對準鑽頭鑽削。

說　明

D04-1　切削速度與進刀

鑽頭的切削速度為鑽邊任何一點的線速度(V)，以每分鐘若干公尺(m/min)表示之，依鑽頭材料、工件材料、進刀大小、鑽頭直徑大小及機器性能，選用不同的切削速度，高速鋼鑽頭的切削速度如表D04-1所示(註 D04-1)。

表 D04-1　高速鋼鑽頭切削速度

工件材料	切削速度 (m/min)
低碳鋼(0.05 %～0.30 %)	24 ～ 34
中碳鋼(0.30 %～0.60 %)	21 ～ 24
高碳鋼(0.60 %～1.70 %)	15 ～ 18
鍛鋼	15 ～ 18
合金鋼	15 ～ 21
不銹鋼	9 ～ 12
鑄鐵(軟灰口)	31 ～ 46
鑄鐵(冷硬)	21 ～ 31
鑄鐵(展性)	24 ～ 27
普通黃銅、青銅	61 ～ 91
高拉力青銅	21 ～ 46
蒙鈉合金	12 ～ 15
鋁、鋁合金	61 ～ 91
鎂、鎂合金	76 ～ 122
石板、大理石、石材	5 ～ 8
電木、塑膠(電木類)	31 ～ 46
木材	91 ～ 122

表 D04-2　進刀量(mm/rev)

鑽頭直徑	進刀量
3 以下	0.025～0.058
3～6.35	0.058～0.10
6.35～12.7	0.10～0.178
12.7～ 25.4	0.178～0.38
25.4 以上	0.38～0.635

操作鑽床係以心軸迴轉數(N)(rpm)表示之，故迴轉數與切削速度的關係為：$N = \dfrac{1000V}{\pi D} \doteqdot \dfrac{300V}{D}$，式中 D 為鑽頭直徑，以公厘(mm)為單位。例如以 $\phi 10$ 的鑽頭鑽低碳鋼工件(V = 30m/min)，則 $N = \dfrac{300 \times 30}{10}$ ＝ 900rpm。鑽頭越小則心軸迴轉數越高，鑽頭越大則迴轉數愈低。

進刀係鑽頭每迴轉一周時鑽頭的切削深度，各種尺寸鑽頭鑽鋼料的進刀量(公厘／轉)如表 D04-2(註 D04-2)。

實際操作時，正確的切削速度與進刀除了由操作者依理論計算外，尚需由實際所發生的情形來判斷，如：

1. 鑽頭鑽刃破碎或斷裂，係因為進刀太快及迴轉數太低所致。
2. 鑽頭迅速磨鈍，特別在鑽刃外端，則迴轉數較高等。

各種鑽孔常遇問題的判斷與處理方法如表 D04-3(註 D04-3)。

表 D04-3 鑽孔常遇問題之補救法

損壞情形	可能發生的原因	補救方法
鑽頭折斷。	對鑽床或工件的衝擊。 鑽刃餘隙太小。 切削速度太低與進刀量大小不配合。 鑽頭太鈍。	校準鑽床及工件。 重磨鑽頭使有適當餘隙。 增加迴轉數或減低進刀量。 磨利鑽頭。
鑽刃破裂。	鑽孔時遇到材料有硬點或砂眼。 進刀量太大及迴轉數太低。 切削速度不對，鑽刃無切削劑。	調整迴轉數及進刀量。 改用適當切削速度及加切削劑。
鑽黃銅或木料時鑽頭折斷。	切屑阻塞鑽槽。	增加迴轉數。 改用適合鑽黃銅或木料的鑽頭。
鑽舌折斷。	由於刻痕、灰塵、毛頭或已磨損之套筒，使鑽頭錐柄不能與之完全配合。	換新鑽頭，或將套筒鉸光。
鑽邊破碎。 鑽刃破碎。	鑽模尺寸過大。 進刀量太大。 鑽刃餘隙太大。	改用適當尺寸的鑽模。 調整進刀量。 重磨鑽頭。
高速鋼鑽頭破碎或突停現象。	當鑽孔或磨利時受熱及冷卻均太快。 進刀量太大。	磨利時受熱宜緩並勿將一有熱度鑽頭投入冷水中。 調整進刀量。
鑽孔時切屑性質變化。 鑽孔太大。	鑽孔時鑽刃破碎或鑽頭太鈍。 鑽刃長度不等或與鑽軸的夾角不相等或兩者同時存在。 鑽床心軸鬆動。	重磨鑽頭。 重磨鑽頭。 調整心軸緊度。

表 D04-3 鑽孔常遇問題之補救法(續)

損壞情形	可能發生的原因	補救方法
僅一邊鑽刃切削。	兩鑽刃不等長或鑽頭鑽刃半角不等或兩者同時發生。	重磨鑽頭。
鑽頭中心裂開。	鑽刃餘隙太小。 進刀量太大。 鑽頭不利或未磨好。 缺乏切削劑或切削劑不當。 鑽頭或工件裝置不佳。	重磨鑽頭。 調整進刀量。 重磨鑽頭。 加切削劑或改換適當切削劑。 重新裝置鑽頭或工件。
工件太薄或在工件已鑽孔位置鑽較大徑孔時： 1.鑽頭常跳動。 2.鑽孔易變形(成多角形)。	兩鑽刃長度不等。 鑽頭死點在鑽孔時無適當支持。	重磨鑽頭。 減小鑽刃餘隙角度並用油石去角。 減低迴轉數及進刀量。 固定工件。

D04-2 加工時間

　　鑽孔的加工時間(T)係指鑽頭鑽除切屑的時間，等於進刀距離(L)除以進刀量(f)與每分鐘迴轉數(N)的乘積，即 $T(min) = \dfrac{L}{f \cdot N}$，其進刀距離為孔深($\ell$)與鑽頭鑽尖距離的和如圖 D04-1。例如以 $-\phi 15$ 的高速鋼鑽頭，鑽削厚度為25mm之鋼板(V＝30m/min，f＝0.3mm/rev)，則其加工時間 $T = \dfrac{L}{f \cdot N} = \dfrac{25 + 0.3 \times 15}{0.3 \times \left(\dfrac{300 \times 30}{15}\right)} \doteqdot 0.16$

(分)。然實際的工作時間，須以心軸實際選擇的迴轉數所計算的加工時間，與工具裝置時間、工件對準時間及空轉運用時間的和，故若一工件的鑽孔，其細節為：

設　鑽孔切削速度 25m/min

　　鑽頭直徑 14mm，材料厚度 14mm

　　鑽頭進刀 0.25mm/rev

　　鑽削 24 孔

　　裝置時間 8min

　　對準時間 1min

　　空轉時間 12 ％×(加工時間＋對準時間)

則　鑽孔加工時間

$$T = \frac{14 + 0.3 \times 14}{0.25 \times \left(\dfrac{300 \times 25}{14}\right)} \doteqdot 0.14(min)$$

鑽 24 孔的時間

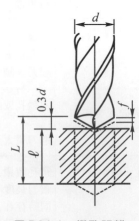

圖 D04-1 鑽孔距離

加工時間　0.14min×24　＝　3.36　　min

對準時間　1×24　　　　＝ 24　　　min　（+

　　　　　　　　　　　　　27.36　　min

空轉時間　0.12 × 27.36 ＝　3.28　　mim

裝置時間　　　　　　　　　8　　　　（+

　　　　　　　　　　　　　38.64　　min

　　　　　　　　　　　≒ 39　　　　min

D04-3　鑽夾、套筒及接頭

　　鑽床的心軸內孔係加工成莫氏錐度，錐度的大小視鑽床的規格而異，而鑽頭亦因直徑大小而有直柄或不同號數的錐柄，故在同一心軸孔上承接鑽頭時須利用鑽夾、套筒或承窩。

　　直柄鑽頭須承裝於鑽頭夾頭(drill chuck)或簡稱鑽夾，鑽夾具有錐柄，可裝於鑽床心軸，其規格以使用鑽頭的最大直徑表示，有 5(#0)、6.5(#1)、10(#2)、13(#2$\frac{1}{2}$)、16(#3A)等五種，如圖D04-2(CNS9967)(註 D04-4)。其錐柄視實際錐度號數加以配置，其三爪(jaw)用扳手旋轉時可在輻射方向，同時調節以鬆緊鑽頭，亦有不用鑽夾扳手而調節的自鎖鑽頭夾頭(self-locking drill chuck)如圖 D04-3。如需經常將鑽頭或螺絲攻定位時，則常用速換夾頭(quick-change chuck)如圖 D04-4，刀具可迅速取下或安裝而節省工具裝卸時間。但其鑽頭或螺絲攻需用特殊的筒夾(collet)夾持，與速換夾頭並用如圖D04-5。

　　另一種可自動對準中心的浮動夾持具(floating holder)如圖 D04-6(a)為直柄、(b)為錐柄，此種夾頭可用於鑽軸與工件間夾持鉸刀、柱坑鑽頭及螺絲攻等。例如鉸刀不能對準原鑽孔時，將會自動依其應用的動向而對準工件，其動向如圖 D04-7，但已有鑽模導鑽時不需使用。

　　錐柄鑽頭的錐柄與心軸的錐度號數相同時則可直接裝入，若其大小不能適合於鑽軸時則須用套筒(sleeve)如圖 D04-8(a)或承窩(socket)如圖 D04-8(b)來承接之。拆卸時應用鑽頭衝銷(drill drift)(或稱退鑽銷)斜邊向下，將其卸下如圖 D04-9。

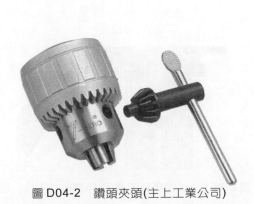

圖 D04-2　鑽頭夾頭(主上工業公司)

圖 D04-3　自鎖鑽頭夾頭(主上工業公司)

圖 D04-4 速換夾頭(主上工業公司)

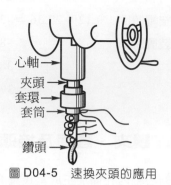

心軸
夾頭
套環
套筒

鑽頭

圖 D04-5 速換夾頭的應用

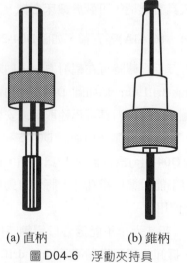

(a) 直柄　　　(b) 錐柄

圖 D04-6 浮動夾持具

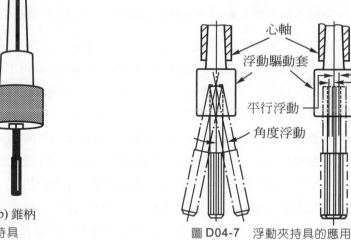

心軸

浮動驅動套

平行浮動

角度浮動

圖 D04-7 浮動夾持具的應用

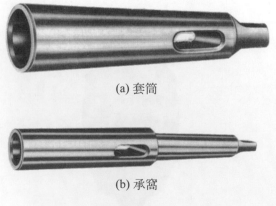

(a) 套筒

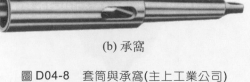

(b) 承窩

圖 D04-8 套筒與承窩(主上工業公司)

圖 D04-9 鑽頭衝銷的應用(勝竹機械工具公司)

D04-4　鑽　孔

　　當工件經畫線求中心後，鑽孔前應用中心衝衝一中心眼以便畫圓 a，若畫線的表面為粗糙表面，或需精確鑽孔時應加以衝眼，並畫以校正圓 b，以便未鑽至規定尺寸前有機會校正其中心如圖 D04-10。

　　鑽削時仔細對準鑽頭死點與中心衝的痕跡，鑽削約至直徑之二分之一或三分之二時，移離鑽頭檢視所鑽的圓是否與校正圓或切削圓同心，如有偏離現象，則應用圓鑿在偏離中心之已切削圓，鑿一切口，以便引回鑽頭的中心與工件同心如圖 D04-11。鑽削深度可由心軸的升降螺帽決定。鑽削大直徑孔之前，應用小鑽頭鑽導孔如圖 D04-12，以免大鑽頭的死點碰底而造成刮擦。導孔的直徑以略大於大鑽頭的死點寬度為宜。

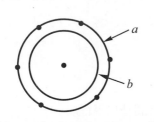

圖 D04-10　畫鑽孔圓與校正圓

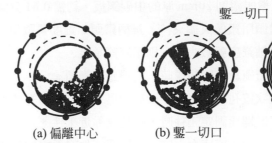

(a) 偏離中心　　　　(b) 鑿一切口　　　　(c) 引回中心

圖 D04-11　校正中心

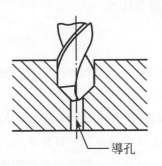

圖 D04-12　鑽導孔

D04-5　鑽床工作安全規則

1. 鑽孔所用的鑽頭必須給予磨銳並選擇正確的刃角。
2. 小尺寸鑽頭須用高迴轉數鑽削，大尺寸鑽頭則用低迴轉數鑽削。
3. 啟動鑽床前，須將鑽夾扳手拿開。
4. 鑽孔時，切勿試圖用手把持工件，必須用虎鉗夾持工件並固定於床台上。
5. 鑽削中的鑽頭須保持適當的進刀量，過大的進刀量將使鑽頭折斷甚至造成傷害。
6. 鑽床必須完全停止迴轉後，始能進行改變皮帶轉速。
7. 如鑽頭自夾頭中滑動時，切勿用手加以扳動，須將機器停止後再加以調整。

8. 鑽孔時，如鑽頭停滯於工件內，應即停止馬達再用手轉出。

9. 鑽孔的毛頭應用刮刀刮除。

10. 切勿接近運轉中的鑽頭及鑽床的轉動部份。

學後評量

一、是非題

( ) 1. 使用φ6 的鑽頭鑽削中碳鋼板時，心軸宜用 1520rpm，進刀量 0.03mm/rev。

( ) 2. 鑽頭直徑愈大進刀量愈小，心軸迴轉數愈高。

( ) 3. 以φ13 鑽頭鑽削 20mm 厚的中碳鋼板，約需 0.61 分鐘。

( ) 4. 直柄鑽頭用鑽頭夾頭夾持，錐柄鑽頭如錐度號數相同可直接承接於心軸，如鑽柄的錐度號數比心軸錐度號數大時，則用套筒承接。

( ) 5. 使用鑽頭衝銷卸除鑽頭時，斜邊應向鑽頭。

( ) 6. 鑽孔後欲鉸孔時，宜用浮動夾持具，以期自動對準中心。

( ) 7. 使用 T 形螺栓固定工件時，螺栓應靠近工件。

( ) 8. 工件置於虎鉗或床台上時，均應使工件底面與虎鉗底座或床台間墊以平行規。

( ) 9. 鑽孔前應先畫校正圓，其直徑比鑽孔圓大。

( ) 10. 鑽削大直徑的孔，宜先鑽導孔。

二、選擇題

( ) 1. 鑽頭φ10，鑽削低碳鋼板(V = 25m/min)，宜用何種迴轉數？ (A)150 (B)300 (C)450 (D)750 (E)1050 rpm。

( ) 2. 以φ20 鑽頭，鑽削低碳鋼板厚 20mm(V = 25m/min)，進刀量 0.20mm/rev，則其加工時間為 (A)0.15 (B)0.20 (C)0.35 (D)0.70 (E)1.0 (分)。

( ) 3. 下列敘述何項是鑽孔後，孔徑大於鑽頭直徑的原因？ (A)進刀量太小 (B)鑽刃長度不等 (C)兩鑽刃與鑽軸夾角相等 (D)鑽刃餘隙太大 (E)磨薄鑽腹。

( ) 4. 欲在鑽孔後鉸孔，使用何種夾持具最適當？ (A)浮動夾持具 (B)速換夾頭 (C)承窩 (D)套筒 (E)自鎖鑽夾夾頭。

( ) 5. 鑽頭的錐柄小於鑽床鑽軸的錐孔時，應使用何種夾持具？ (A)浮動夾頭 (B)速換夾頭 (C)自鎖鑽夾夾頭 (D)承窩 (E)套筒。

參考資料

註 D04-1：Willard J. McCarthy and Dr. Victor E. Repp. *Machine tool technology*. Illois: McKnight Publishing Company, 1979, p.172.

註 D04-2：同註 D04-1，p.173.

註 D04-3：同註 D04-1，p.161.

註 D04-4：經濟部標準檢驗局：工具機用鑽頭夾頭。台北，經濟部標準檢驗局，民國 84 年，第 2 頁。

工廠實習知識單

項目	弓鋸機	學習目標	能正確的說出鋸床的種類，弓鋸機的規格、鋸條選用與操作方法

前 言

工件除鑄、衝及剪可成爲所需的形狀而直接加工外，大部份圓及方料皆須鋸割下料，鋸割下料除少量或小工件用手弓鋸鋸割外，其餘常用鋸床鋸割。鋸床依型式有：

1. 弓鋸機：以弓鋸機用鋸條往復運動鋸割工件。
2. 帶鋸機：以帶鋸條鋸割下料。
3. 圓鋸機：以圓金屬鋸片鋸割下料。
4. 砂輪切斷機：以鋸割用砂輪鋸割下料。

說 明

弓鋸機(hack sawing machine)係利用曲柄或液壓傳動弓鋸架使之往復運動，並利用液壓或重力裝置，使前進時加壓力，後退時除去壓力，而形成單向進刀如圖SW01-1。一150×150mm的弓鋸機，其最大鋸割能量爲150mm圓或150mm方的材料。

圖 SW01-1　弓鋸機(春瑞機械工廠公司)

弓鋸機用鋸條與手弓鋸用鋸條相似，其規格自 300×20×1.25 至 600×50×2.4mm，每 25.4mm 長中之齒數有 3、4、6、8、9、10、12 及 14 齒。選擇鋸條亦以材料的性質及斷面大小而不同，大斷面軟材料應使用粗齒，使之具有足夠鋸齒間隙，薄的材料應使用細齒，使之有兩個以上的鋸齒橫跨工件斷面上，鋸齒的選擇與材料的關係參見表SW01-1(CNS10236)(註SW01-1)。工件的夾持法參考圖SW01-2及圖SW01-3(註 SW01-2)。

表 SW01-1　鋸割材料與鋸齒選擇(經濟部標準檢驗局)

鋸條材料	齒數 (每25.4mm)	工件材料	衝程次數 (每分鐘)
SKS7	6	非鐵金屬	125～135
		合金鋼	75～90
	6、8、9	低碳鋼	125～135
		高碳鋼、退火工具鋼	75～90
		不退火工具鋼、不銹鋼	50～70
SKH51	3、4、6	鋁合金	100～150
		構造用合金鋼、型鋼	60～90
	4、6、8、9	厚壁管料 (7mm 以上)	120
	6、8、9	鑄鐵、構造用碳鋼、拉伸鋼、黃銅、青銅	90～135
		展性鑄鐵	90～120
		高速鋼、鎳鋼、鋼軌、高力黃銅(錳青銅)	60～90
		不銹鋼	60
	8、9、10、12、14	瓦斯管(厚2～6.7mm)	120～135
	14	薄壁管料(2mm 以下)	120
		黃銅管	135

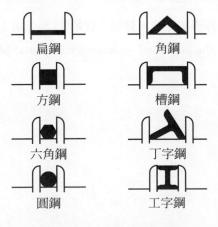

扁鋼　　角鋼
方鋼　　槽鋼
六角鋼　丁字鋼
圓鋼　　工字鋼

圖 SW01-2　工件夾持法之一

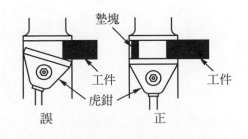

墊塊
工件
工件
虎鉗
誤　　　　正

圖 SW01-3　工件夾持法之二

學後評量

一、是非題

( ) 1. 機械鋸割下料，可以使用弓鋸機、圓鋸機及帶鋸機。

( ) 2. 150×150mm 弓鋸機，係指最大鋸割能量 ϕ 150mm 或□ 150mm。

( ) 3. 使用碳工具鋼鋸條鋸割低碳鋼，宜採用每 25.4mm 長中有 14 齒的鋸條。

( ) 4. 使用弓鋸機鋸割六角鋼料時，虎鉗應夾持其對邊。

( ) 5. 使用弓鋸機鋸割扁鋼時，虎鉗應夾持其厚度。

二、選擇題

( ) 1. 使用鋸床往復鋸割工件的鋸床是 (A)弓鋸機 (B)立式帶鋸機 (C)臥式帶鋸機 (D)圓鋸機 (E)砂輪切斷機。

( ) 2. 一 150×150 的弓鋸機下列何種規格材料不能鋸割？ (A)ϕ150 (B)□ 150 (C)□ 75×10 (D)△ 100 (E)1m×2m 鋼板。

( ) 3. 在弓鋸上鋸材料下列工件的夾持法，何項錯誤？ (A)■ (B)■ (C)● (D)▮ (E)⊔ 。

( ) 4. 弓鋸機使用高速鋼鋸條，鋸割低碳鋼，宜用每 25.4mm 的齒數為 (A)3 (B)4 (C)8 (D)12 (E)14。

( ) 5. 弓鋸機使用高速鋼鋸條，鋸割低碳鋼，宜用衝程次數為 (A)60 (B)120 (C)180 (D)220 (E)260 次／每分鐘。

參考資料

註 SW01-1： 經濟部標準檢驗局：動力弓鋸用鋸條。台北，經濟部標準檢驗局，民國 75 年，第 1～5 頁。

註 SW01-2： Willard J. McCarthy and Dr. Victor E Repp. *Machine tool technology*. Illinois: McKnight Publishing Company, 1979, p.136.

工廠實習知識單

項目	帶鋸機	學習目標	能正確的說出帶鋸機的使用方法

前　言

　　帶鋸機係利用帶鋸條下料及鋸割不規則曲線，臥式帶鋸機用於鋸割下料，立式帶鋸機適用於製作衝模。

說　明

　　臥式帶鋸機(horizontal band saw machine)如圖 SW02-1，用於鋸割下料，其鋸切係利用帶鋸條的連續鋸割而無回程，故在同一進刀其效率高於弓鋸機。

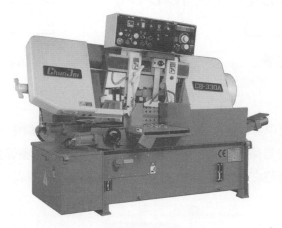

圖 SW02-1　臥式帶鋸機(春瑞機械工廠公司)

　　立式帶鋸機(vertical band saw machine)如圖 SW02-2，為製作衝模不可缺少的工具機，除可直線鋸割外，尚可鋸曲線、內輪廓、銼削及砂光等工作。

　　鋸割工作係利用帶鋸條，帶鋸條為成捲包裝，每捲 30 公尺，鋸齒的型式有直齒(straight tooth)如圖 SW02-3(a)、爪齒(claw tooth)如圖 SW02-3(b)及隔齒(skip tooth)如圖 SW02-3(c)等數種，直齒用於一般金屬材料精密鋸割，爪齒適於鋸割輕金屬合金，隔齒適於鋸割塑膠、硬木。鋸齒的排列有中間與交叉排列、波形排列及單交叉排列等三種以獲得易削作用(參考"手工鋸割"單元)。鋸齒自 2 齒～32 齒／25.4mm，其規格如表SW02-1。鋸割時視材料性質、材料厚度、鋸割的最小半徑等，在資料盤(工作選擇盤)上選擇適當的鋸條，其相關資料如表 SW02-2、表 SW02-3 及表 SW02-4(註 SW02-1)。

圖 SW02-2　立式帶鋸機(大誼工業公司)

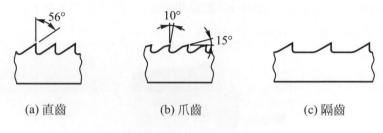

(a) 直齒　　　　　(b) 爪齒　　　　　(c) 隔齒

圖 SW02-3　鋸齒型式

　　選擇適當的鋸條後自盒中剪取適當長度並銲接，鋸條的銲接可在鋸床上的對頭式熔接器(butt welder)如圖 SW02-4 銲接之，熔接器係一總成，包括剪斷、銲接、退火及修整等裝置，使用時依其說明調整其所示的位置及方法而銲接修整之。

圖 SW02-4　對頭式熔接器(大誼工業公司)

　　銲接完成的鋸條，選擇適當的導板，將鋸條裝置於其導輪上，調整其適當的張力，張力大小參照表SW02-5，並選擇適當切削速度參見表SW02-2及表SW02-3，準備鋸割材料。

　　各種不同的鋸割如圖SW02-5，視情況不同而加適當切削劑及利用自動進刀如圖SW02-6，並視需要而裝置銼刀片或砂帶，用於銼削或砂光。

圖 SW02-5　鋸割

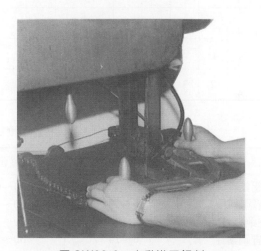

圖 SW02-6　自動進刀鋸割

表 SW02-1　帶鋸條規格

尺寸＼齒型		隔齒	直齒										波形排列	爪齒
寬	厚	交叉及中間排列	交叉及中間排列										波形排列	交叉及中間排列
公厘	公厘	每25.4mm齒數	每25.4mm齒數										每25.4mm齒數	每25.4mm齒數
2	0.65										18	24		
3	0.65								14	18	24		32	
5	0.65	4					10	12	14	18	24		32	3 4
6	0.65	3 4					10	12	14	18	24		32	3 4
8	0.65	3 4					10	12	14	18	24		32	3 4
10	0.65	3 4				8	10	12	14	18	24		32	3 4
13	0.65	3 4			6	8	10	12	14	18	24		32	3 4
16	0.80	3 4		4	6	8	10	12	14	18	24			3 4
19	0.80	3 4		4	6	8	10	12	14	18				3 4
25	0.90	3 4		4	6	8	10	12	14					3 4
31	1.07	3 4		4	6	8	10							3 4
38	1.07	3 4		3	4	6	8							3 4
50	1.07	3 4	2	3	4	6	8							3 4

表 SW02-2　鋸條選擇之一

工件材料	每25.4mm齒數	線速度(m/min)
鋁鑄件	4～10	450～670
黃銅鑄件	6～10	60～120
砲銅鑄件	6～14	60～120
磷青銅鑄件	6～14	60～90
錳青銅鑄件	6～14	45～90
鋁青銅鑄件	6～14	30～45
鋼管	14～22	45～60
黃銅管	14～22	120～150
石棉板	8～12	90～150
木材	6～10	670
軟木	6～10	670

表 SW02-3　鋸條選擇之二

材料厚度(mm) 每25.4mm齒數與鋸割線速度(m/min) 工件材料	～3	3～6	6～13	13～25	25～50	50以上
鑄鐵	32～18	18～14	14	10	8	8～4
	45	42	36	36	33	33
展性鑄鐵	－	14	12	8	6	6～4
	－	51	48	45	39	33
軟鋼	32～22	18～14	14	14	10	8～4
	75	60	54	48	39	30
磨光鋼條	32～22	18～14	14	－	－	－
	30	27	24	－	－	－
油硬工具鋼	32～22	18～14	14	12	10	8～4
	30	57	27	24	18	15
鎳鉬鋼	32～22	18～14	14	14	12	10～4
	25	24	21	18	15	12
不銹鋼	32～22	18～14	14	14	12	10～6
	30	27	24	21	15	12
滾軋黃銅	32～18	12	8	6	6	4～6
	360	300	240	210	180	150
滾軋青銅	32～18	12	8	6	6	6～4
	360	300	240	120	180	180
滾軋鋁	32～18	12	12	8	8	6～3
	660	660	300	510	450	300

表 SW02-4　鋸條選擇之三

鋸條寬度(公厘)	最小彎曲半徑(公厘)
1.5	直角
2	1.5
3	3
5	8
6	16
10	36
13	68
16	94
19	136
20	181

表 SW02-5　鋸條寬度與張力

鋸條寬度(公厘)	張力(kgf/cm²)
3	3
5	4
6	6
8	8
10	13
13	15
16	18
19	20

學後評量

一、是非題

( )1. 立式帶鋸機適合於鋸割下料，臥式帶鋸機適合於製作衝模。

( )2. 帶鋸條的鋸齒型式有直齒、爪齒及隔齒等。

( )3. 帶鋸條的熔接工作總成包括剪斷、銲接、退火及修整等四步驟。

( )4. 工件的鋸割彎曲半徑 8mm，其鋸條寬度宜選擇 8mm 寬。

( )5. 立式帶鋸機除鋸割工作外，尚可銼削及砂光等工作。

二、選擇題

( )1. 用於製作衝模的鋸床是　(A)弓鋸機　(B)立式帶鋸機　(C)臥式帶鋸機　(D)圓鋸機　(E)砂輪切割機。

( )2. 鋸割低碳鋼的帶鋸條的鋸齒型式是　(A)直齒　(B)爪齒　(C)隔齒　(D)跳齒　(E)鏟齒。

( )3. 帶鋸條依所需長度剪斷，銲接後應給予　(A)淬火　(B)回火　(C)退火　(D)正常化　(E)球化處理。

( )4. 以帶鋸機鋸割φ20 的低碳鋼，帶鋸條宜選用齒數為　(A)32　(B)24　(C)22　(D)14　(E)8 齒／25.4mm。

( )5. 以立式帶鋸機鋸割一內直角，其鋸條寬度宜選用　(A)13　(B)10　(C)6　(D)3　(E)1.5　mm。

參考資料

註 SW02-1：Funakubo Saw Mfg. Co., Ltd.. *Band saw blade*. Tokyo: Funakubo Saw Mfg. Co., Ltd.,1978, pp.2~3.

工廠實習知識單

項目	車床的種類與規格	學習目標	能正確的說出車床的種類與規格

前 言

　　車床為機械工廠中用途最廣泛的工具機，係利用刀具柱或刀架夾持車刀以車削工件的端面、外徑、內孔、錐度及螺紋等形狀，亦即車床為利用固定的單刃刀具，切削旋轉工件成為圓柱或圓筒等形狀的工具機。

說 明

L01-1　車床的種類

　　車床為適應各種工作，而設計各種不同的型式，一般車床依其工作的特性分為(註 L01-1)：

1.　檯式車床(bench lathe)：適於車削小型工件的小車床，可做各種不同的車床工作，通常亦具備大車床之附件如圖 L01-1。

圖 L01-1　檯式車床(昇岱實業公司)

2.　機力車床(engine lathe)：為一般所稱的車床，床台機件均較檯式車床大，為機工場用途最廣泛的工具機如圖 L01-2。

187

進刀及螺紋
切削機構

車頭

溜板

尾座

機床

圖 L01-2　機力車床(台中精機廠公司)

3. 六角車床(turret lathe)：半自動車床之一，用於大量生產，亦稱多角車床。調整刀具及製造程序的設計較爲費時，但生產操作較無技術性如圖 L01-3。

4. 自動車床(automatic lathe)：屬於單能車床，用於大量生產，操作上無需太多的人工照顧如圖L01-4。

圖 L01-3　六角車床(伍將機械工業公司)

圖 L01-4　自動車床(利高機械工業公司)

5. 特種車床：如圖L01-5為多軸自動車床(multispindle automatic lathe)，圖L01-6為立式車床(vertical lathe)，圖L01-7為瑞士型自動車床(Swiss-type automatic screw machine)端視圖。

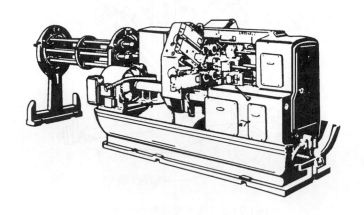

圖 L01-5　多軸自動車床

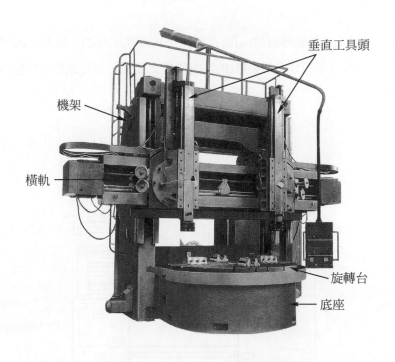

圖 L01-6　立式車床(凱傑國際公司)

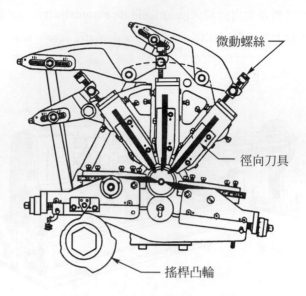

圖 L01-7 瑞士型自動車床端視圖

L01-2 車床的規格

　　車床的規格係以其最大工件旋轉直徑(A)而定如圖 L01-8(註 L01-2)，如 400mm 車床可車削直徑最大 400mm 的工件，亦有同時表示兩頂尖的距離(B)以限定最大長度，亦有以最大車削車徑與其床軌長度(C)表示如 250×1800mm。

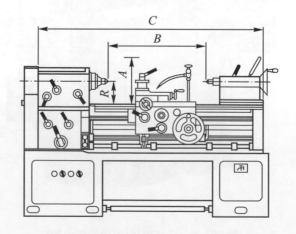

圖 L01-8 車床規格(台中精機廠公司)

學後評量

一、是非題

( ) 1. 機力車床為機工場用途最廣之工具機。

( ) 2. 六角車床為刀具調整容易,生產操作技術性高的車床。

( ) 3. 自動車床適合於大量生產工件之用。

( ) 4. 短而大直徑的工件,適用多軸自動車床加工。

( ) 5. 一車床的規格300mm,係指床軌長度300mm。

二、選擇題

( ) 1. 下列何種工作不屬於車床工作? (A)車端面 (B)車外圓 (C)車錐度 (D)車螺紋 (E)車方桿。

( ) 2. 機工場用途最廣的車床是 (A)機力車床 (B)六角車床 (C)自動車床 (D)立式車床 (E)多軸車床。

( ) 3. 車削大直徑短工件端面宜用 (A)檯式車床 (B)六角車床 (C)自動車床 (D)立式車床 (E)多軸車床。

( ) 4. 一車床規格為400×750,則其最大車削直徑為 (A)φ200 (B)φ400 (C)φ750 (D)φ800 (E)φ1500。

( ) 5. 大量生產單一規格工件宜用 (A)檯式車床 (B)機力車床 (C)自動車床 (D)六角車床 (E)立式車床。

參考資料

註 L01-1: Myron L. Begeman and B.H. Amsted. *Manufacturing processes*. New York: John Wiley & Sons, Inc., 1972, p.423.

註 L01-2: South Bend Lathe. *How to run a lathe*. Indiana: South Bend Lathe, 1966, p.11.

工廠實習知識單

項目	車床的主要機構	學習目標	能正確的說出車床的主要機構與功用

前　言

　　車床的構造隨廠商的設計而異，而其主要機構的設計及原理則大同小異，一般皆分為車頭、溜板、尾座、機床、進刀及螺紋切削機構等五大機構亦有將進刀機構與螺紋切削機構分列而成六大機構(註L02-1)。

說　明

L02-1　車　頭

　　車頭(head stock)為夾持工件、帶動工件迴轉的機構，以螺栓固定於機床上，齒輪式車頭(geared headstock)的心軸迴轉數變換係由數個齒輪組合而成，其組合情形視其變換段數的不同及廠商的設計而異，其變速係藉操縱手柄以移動齒輪的嚙合而選用多種不同的迴轉數，如圖L02-1為一8段變速的齒輪式車頭。

　　車頭心軸係由高級合金鋼製成，其內部為中空以適應長工件的通過，其軸頸部份經精磨，並配以高級軸承如圖L02-2，在其前端製以A1、A2、A3及MD等四種不同的鼻端(CNS6876)(註 L02-2)如圖 L02-3，以便配合夾頭，軸孔為莫氏錐度，以裝配頂尖或套筒等附件。

圖 L02-1　齒輪式車頭輪系(台中精機廠公司)

圖 L02-2　車頭心軸(台中精機廠公司)

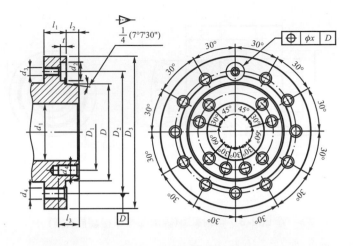

(a) A1 形

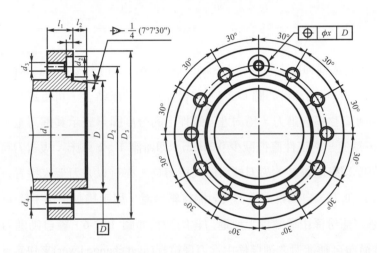

(b) A2 形

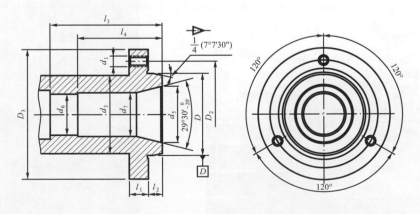

(c) A3 形

圖 L02-3 心軸鼻端(經濟部標準檢驗局)

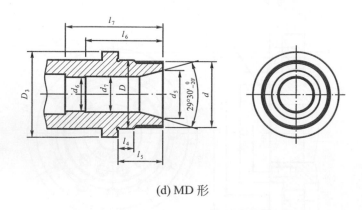

(d) MD 形

圖 L02-3　心軸鼻端(經濟部標準檢驗局)(續)

L02-2　溜　板

　　車床的溜板(carriage)或稱刀座，包括鞍台(saddle)、護裙(apron)、複式刀具台(compound rest)與夾刀柱(tool post)或刀架(tool block)等四部份如圖 L02-4。鞍台係跨置於床軌上，可沿床軌運行而產生縱向進刀，其上的橫向滑板使刀具產生橫向進刀，橫向進刀螺桿上的分度圈可表示其進刀量，如圖 L02-5 為一每格為 0.02 的切削深度，每進一格工件直徑減少 0.04mm，即所謂 1：2 車床。複式刀具台可任意旋轉，使與心軸成各種不同的角度以車削錐度。夾刀柱用於夾持刀具，亦有以方刀架夾持者。

　　護裙包括手動縱向進刀、自動縱向進刀及對開螺帽裝置。用手搖動護裙手輪(apron hand wheel)時可產生縱向進刀，自動進刀部份係由導螺桿上或進刀桿的蝸輪如圖 L02-6，經自動進刀離合器(automatic feed clutch)而產生，而縱橫向自動進刀之選擇係由進刀操縱桿(feed change lever)來決定。

圖 L02-4　溜板(台中精機廠公司)

圖 L02-5　分度圈(特根企業公司)

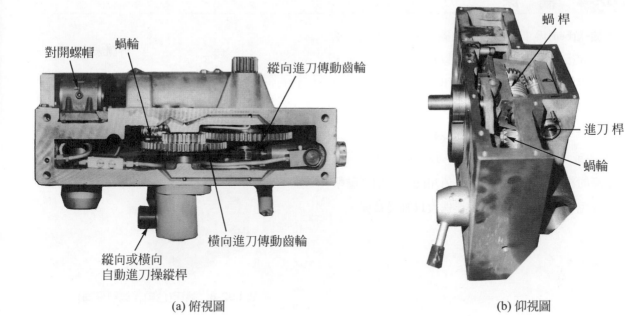

圖 L02-6　自動進刀機構(台中精機廠公司)

L02-3　尾　座

　　尾座(tailstock)係用於兩心間或長工件工作時支持工件的另一端，或用以裝置鑽頭及鉸刀等工具以實施鑽孔及鉸孔等工作如圖 L02-7。其主要部份為固定頂尖(dead center)，用以支持工件的另一端；套筒用以支持頂尖或鑽夾等，其上的刻度可表示其運行距離。夾緊螺栓(clamp bolt)或稱夾緊桿用以固定尾座的位置，調整螺絲用以調節固定頂尖與車頭頂尖的偏置或對正。手輪用以進退固定頂尖而以繫桿(binding lever)固定。

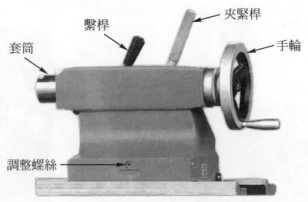

圖 L02-7　尾座(台中精機廠公司)

L02-4 機　床

機床(bed)為車床的基礎如圖 L02-8，用以支承車頭、溜板及尾座等三大部份以及各項附屬設備。機床上的床軌由平軌及Ｖ形軌組成，外側兩Ｖ形軌(或一Ｖ形軌一平軌)用以引導縱向進刀；內側之一Ｖ形軌一平軌用以引導尾座的移動。床軌皆經精密的刮削(或經淬火並精密磨削)，以永保車頭、溜板及尾座的相關位置。操作時，所用的工具切勿碰擊床軌以免損傷，使用後應潤滑保護以維護精度。

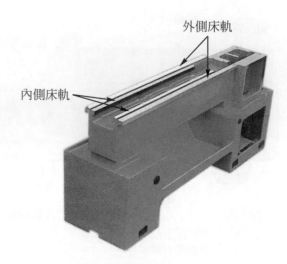

外側床軌

內側床軌

圖 L02-8　機床(台中精機廠公司)

L02-5 進刀及螺紋切削機構

自動進刀除由上述護裙的構造而獲得外，其動力係來自動進刀及螺紋切削機構，由心軸齒輪等輪系傳至導螺桿而獲得如圖L02-9，車削螺紋時可啓閉對開螺帽使之脫離或吻合導螺桿，以使整個溜板依導螺桿的運動而產生縱向進刀，心軸齒輪至導螺桿間的齒輪系中有一對齒輪謂之逆轉齒輪(reverse gears)，其作用在改變柱齒輪(stud gear)的迴轉方向，圖 L02-10 為圖 L02-9 的逆轉齒輪作用圖，圖 L02-10(a)柱齒輪正轉，圖 L02-10(b)柱齒輪靜止，圖 L02-10(c)柱齒輪反轉。

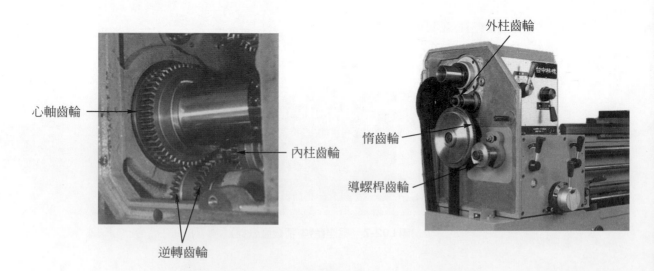

心軸齒輪

內柱齒輪

逆轉齒輪

外柱齒輪

惰齒輪

導螺桿齒輪

圖 L02-9　進刀及螺紋切削機構的齒輪系(台中精機廠公司)

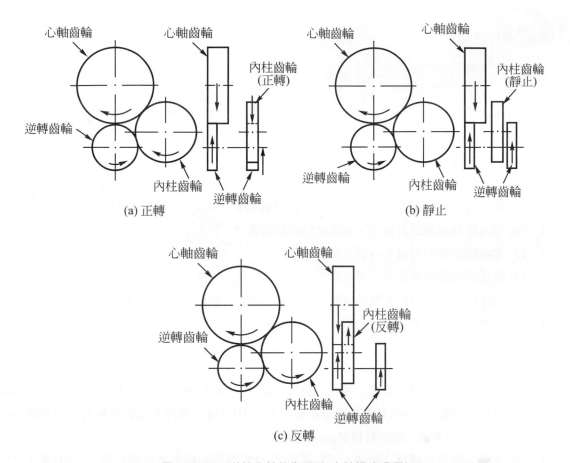

圖 L02-10　逆轉齒輪的作用(台中精機廠公司)

　　自動縱橫向進刀量之選擇可依車削螺紋之齒輪搭配方式或快速換齒車機構(quick change gear mechanism)來獲得。新式車床多用快速換齒車機構如圖 L02-11，使用時只調節其把手之位置，即可獲得所需或表上所示之進刀量或螺紋螺距。

圖 L02-11　快速換齒車機構(台中精機廠公司)

學後評量

一、是非題

( )1. 車床的主要機構，有車頭、溜板、尾座、機床與進刀及螺紋切削機構等五大機構。

( )2. 齒輪車頭的心軸迴轉數變換，係由齒輪系的搭配而得。

( )3. 心軸鼻端有 A1、A2、A3 及 MD 等四種形式。

( )4. 心軸的軸孔爲莫氏錐度。

( )5. 橫向進刀之千分圈如每格爲 0.02mm 的切削深度，則每進一格工作直徑減少(或增大)0.02mm。

( )6. 車外徑時用複式刀具台，車錐度時用縱向進刀。

( )7. 尾座固定頂尖用以支持長工件的車削。

( )8. 機床的內側床軌用以引導縱向進刀，外側床軌用以引導尾座。

( )9. 機床的床軌皆經精密刮削或經淬火後精密磨削，應隨時保護以維精度。

( )10. 逆轉齒輪用以改變心軸之靜止、正轉及逆轉，以改變自動進刀方向。

二、選擇題

( )1. 下列有關車床車頭機構之敘述，何項錯誤？ (A)車頭心軸的內部是中空的 (B)心軸軸端應與夾頭配合 (C)車頭是固定在機床上 (D)齒輪式車頭的心軸迴轉數，由齒輪系的搭配而得 (E)車頭心軸的材料是高速鋼。

( )2. 下列有關車床機構之敘述，何項錯誤？ (A)溜板的鞍台用於橫向進刀 (B)複式刀具台用於車削錐度 (C)尾座在機床上的內側床軌移動 (D)尾座用於兩心間車削 (E)尾座可以裝置鑽頭鑽孔。

( )3. 下列有關車床機構之敘述，何項錯誤？ (A)車頭、溜板及尾座的相關位置由機床確定 (B)柱齒輪的迴轉方向由逆轉齒輪改變 (C)改變自動進刀的方向是由改變心軸轉向來獲得 (D)改變進刀量由速換齒車機構來改變 (E)車左旋或右旋螺紋是由逆轉齒輪改變車削方向。

( )4. 一車床橫向進刀分度圈每格表示 ϕ0.04，若工件 ϕ16 欲車成 ϕ15 時，則應進刀幾格？ (A)10 (B)25 (C)40 (D)45 (E)60 格。

( )5. 車床心軸軸孔錐度是 (A)1：5 (B)1：10 (C)1：20 (D)莫氏錐度 (E)公制錐度。

參考資料

註 L02-1： South Bend Lathe. *How to run a lathe*. Indiana: South Bend Lathe., 1966, pp.9～14.

註 L02-2： 經濟部標準檢驗局：車床之主心軸鼻端及面板。台北，經濟部標準檢驗局，民國 72 年，第 1～13 頁。

工廠實習知識單

項目	車刀的種類與應用	學習目標	能正確的說出車刀的種類、角度與使用方法

前 言

　　欲使車削工作迅速而有效，須具備良好之刀具，車刀的形狀係依車削位置而異，常用的刀具為高速鋼實體刀，或碳化物刀片銲接或夾持而成。

說 明

L03-1　車刀與車刀把

　　常用的高速鋼車刀形狀及其應用如圖 L03-1(註 L03-1)。(a)為左手車刀用於由左向右車削外徑，(b)為圓鼻車刀用以左右車削外徑，(c)為右手車刀用以由右向左車削外徑，(d)為左手面車刀用以車削左端面，(e)為螺紋車刀用以車削螺紋，(f)為右手面車刀用以車削右端面，(g)為切斷刀用以車削凹部或切斷，(h)為搪孔刀用以車削內孔，(i)為內螺紋車刀用以車削內螺紋。車刀的左手與右手用以明顯指出其用途及其切削方向，當車刀安置於刀把上，即車刀面朝上，車刀尖遠離操作者，而操作者面向車床操作時如圖L03-2，其切削刃在右邊，即由左向右車削者謂之左手車刀，反之為右手車刀。

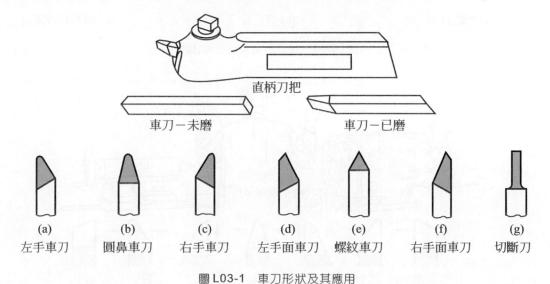

直柄刀把

車刀－未磨　　　　　　　　　　車刀－已磨

(a)	(b)	(c)	(d)	(e)	(f)	(g)
左手車刀	圓鼻車刀	右手車刀	左手面車刀	螺紋車刀	右手面車刀	切斷刀

圖 L03-1　車刀形狀及其應用

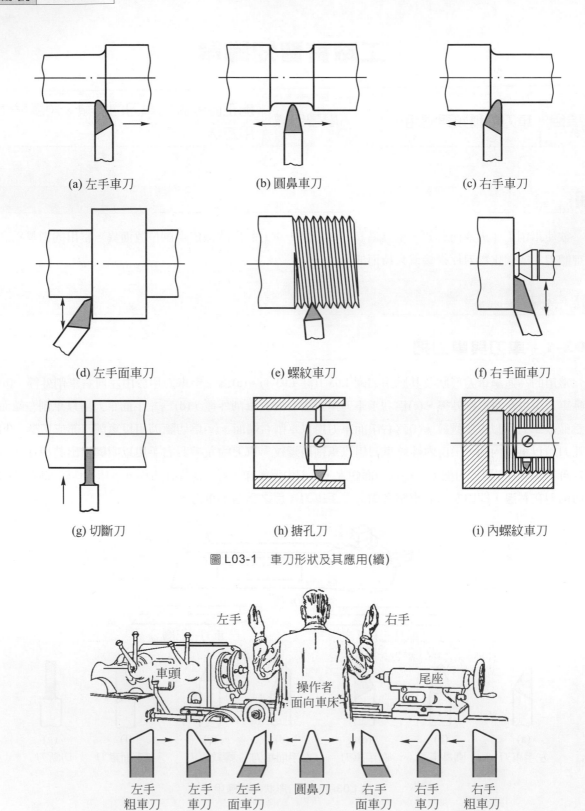

(a) 左手車刀　　　(b) 圓鼻車刀　　　(c) 右手車刀

(d) 左手面車刀　　　(e) 螺紋車刀　　　(f) 右手面車刀

(g) 切斷刀　　　(h) 搪孔刀　　　(i) 內螺紋車刀

圖 L03-1　車刀形狀及其應用(續)

左手　　　　　　右手

車頭　　　操作者　　　尾座
面向車床

左手　　左手　　左手　　圓鼻刀　　右手　　右手　　右手
粗車刀　車刀　面車刀　　　　　　面車刀　車刀　粗車刀

圖 L03-2　車刀判定

夾持車刀常以車刀把(tool holders)夾持，再夾持於夾刀柱，或直接夾持於刀架上，如圖 L03-3 為常用車刀把的形狀，可依實際需要而選用。

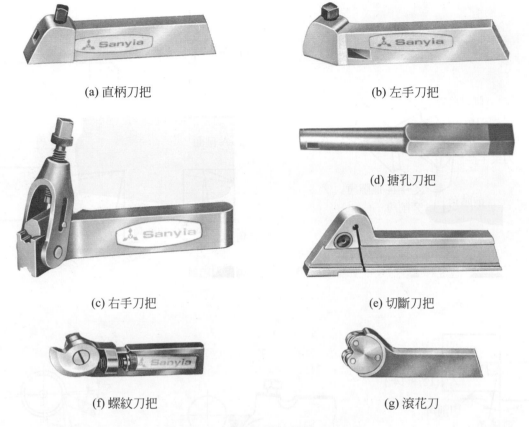

(a) 直柄刀把

(b) 左手刀把

(c) 右手刀把

(d) 搪孔刀把

(e) 切斷刀把

(f) 螺紋刀把

(g) 滾花刀

圖 L03-3　車刀把(勝竹機械工具公司)

L03-2　高速鋼車刀角度

　　一把良好的車刀是指有銳利且耐用的切削刃，欲獲得最佳切削刃須依據工件材料磨成適當的車刀角度。車刀主要角度有五個，如圖 L03-4 以一右手車刀為例，其名稱為：

1. 側隙角(side clearance angle)：其大小自 10°～12°，視工件材料而選定，用以避免車削時造成與工件的摩擦如圖 L03-5，車削軟材料時角度宜大，反之宜小。

2. 切削角(tool angle)亦稱銳利角(angle of keenness)：為刀刃的角度，視切削材料自 60°～80°，使對各種材料有銳利的切削，且足夠的強度支持切削時所產生的應力，工件材料愈軟角度愈小，反之愈大。

3. 側斜角與後斜角(side rake & back rake angle)：為得有效的車削及流屑容易，常在車刀上磨一側斜角與後斜角，側斜角的大小視側隙角與切削角而定，一般約為 12°～14°，側斜角、切削角與側隙角三者的和為 90°。後斜角約為 8°～16°，若刀把已有後斜角，則可不必磨車刀後斜角。但車削黃銅與硬鉛時因材料太軟應給予負的後斜角，以避免撕裂材料，並與工件中心等高，以免刀尖受損，且易於車削如圖 L03-6。

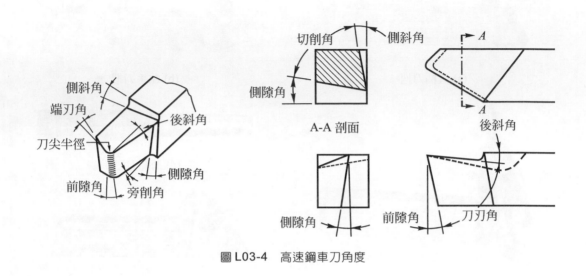

圖 L03-4　高速鋼車刀角度

圖 L03-5　側隙角與側斜角　　　　圖 L03-6　車銅料　　　　圖 L03-7　前隙角與刀把後斜角

4. 前隙角(front clearance angle)：為使車刀尖在車削時不至於摩擦工件而磨有前隙角，前隙角的大小視工件材料、刀尖裝置高度與刀把是否具後斜角而異，一般約為 8°～15°如圖 L03-7。

以刀把夾持刀具實施切削時，吾人應知刀把本身已有$16\frac{1}{2}°$或 20°的後斜角如圖 L03-8，故實際上刀具的後斜角及前隙角應予調整，並注意一般重切削時車刀常高出一工件中心約 5°之現象如圖 L03-9，即工件直徑每 25mm 約高出 1mm。表 L03-1 為高速鋼車刀之角度(註 L03-2)。車刀的角度可依後斜角－側斜角－前隙角－側隙角－端刃角－旁削角－刀尖半徑之順序表示之(CNS4265)(註 L03-3)，如車削低碳鋼的車刀角度為 16°－12°－10°－10°－45°－30°－1mm。圖 L03-10 及圖 L03-11 在說明磨削車刀的幾個步驟，為保持其銳利及耐用，在磨削後應用磨石礪光。磨削時可利用車刀規校正其角度如圖 L03-12。並保持冷卻，勿使刀具退火而喪失其硬度。

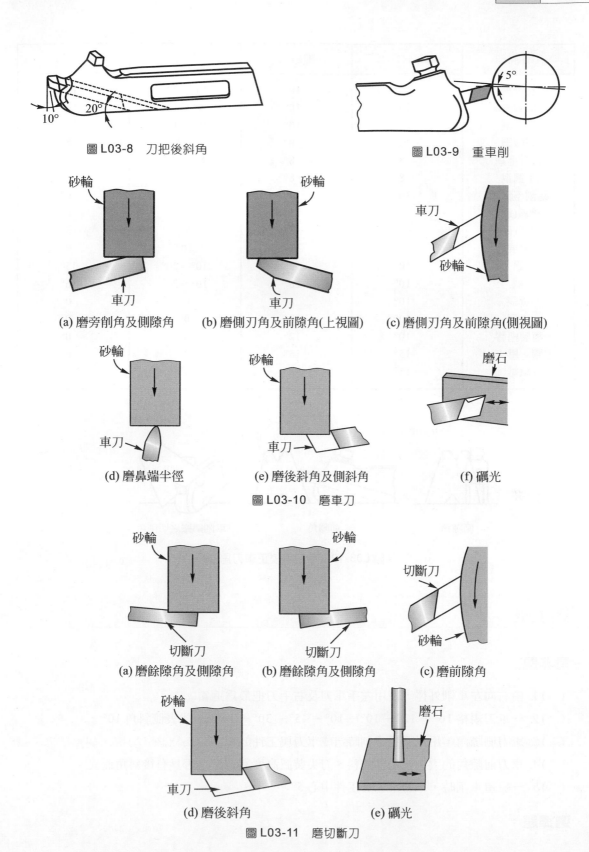

圖 L03-8　刀把後斜角

圖 L03-9　重車削

(a) 磨旁削角及側隙角　(b) 磨側刃角及前隙角(上視圖)　(c) 磨側刃角及前隙角(側視圖)

(d) 磨鼻端半徑　(e) 磨後斜角及側斜角　(f) 礪光

圖 L03-10　磨車刀

(a) 磨餘隙角及側隙角　(b) 磨餘隙角及側隙角　(c) 磨前隙角

(d) 磨後斜角　(e) 礪光

圖 L03-11　磨切斷刀

工件材料	側隙角	前隙角	側斜角	後斜角
易削鋼	10°	10°	10°～22°	16°
低碳鋼	10°	10°	10°～14°	16°
中碳鋼	10°	10°	10°～14°	12°
高碳鋼	8°	8°	8°～12°	8°
韌合金鋼	8°	8°	8°～12°	8°
不銹鋼	8°	8°	5°～10°	8°
易削不銹鋼	10°	10°	5°～10°	16°
鑄鐵(軟)	8°	8°	10°	8°
鑄鐵(硬)	8°	8°	8°	5°
鑄鐵(展性)	8°	8°	10°	8°
鋁	10°	10°	10°～20°	35°
銅	10°	10°	10°～20°	16°
黃銅	10°	8°	0°	0°
青銅	10°	8°	0°	0°
模製塑膠	10°	12°	0°	0°
塑膠、壓克力	15°	15°	0°	0°
纖維	15°	15°	0°	0°

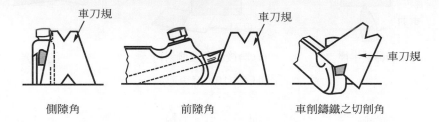

側隙角　　　　　　前隙角　　　　車削鑄鐵之切削角

圖 L03-12　車刀規校正車刀角度

學後評量

一、是非題

( )1. 由右向左車削外徑，使用左手車刀及右手刀把最為適當。

( )2. 一車刀規格 16°－12°－10°－10°－45°－30°－1mm，代表側斜角 10°。

( )3. 車刀側隙角，用以避免車削時造成車刀與工件的摩擦。

( )4. 車刀前隙角的大小視工件材料、刀尖裝置高度與刀把是否具有後斜角而異。

( )5. 一般重車削時，車刀常低於工件中心 5°。

二、選擇題：

( )1. 車削低碳鋼工件，高速鋼車刀的側隙角以幾度為佳？ (A)2° (B)6° (C)10° (D)20° (E)30°。

( )2. 一高速鋼車刀 8°－12°－8°－8°－45°－30°－1mm 表示前隙角幾度？ (A)8° (B)12° (C)30° (D)45° (E)1°。

( )3. 高速鋼車刀刀把通常具有幾度的後斜角？ (A)8° (B)10° (C)12° (D)20° (E)30°。

( )4. 高速鋼車刀的側斜角、切削角與側隙角三者的和為幾度？ (A)60° (B)90° (C)110° (D)120° (E)150°。

( )5. 刀刃的角度是指 (A)後斜角 (B)前隙角 (C)側隙角 (D)側斜角 (E)切削角。

參考資料

註 L03-1： South Bend Lathe. *How to run a lathe*. Indiana: South Bend Lathe, 1966, pp.27～36.

註 L03-2： Willard J. McCarthy and Dr. Victor E. Repp. *Machine tool technology*. Illinois: Mcknight Publishing Company, 1979, p.210.

註 L03-3： 經濟部標準檢驗局：高速鋼車刀性能試驗方法。台北，經濟部標準檢驗局，民國 67 年，第 1～2 頁。

工廠實習知識單

項目	碳化物車刀	學習目標	能正確的說出碳化物刀具的適用性，碳化物車刀的種類、角度與使用方法

前　言

　　碳化物刀具由 70 ％～90 ％的硬質主要成分(hard principles)，及 10 ％～30 ％的黏結金屬(binding metal)組成，依其所含之成分可分為四種主要型式：(1)純碳化鎢，(2)碳化鎢與碳化鈦(Ti)混合，有時加入微量的碳化鉭(Ta)，(3)碳化鎢與碳化鉭混合，有時加入微量的碳化鈦，(4)碳化鎢、碳化鉭及碳化鈦混合而成的三元碳化物(triple carbide)，其成分視廠牌而異，並加入適量的鈮(Nb)取代鉭之一部分或全部。碳化物刀具視其成分而有不同的物理性質，硬質主要成分如碳化鎢、鈦、鉭或鈮等提供硬度(hardness)與耐磨耗性(wear resistance)，高含量時硬度高耐磨耗性大，黏結金屬如鈷提供韌性(toughness)，含量高則韌性較佳(註 L04-1)。

說　明

L04-1　碳化物刀具的選擇

　　碳化物刀具，可依碳化鎢粉粒大小及鈷粉比例，添加適當含量之鉭、鈦或鈮製成許多等級而使用於不同工作，由於其硬度高達 HRA87 以上，抗折強度在 $70kgf/mm^2$ 以上(CNS5338)(註 L04-2)，通常均製成刀片狀(tip)銲於或夾持在工具鋼材質的刀柄(tool shank)上使用，因其耐紅熱硬度可達 1000℃，切削速度可提高至高速鋼的 2 倍～4 倍。

　　碳化物刀具依其應用分為 P、M、K 三種及不同的等級，其分類也給予不同之識別顏色，P 類為藍色、M 類為黃色、K 類為紅色，P 類適用於切削鋼料、鑄鋼及具有連續切屑的展性鑄鐵等連續切削；K 類適用於鑄鐵包括冷硬鑄鐵、短切屑展性鑄鐵、淬火鋼及非鐵金屬等；而 M 類則適用於鋼、鑄鋼、錳鋼、合金鑄鐵、沃斯田鐵鋼、展性鑄鐵及易削鋼等；等級給予不同的號數，號數愈小則硬度、耐磨耗性愈大，切削速度可以增大；號數愈大則韌性愈大，進刀量可以增大。各分類等級的適用情況如表 L04-1(CNS4264)(註 L04-3)。

表 L04-1　碳化物刀具的適用性(經部標準檢驗局)

分類	等級	工件材料	切削方式	加工條件
P	P01	鋼、鑄鋼	精密車削 精密搪削	適合於高速切削而進刀量小時，或要求工件的尺寸精度和表面加工程度良好，並在沒有振動狀態下之加工。
	P10	鋼、鑄鋼	車削、靠模切削、螺紋切削、銑削	高～中速切削，小～中切削面積，中進刀量，或在良好的加工條件下之切削。

表 L04-1　碳化物刀具之適用性(經部標準檢驗局)(續)

分類	等級	工件材料	切削方式	加工條件
P	P20	鋼、鑄鋼、展性鑄鐵(長切屑者)	車削、靠模切削、銑削、鉋削	中速切削，中進刀量，在P系列中用途最廣。鉋削時進刀量要小，銑削時要有良好的加工條件。
	P30	同上	車削、銑削、鉋削	低～中速切削，中～大進刀量，或工件表面硬度粗細不均，進刀量有變化及有振動時的不良加工條件。
	P40	鋼 有砂孔等之鑄鋼	車削、鉋削	低速切削，大進刀量，最不良的加工條件下切削。
	P50	低～中抗拉強度鋼	車削、鉋削	低速切削，大進刀量，最不良的加工條件下切削。
		有砂孔等之鑄鋼	車削、鉋削	低速切削，大進刀量，比P40更不良的加工條件下要求最大韌性之切削。
M	M10	鋼、鑄鋼、鑄鐵	車削	中～高速切削，小～中進刀量，或在較良好的加工條件下，對於鋼和鑄鐵兩種材料之切削。
		高錳鋼、沃斯田鐵鋼、特殊鑄鐵	車削	中～高速切削，小～中進刀量，或在良好的加工條件下之切削。
	M20	鋼、鑄鋼、鑄鐵	車削、銑削	中速切削，中進刀量，或在不甚良好的加工條件下，對於鋼和鑄鐵兩種材料之切削。
		沃斯田鐵鋼、特殊鑄鋼、特殊鑄鐵、高錳鋼	車削、銑削	中速切削，中進刀量，在較良好的加工條件下之切削。
	M30	鋼、鑄鋼、鑄鐵、沃斯田鐵鋼、特殊鑄鋼、耐熱鋼	車削、銑削、切斷	中速切削，中～大進刀量，或對於厚的黑皮材料及有砂孔、銲接部位的材料，比M20更不良加工條件下之切削。
	M40	易削鋼、非鐵金屬	車削、切斷	低速切削，中～大進刀量，形狀複雜刀口，在M系列中最需要韌性之加工條件下之切削。
K	K01	鑄鐵	精密車削、精密搪削、細加工銑削	高速切削，小進刀量，無振動的良好加工條件下之切削。
		冷硬鑄鐵、硬質鑄鐵、淬火鋼	車削	極低速切削，小進刀量，無振動的良好加工條件下之切削。
		高矽鋁合金、陶器、石棉、硬紙板、石墨		無振動的加工條件下之切削。
	K10	HBS220以上鑄鐵、展性鑄鐵(短切屑者)	車削、銑削、搪削、拉削、鉸削	中速切削，小進刀量，在K系列中用途比較廣，或比較無振動的加工條件下之切削。
		淬火鋼	車削	低速車削，小進刀量或比較小振動加工條件下之切削。
		矽鋁合金、硬質銅合金、硬質橡膠、玻璃瓷器、塑膠		比較小振動的工加條件下之切削。

表 L04-1　碳化物刀具之適用性(經部標準檢驗局)(續)

分類	等級	工件材料	切削方式	加工條件
K	K20	HBS220 以下鑄鐵	車削、銑削、鉋削、鉸削、鑽削	中速切削，中～大進刀量，K 系列中用於一般的加工，或要求有強大韌性的加工條件下之切削。
		非鐵金屬材料		要求有強大韌性的加工條件下切削。
	K30	低抗拉強度鋼、低硬度鑄鐵、非鐵金屬	車削、銑削、鉋削	低速切削，小進刀量，較良好的加工條件時之切削。
	K40	低硬度非鐵金屬、木材	車削、銑削、鉋削	切削比 K30 更不良的加工條件時之切削。

L04-2　碳化物車刀及角度

　　在高速切削中碳化物刀具比高速鋼刀具更具效率，碳化物刀片無法成實體刀具，而須將刀片夾持於或銲接於刀體上如圖 L04-1，銲接式碳化物車刀的型式有 31 型～95 型等 26 種如圖 L04-2。以刀片材料、型式及標稱號碼標識 (CNS4267)(註 L04-4)。其各部分尺寸請參考 CNS4267。

　　碳化物車刀的角度依研磨順序包括：(1)旁削角(side cutting edge angle)，(2)端刃角(end cutting edge angle)，(3)斜角(rake angle)，(4)離隙角(relief angle)與餘隙角(clearance angle)，(5)刀尖半徑(nose radius)如圖 L04-3。

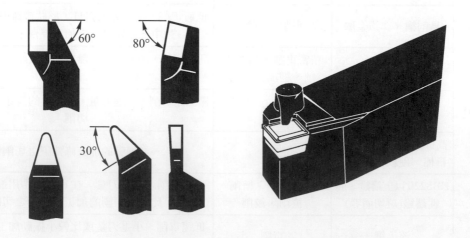

圖 L04-1　碳化物刀具

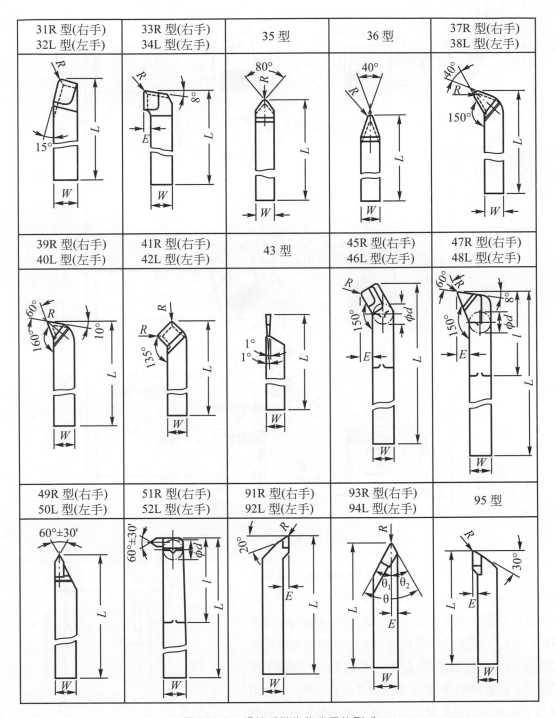

圖 L04-2　銲接式碳化物車刀的型式

209

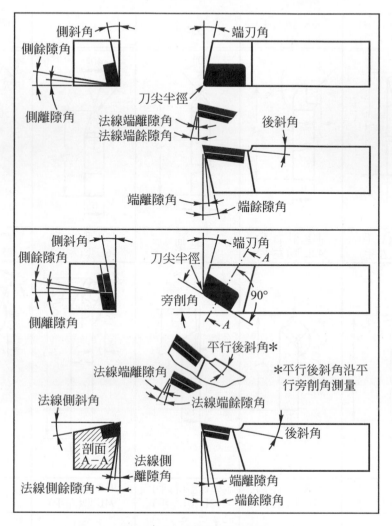

圖 L04-3　碳化物車刀角度

　　旁削角用以引導切削，亦稱為導角(lead angle)或漸近角(approach angle)，用以保護最脆弱的刀尖部份，使車刀產生前負荷效應以消除因橫向進刀背隙(back lash)而產生的顫動，並在切削完成時造成漸漸減少其切削深度而避免末端起毛頭(鋼料)或碎裂(鑄件)。旁削角的大小視工作性質而定，自車肩的 0°至粗車粗糙表面的 45°，一般用15°，但旁削角與刀尖距離必須保持一定，因此增大旁削角至 30°～45°有利於磨削及增加磨削次數，如圖 L04-4。

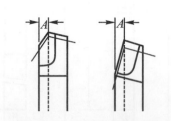

圖 L04-4　旁削角與車刀磨次

　　端刃角在使刀具與工件間有一適當之間隙以防拖曳(drag)，一般外徑及端面車削以 8°～15°為適當。工件不硬且易於顫動者可增加至 20°，以減少工件所受之壓力而減少顫動，但太大的端刃角使刀尖脆弱；小於 8°則易使刀尖趨於平齊而增加顫動的可能。

210

斜角包括側斜角(side rake angle)與後斜角(back rake angle)，適當的斜角可使切削自如，且增加刀具最大壽命，在旁削刃切削時側斜角是切削斜角(cutting rake angle)，後斜角是控制角(control angle)，在端刃切削時後斜角是切削斜角，切削斜角決定切削效果並與控制角共同控制切屑之流向。對於粗糙的工件或斷續切削時採用負後斜角如圖L04-5，以吸收其衝擊負荷，減少顫動，增加刀具壽命，斜角的大小視工件材料及切削條件而定。

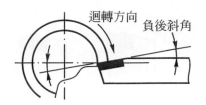

圖 L04-5 負後斜角

離隙角與餘隙角須同時具備，其目的在確使切削時刃口下方的刀片及刀柄不與工件產生摩擦，離隙角愈小刃口強度愈大，但太小易使刃口與工件產生摩擦而導致顫動或磨損，太大的離隙角將減低刃口強度而導致碎裂或顫動，通常側離隙角與端離隙角等大以供刀尖半徑容易磨削，餘隙角為 10°時的標準離隙角為 7°，切削軟金屬時離隙角可增大至 10°，同時增大餘隙角。

刀尖半徑在避免尖銳的刀尖使刃口碎裂及產生粗糙的加工面，但太大的刀尖半徑將導致顫動，刀尖半徑依進刀、切削深度與切削條件而定，進刀 0.75mm/rev，切削深度 9.5mm 時，一般切削用 r1.6mm，斷續切削用 r2.4mm。碳化物車刀角度之詳細規格請參考各廠商說明，表 L04-2 為一碳化物車刀一般用之角度(註 L04-5)。

表 L04-2 碳化物車刀角度

工件材料	前隙角	側隙角	後斜角	側斜角
鋁、鎂合金	6～10	6～10	0～ 10	10～ 20
銅	6～ 8	6～ 8	0～ 4	15～ 20
黃銅、青銅	6～ 8	6～ 8	0～－5	＋8～ －5
鑄鐵	5～ 8	5～ 8	0～－7	＋6～ －7
低碳鋼(SAE1020 以下)	5～10	5～10	0～－7	＋6～ －7
碳鋼(SAE1025 以上)	5～ 8	5～ 8	0～－7	＋6～ －7
合金鋼	5～ 8	5～ 8	0～－7	＋6～ －7
易削鋼(SAE110、1300 系列)	5～10	5～10	0～－7	＋6～ －7
不銹鋼(沃斯田鐵型)	5～10	5～10	0～－7	＋6～ －7
不銹鋼(硬化型)	5～ 8	5～ 8	0～－7	＋6～ －7
高鎳合金(蒙納合金、英高鎳等)	5～10	5～10	0～－3	＋6～ ＋10
鈦合金	5～ 8	5～ 8	0～－5	＋6～ －5

L04-3 碳化物車刀之斷屑槽

切削連續切屑的材料如鋼及部份青銅及其合金時，為防止切屑傷害操作者，或纏繞工件或機具而影響工作，碳化物車刀通常均有斷屑槽(chip breaker)以控制切屑的流向、形狀與長度，斷屑槽依其控制切屑的方法有：(1)磨溝槽型(ground-in groove type)，(2)磨階梯型(ground-in step type)，(3)機械夾持型(clamped-on mechanical type)，(4)負斜角型(negative rake angle type)等四種如圖 L04-6。

圖 L04-6　斷屑槽的型式

　　磨溝槽型係在刀片上磨一淺溝槽與刃口平行，通常磨 0.15mm～0.25mm 深，1.6mm～3.2mm 寬，溝槽與刃口間留 0.4mm～0.8mm 的平面並給予－2°～－5°的側斜角，其尺寸視進刀量而定。

　　磨階梯型廣泛應用於斷屑，包括平行式(parallel type)與角度式(angle type)，平行式係指階梯平行於刃口，對於切削不圓或不規則的工件最為有效，角度式則與刃口成一角度(8°～45°)，有助於控制切屑的流出，且磨削時不會磨及刀柄。磨階梯型的深度通常在 0.4mm～0.5mm，寬度在 1.6mm～6.3mm，其尺寸視切削條件而定。

　　機械夾持型係利用以「用後即棄式」(或稱捨棄式或稱可替換式)(thorw away type)刀片的夾持裝置以形成斷屑作用，「用後即棄式」刀片磨耗後即行替換新刀片而不必銲接、磨削，及校正刀具與工件的關係，可節省重磨刀具的成本並提高生產效率，目前生產性工作均有採用「用後即棄式」刀具的趨勢。

　　負斜角型係採用負的斜角，通常在－2°～－8°以達控制切屑之目的。

L04-4　可替換式刀具

　　工件的切削成本包括刀具成本、工具機成本及非生產性成本，其中刀具成本係以每一刃口的成本或每一刃口的切削總時數來計算，對每一工件的刀具成本而言，採用可替換式碳化物刀具(indexable carbide cutting tool)較可達到經濟切削的目的，可替換刀具採將可替換刀片或稱「用後即棄式」刀片(indexable or throw-away insert)利用機械方式夾持於刀把(tool holder)上，選擇刀片時先依工件材料選擇刀片分類(P、M、K)，次依粗削、中削、細削選擇切削深度及進刀量，再依切削條件(良好、一般、困難)選擇等級(註 L04-6)。可替換式碳化物車刀片之選擇如圖 L04-7(ISO5608)(註 L04-7)，刀片選擇後確認推薦之切削條件，再選擇合適的車刀把，外徑切削用車刀把的選擇如圖 L04-8(ISO1832)(註 L04-8)。搪孔刀把有彈殼式(cartridge type)，及與外徑車刀把相同的穴式(pocketed type)，穴式搪孔刀把的選擇如圖L04-9 (ISO6261)(註 L04-9)。刀片與車把的選擇要點如圖 L04-10(註 L04-10)。

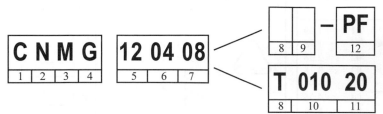

C N M G	12 04 08				– PF
1 2 3 4	5 6 7		8	9	12
		T	010	20	
		8	10	11	

1.刀片形狀

C (80°)	D (55°)		
K (55°)	R (○)		
S (□)	T (△)		
V (35°)	W (80°)		

2.刀片餘隙角

B 5°	C 7°		
E 20°	N 0°		
P 11°	O 特殊角度		

3.公差(±s 與 iC/iW)

等級	s	iC/iW
G	± 0.13	± 0.025
M	± 0.13	± 0.05 −± 0.15[1]
U	± 0.13	± 0.08 −± 0.25[1]
E	± 0.025	± 0.25

1)依 iC 尺寸不同,如下表

內切圓 iC mm	公差等級 M	公差等級 U
3.97 5.0 5.56 6.0 6.35 8.0 9.525 10.0	± 0.08 (6.0 ±0.05)	
12.0 12.7	± 0.08	± 0.13
15.875 16.0 19.05 20.0	± 0.10	± 0.18
25.0 25.4	± 0.13	± 0.25
31.75 32.0	± 0.15	± 0.25

正角刀片之內切圓 iC 以銳角面為準,參見 8 切削刃條件 F。

5.刀片尺寸=切削刃長度 ℓ mm

iC mm	iC inch	C	D	R	S	T	V	W	K
3.97	5.32"					06			
5.0				05					
5.56	7/32"					09			
6.0				06					
6.35	1/4"	06	07			11	11		
8.0				08					
9.525	3/8"	09	11	09	09	16	16	06	16*)
10.0				10					
12.0				12					
12.7	1/2"	12	15	12	12	22	22	08	
15.875	5/8"	16		15	15	27			
16.0				16					
19.05	3/4"	19		19	19	33			
20.0				20					
25.0				25					
25.4	1"	25		25	25				
31.75				31					
32				32					

*)刀片形狀 K(KNMX,KNUX)僅表示理論切削刃口長度。

4.刀片型式

A		Q	
G		R	
M		T	
N		W	
P			
X	特殊設計		

圖 L04-7 碳化物車刀片之標識(台灣山域公司)

6 刀片厚度，s mm	7 刀尖半徑，r_ε mm	8 切削刃條件

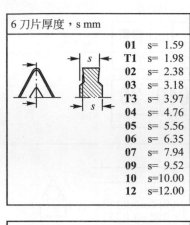

01 s= 1.59
T1 s= 1.98
02 s= 2.38
03 s= 3.18
T3 s= 3.97
04 s= 4.76
05 s= 5.56
06 s= 6.35
07 s= 7.94
09 s= 9.52
10 s=10.00
12 s=12.00

M0,00 r_ε=圓刀片
04 r_ε=0.4
08 r_ε=0.8
12 r_ε=1.2
16 r_ε=1.6
24 r_ε=2.4

F 銳角切削刃
E ER(edge round)處理切削刃
T 負刀鋒背
K 雙負刀鋒背
S 負刀鋒背與 ER 處理切削刃

9 進刀方向	10 去角寬度，mm	11 去角角度

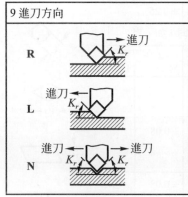

R
L
N

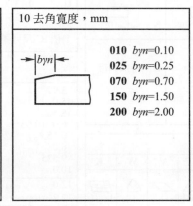

010 byn=0.10
025 byn=0.25
070 byn=0.70
150 byn=1.50
200 byn=2.00

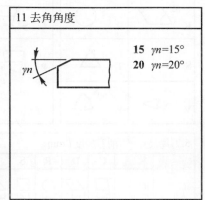

15 γn=15°
20 γn=20°

10 製造廠商之標識

ISO 碼由 9 個符號組成，第 8、9 碼　　　－**WF**=刮削刀片－精削
僅在需要時使用。製造廠商增加 2　　　－**PF**=ISO P－精削
個符號，例：　　　　　　　　　　　　－**PR**=ISO P－粗削

圖 L04-7　碳化物車刀片之標識(台灣山域公司)(續)

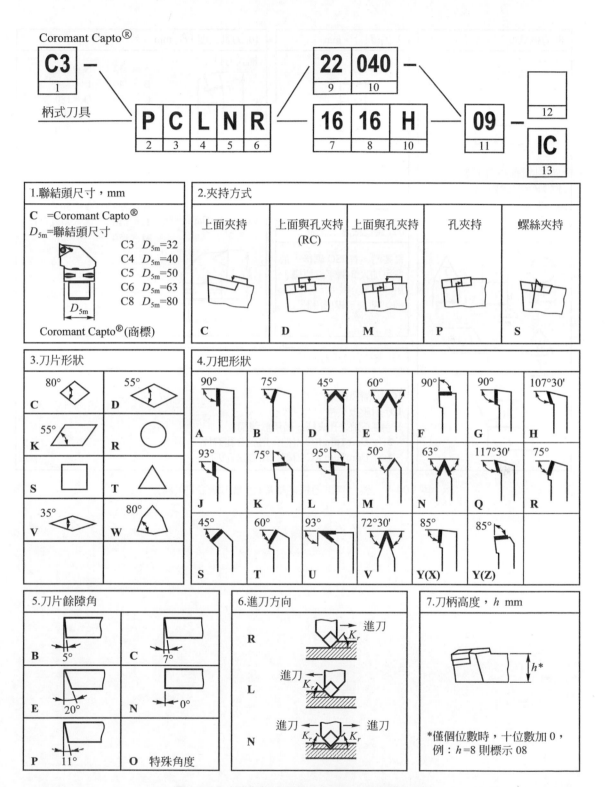

圖 L04-8　碳化物車刀把之標識(台灣山域公司)

215

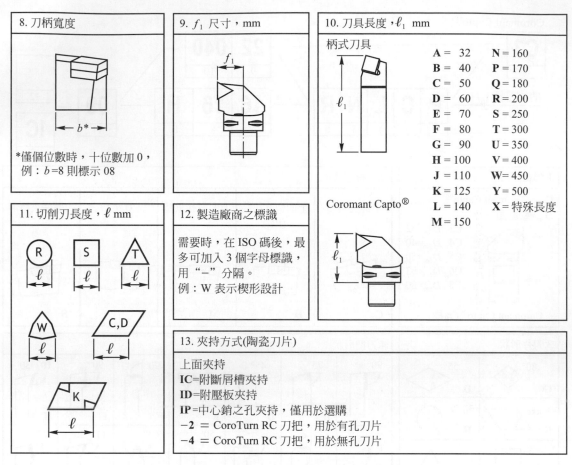

8. 刀柄寬度	9. f_1 尺寸，mm	10. 刀具長度，ℓ_1 mm

*僅個位數時，十位數加 0，
　例：b=8 則標示 08

柄式刀具

A =	32	**N** =	160
B =	40	**P** =	170
C =	50	**Q** =	180
D =	60	**R** =	200
E =	70	**S** =	250
F =	80	**T** =	300
G =	90	**U** =	350
H =	100	**V** =	400
J =	110	**W** =	450
K =	125	**Y** =	500
L =	140	**X** =	特殊長度
M =	150		

Coromant Capto®

11. 切削刃長度，ℓ mm	12. 製造廠商之標識

需要時，在 ISO 碼後，最
多可加入 3 個字母標識，
用 "–" 分隔。
例：W 表示楔形設計

13. 夾持方式(陶瓷刀片)

上面夾持
IC=附斷屑槽夾持
ID=附壓板夾持
IP=中心銷之孔夾持，僅用於選購
–2 = CoroTurn RC 刀把，用於有孔刀片
–4 = CoroTurn RC 刀把，用於無孔刀片

圖 L04-8　碳化物車刀把之標識(台灣山域公司)(續)

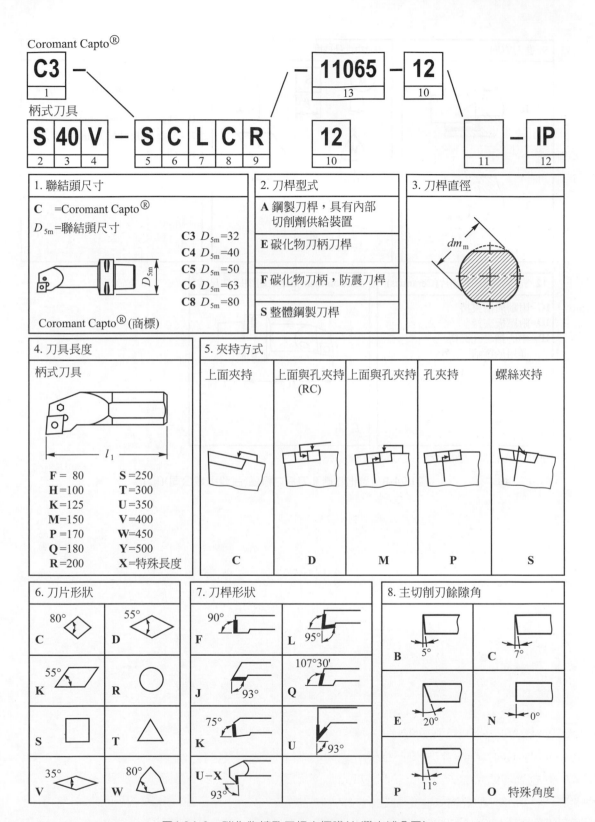

圖 L04-9　碳化物搪孔刀把之標識(台灣山域公司)

9. 進刀方向	10. 切削刃長度	11. 製造廠商之標識
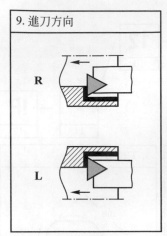	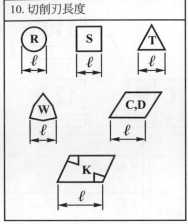	需要時，在 ISO 碼後，最多可加入 3 個字母標識，用 "－" 分隔。 例： **D**=延長 f_1 尺寸+1.0mm **E**=延長 f_1 尺寸+2.0mm **R**=圓刀把 **W**=楔形設計 **X**=背搪孔用

12. 夾持方式－陶瓷片(Ceramics)	13. Coromant Capto 切削組件尺寸
IC=附斷屑槽夾持 **ID**=附壓板夾持 **IP**=中心銷之孔夾持 　　僅用於選購	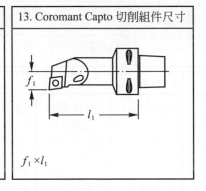$f_1 \times l_1$

圖 L04-9　碳化物搪孔刀把之標識(台灣山域公司)(續)

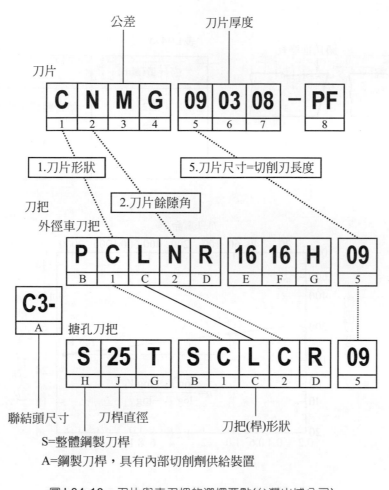

圖 L04-10 刀片與車刀把的選擇要點(台灣山域公司)

L04-5 車刀的壽命

　　刀具損壞的原因包括：刀具的磨耗(wear)、銲疤(crater)、斷裂(breaking)、刀具角度選擇不當、切削速度過高、切削條件選擇不當及切削劑選擇不當或用量不足等因素。刀具的磨耗為刀具壽命判斷的依據，車刀係以其餘隙面(前隙角面、側隙角面)與斜角面(後斜角面、側斜角面)的磨耗為依據，如圖L04-11，高速鋼車刀車削一般鋼料時，其餘隙面磨耗達 1.6mm 時即不能車削，碳化物車刀的餘隙面磨耗如表 L04-3 (CNS4262)(註 L04-11)，達此磨耗量即刀具壽命終止，此時即應更換車刀或重磨以利車削。刀具壽命另一重要影響因素為切削速度，當切削速度過高時，刀具壽命急劇減短，圖L04-12 係高速鋼刀具的切削速度與刀具壽命的關係圖示例，此圖係在一設定切削條件下的試驗，依據泰勒(Frederick W. Taylor)刀具壽命公式$VT^n = C$。式中 V ＝切削速度(m/min)，T ＝刀具壽命(min)，n ＝視切削條件而定之常數，C ＝刀具壽命在 1 分鐘時之切削速度，為一常數。

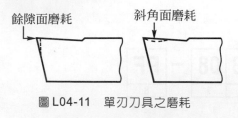

餘隙面磨耗　斜角面磨耗

圖 L04-11　單刃刀具之磨耗

表 L04-3　碳化物車刀餘隙面磨耗量(經濟部標準檢驗局)

磨耗量(mm)	說明
0.2	精密輕切削及非鐵合金等之細車削
0.4	特殊鋼之切削
0.7	鑄鐵及鋼等之一般切削
1～1.25	普通鑄鐵等之粗車削

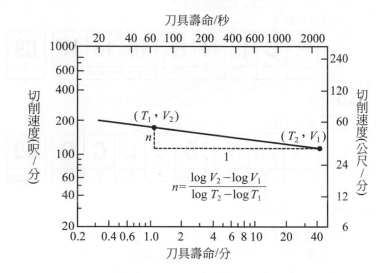

$$n=\frac{\log V_2-\log V_1}{\log T_2-\log T_1}$$

圖 L04-12　高速鋼車刀切削速度對刀具壽命的影響例

學後評量

一、是非題

( )1. 碳化物刀具的硬質主要成分提供硬度與耐磨耗性，黏結金屬提供韌性。

( )2. 碳化物刀具分為 P、M、K 三類，K 類適用於切削鋼料、鑄鋼及具有連續切屑的展性鑄鐵等的連續切削，P 類適用於鑄鐵及非鐵金屬等的切削。

( )3. 碳化物刀具的等級，號數愈大耐磨耗性愈大，切削速度可以增大。

( )4. 銲接式碳化物車刀以刀片材料、型式及標稱號碼標識。

( )5. 一銲接式車刀規格為 31R 型，表示 31 型右手外徑車刀。

( )6. 車刀利用旁削刃車削時，後斜角是切削斜角，側斜角是控制角。

( )7. 粗糙工件或斷續切削，宜用正後斜角，刀尖半徑用 r2.4mm 的碳化物車刀。

( )8. 碳化物車刀磨溝槽型的斷屑槽,係在刀片上磨一淺溝槽與刃口平行。

( )9. 一可替換式碳化物車刀把之規格為 PSKNR2020K12,表示使用三角形刀片,邊長 12mm。

( )10. 一般車削鋼料的碳化物車刀的餘隙面磨耗量達 0.7mm 時,即表示此車刀已損壞。

二、選擇題

( )1. P類碳化車刀適合車削何種材料? (A)鋼料 (B)鑄鐵 (C)非鐵金屬 (D)短切屑展性鑄鐵 (E)淬火鋼。

( )2. 下列有關碳化物車刀號數的敘述,何項正確? (A)號數愈小,耐磨耗性愈小 (B)號數愈小,硬度愈低 (C)號數愈小,切削速度愈高 (D)號數愈小,則韌性愈大 (E)號數愈小,元素愈小。

( )3. 欲中進刀量、中切削速度、車削低碳鋼料時,宜選擇何種碳化物刀片? (A)P10 (B)P20 (C)M50 (D)K10 (E)K20。

( )4. 以銲接式碳化物車刀車削外徑,宜採用幾號車刀? (A)31 (B)43 (C)45 (D)49 (E)51。

( )5. 碳化物車刀用以引導切削的是 (A)端刃角 (B)斜角 (C)離隙角 (D)旁削角 (E)刀尖半徑。

( )6. 車削低碳鋼的碳化物車刀,其側隙角幾度為宜? (A)0° (B)8° (C)16° (D)20° (E)－5°。

( )7. 一用後即棄式刀片的規格為 CNMG120412,其刀片厚為 (A)12 (B)20 (C)10 (D)4 (E)41 mm。

( )8. 一可替換式刀把的規格為 PSKNR2020K12,其刀片形狀為 (A)圓形 (B)三角形 (C)正方形 (D)菱形 (E)梯形。

( )9. 一可替換式搪孔刀把的規格為S40V-SCLCR12,其刀桿直徑為 (A)ϕ12 (B)ϕ20 (C)ϕ25 (D)ϕ32 (E)ϕ40。

( )10. 一般車削鋼料的碳化物車刀的餘隙面磨耗量,在多大時即被判定為刀具壽命終止? (A)0.1 (B)0.2 (C)0.3 (D)0.6 (E)0.7 mm。

參考資料

註 L04-1 : 蔡德藏:碳化物刀具之選擇、磨削與應用。台北,全華科技圖書公司,民國 76 年,第 5 頁。

註 L04-2 : 經濟部標準檢驗局:切削用超硬合金。台北,經濟部標準檢驗局,民國 78 年,第 1～3 頁。

註 L04-3 : 經濟部標準檢驗局:碳化物刀片分類標準。台北,經濟部標準檢驗局,民國 67 年,第 1～2 頁。

註 L04-4 : 經濟部標準檢驗局:銲接碳化物車刀。台北,經濟部標準檢驗局,民國 67 年,第 2～9 頁。

註 L04-5 : Willard J. McCarthy and Dr. Victor E. Repp. *Machine tool technology*. Illinois: McKnight Publishing Company, 1979, p.211.

註 L04-6 : The Sandvik Steel Works. *Corokey*. Sweden: The Sandvik Steel Works, 2001, pp. 3～4.

註 L04-7 : (1)International Organization for Standardization. *Indexable inserts for cutting tools-designation*. Swizerland: International Organization for Standardization, 1999, pp.1～15.

　　　　(2) The Sandvik Steel Works. *Turning tools*. Sweden: The Sandvik Steel Works, 2002, pp. A10～A11.

註 L04-8：(1) International Organization for Standardization. *Turning and copying tool holders and cartridge for indexable inserts-designation*. Switzerland: International Organization for Standardization, 1995, pp.1～10.

　　　　(2) 同註 L04-7-(2), pp.A94～A95.

註 L04-9：(1) International Organization for Standardization. *Boring bar (tool holders with cylindrical shank) for indexable inserts-designation*. Swizerland: Internation Organization for Standardization, 1995, pp. 1～5.

　　　　(2) 同註 L04-7-(2), pp.A158～A159.

註 L04-10：(1) 同註 L04-7 (1), L04-8-(1), L04-9-1 (1).

　　　　(2) 同註 L04-6, p.16.

註 L04-11：經濟部標準檢驗局：碳化物車刀性能試驗法。台北，經濟部標準檢驗局，民國 72 年，第 3 頁。

工廠實習知識單

項目	夾頭夾持工件	學習目標	能正確的說出夾頭的種類、選擇與裝卸方法

前 言

車床上常使用夾頭夾持工件,以完成切削工作,典型的夾頭為三爪夾頭與四爪夾頭。

說 明

L05-1 三爪夾頭與四爪夾頭

三爪夾頭為三爪萬能(聯動)夾頭(3-jaw universal chuck)的簡稱如圖 L05-1,其三爪的進退係由斜齒輪 A 驅動螺旋盤 B 而轉動,故三爪同時沿徑向進退,並保持與中心的距離相等,用於夾持圓形或六邊形的工件,夾持時三爪併進,保持工件於一定中心而不需再調整。使用時雖上緊一爪即可夾緊工作,但常依次三爪皆上緊以免損傷爪及螺紋。三爪夾頭具有兩組爪,一組用於夾持外圓,另一組用於夾持內圓。

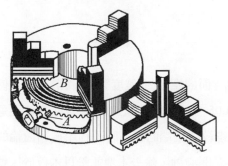

圖 L05-1　三爪夾頭

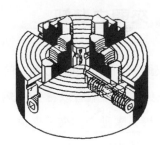

圖 L05-2　四爪夾頭

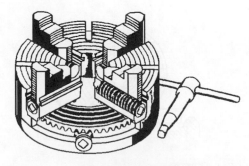

圖 L05-3　兩用夾頭

四爪夾頭亦稱四爪獨立夾頭(4-jaw indenpendent chuck)，如圖 L05-2，此種夾頭的四個爪各自調整，以適合夾持方形、圓形及不規則形狀的工件，由於各爪獨立調整故易於校正偏差。

將三爪夾頭與四爪夾頭的作用配合應用的夾頭謂之兩用夾頭(combination chuck)如圖 L05-3，分上下兩部份，下面為三爪聯動構造，上面四爪獨立構造，應用時先使用三爪夾頭夾持工件後以四爪獨立調整其中心，並施其夾持力，連續的工件夾持可以三爪聯動為之。

L05-2 夾頭的選擇

裝置夾頭之前須依工件的大小、形狀、工作的性質及車床規格選擇適當的車床夾頭及扳手，太大的夾頭會損傷床軌或工件，太小的夾頭卻使夾持力不足而影響切削。車床大小與適當夾頭的尺寸如表 L05-1 (CNS8654)(CNS10736)(註 L05-1)。

表 L05-1　車床與夾頭規格

車床規格	四爪夾頭	三爪夾頭
225～250mm	#6(150mm)	#5(130mm)
325mm	#8(200mm)	#6(165mm)
360～600mm	#10(250mm)	#7(190mm)

L05-3 夾頭之裝卸

裝置夾頭或面板於車床心軸之前，應清拭軸端及夾頭背面的螺紋(或錐度等)並潤滑之，以使夾頭的迴轉準確。螺紋式軸端者以右手臂扶持或以木板支持如圖 L05-4，對準車床心軸，使之吻合直至適當的深度。切勿以機力驅動心軸來裝夾頭，以免產生意外。卸下螺紋式軸端的夾頭時可利用後列齒輪的傳動並以木塊頂住夾頭的爪如圖 L05-5，而以手反轉塔輪，使夾頭鬆開心軸，除去木塊並墊以木板於床軌上後慢慢卸下夾頭，以免夾頭掉下時損傷床軌。其他不同軸端的夾頭裝卸均應注意安全。

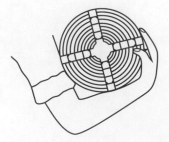
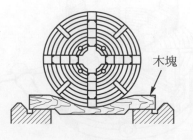

木塊

圖 L05-4　裝夾頭　　　　　　　　圖 L05-5　卸夾頭

224

L05-4 四爪夾頭夾持工件後之校驗

　　利用三爪夾頭工作，由於三爪聯動使工件自動定心而不需調整，但四爪夾頭獨立調整，故於夾持後須校驗及調整以定心，定心工作的方法有多種，常用的有(註 L05-2)：

1. 粉筆法：工件中心不必很準確時，可用粉筆法校驗之圖 L05-6。右手執粉筆於工件末端，左手轉動夾頭，粉筆接觸點即為高點，則先放鬆低點之爪，旋緊高點之爪。工件較長時先校驗近夾頭端再校驗末端，在調整末端之前應先微微放鬆爪，以免應力而損傷爪。

圖 L05-6　粉筆法校驗中心

2. 畫針盤法：精度要求較高時可用畫針盤求之如圖 L05-7，在工件的末端置一畫針盤，迴轉工件時畫針將會畫出一圓，則依此圓判斷其中心是否準確，並調整的。另一法為以畫針盤的畫針一如粉筆法放置，以目測四爪所夾持工件的各相對兩點與畫針的距離判斷工件的中心並調整之。

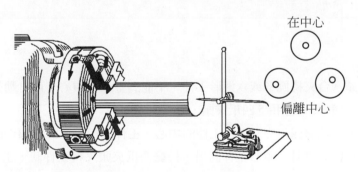

圖 L05-7　畫針盤法校驗中心

3. 中心指示器法(centering wrok with a centerindicator)：利用如圖 L05-8 的中心指示器，使支點近於工件，將短端桿尖頂住工件中心孔(以中心衝衝眼)，長端的桿尖以放大其搖動量，依其搖動量而調整之。

4. 針盤指示錶法(centering work with a dialindicator)：工件先以針盤指示錶的測頭適當接觸於工件的圓周，以手迴轉工件求其高低點的差數，將高點移向中心，其量為該差數之半，但工件的表面須有相當的精度，如圖 L05-9 示校驗內孔中心的方法。

圖 L05-8　中心指示器法驗中心

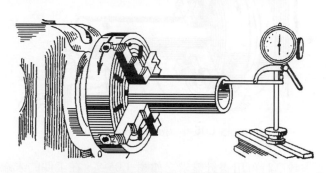

圖 L05-9　針盤指示錶校驗中心

學後評量

一、是非題

( )1. 三爪夾頭適合夾持圓形或六邊形工件，不能調整工件中心，而自動對準。

( )2. 250mm 的車床，適用#5 四爪夾頭，#6 三爪夾頭。

( )3. 利用粉筆法校驗四爪夾頭夾持工件的中心，工件被粉筆塗到的部份的爪須放鬆。

( )4. 使用畫針盤的畫針，置於工件圓周，校驗四爪夾頭夾持工件時，工件圓周的相對兩點與畫針的距離較大者，應上緊其爪。

( )5. 使用針盤指示錶校驗四爪夾頭夾持工件中心時，工件表面須具有相當之精度。

二、選擇題

( )1. 車床夾頭夾持不規則工件宜用　(A)三爪夾頭　(B)四爪夾頭　(C)筒夾　(D)兩用夾頭　(E)車心軸夾頭。

( )2. 一 400×750 的車床，宜使用之四爪夾頭規格為　(A)150　(B)200　(C)250　(D)300　(E)350　mm。

(　)3. 已車削外徑的工件,欲在四爪夾頭精確定心時,宜用何種定心工作？ 　(A)目測法 　(B)粉筆法 　(C)畫線針法 　(D)中心指示器法 　(E)針盤指示錶。

(　)4. 使用畫針盤校驗四爪夾頭夾持工件的圓周,第1、第3爪工件圓周與畫針的距離相等,而第2爪距離較大,第4爪距離較小,則應旋緊第幾爪？ 　(A)1 　(B)2 　(C)3 　(D)4 　(E)全部。

(　)5. 利用粉筆法校驗四爪夾持工件圓周,第一爪工件圓周接觸粉筆,則應夾緊第幾爪？ 　(A)1 　(B)2 　(C)3 　(D)4 　(E)全部。

參考資料

註 L05-1： (1) South Bend Lathe. *How to run a lathe*. Indiana: South Bend Lathe, 1966, pp.55.

(2)經濟部標準檢驗局：四爪獨立夾頭。台北,經濟部標準檢驗局,民國 71 年,第 2 頁。

(3)經濟部標準檢驗局：蝸形夾頭。台北,經濟部標準檢驗局,民國 73 年,第 2 頁。

註 L05-2： Henry D. Burghardt, Aaron Axelord, and James Anderson. *Machine tool opration part I*. New York: McGraw-Hill Book Company, 1959, pp.376～380.

工廠實習知識單

項目	車削條件的選擇與車削	學習目標	能正確的說出車削條件的選擇與車削端面、外徑及肩的方法

前　言

　　上工件及上刀具是車削的準備工作，而選擇正確的切削條件是達成良好車削的主要步驟，切削速度、進刀量及切削深度等，須依工件材料、刀具材料與機器性能而選擇。

說　明

L06-1　上刀具

　　車削外徑之前，必先車端面，利用右手端面刀使其刀尖與工件中心等高，粗車端面由外向中心車削，細車時由中心向外車削，裝置刀具時務使刀具儘量深入刀把，而刀把儘量深入夾刀柱(或刀架)如圖L06-1之 A、B 應儘量縮短，以免因懸空而造成顫動，車外徑時並注意使刀具中心與工件中心垂直，或使刀尖指向尾座如圖 L06-2，以免重切削時造成掘入的現象。

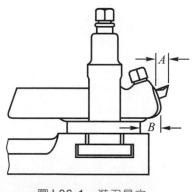

圖 L06-1　裝刀具之一

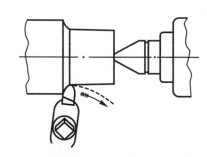

圖 L06-2　裝刀具之二

L06-2　進刀與切削速度

　　進刀指工件迴轉一圈時車刀所移動的距離，進刀的大小依車床的規格、工件大小與削除量的多寡而定，粗車削則由小車床的每迴轉 0.2mm 至大車床的 5mm。車削長工件若用太大的進刀量時會使工件彎曲，此乃應注意者。切削速度為工件切削點的線速度，有效的切削速度是依工件材料、切削深度、刀具材料、進刀大小與機器性能而定。速度太低則浪費時間，太高卻使刀具易鈍，適當的切削速度參見表 L06-1 及表 L06-2(註 L06-1)。

表 L06-1　車床切削速度(m/min)與進刀量(mm/rev)—高速鋼車刀

工件材料	粗車		細車		車螺紋
	切削速度	進刀量	切削速度	進刀量	切削速度
鑄鐵	18	0.40～0.65 | 0.65	24	0.13～0.30 | 0.30	8
機械用鋼	27	0.25 | 0.50	30	0.075 | 0.25	11
工具鋼	21	0.25 | 0.50	27	0.075 | 0.25	9
鋁	61	0.40 | 0.75	93	0.13 | 0.25	18
青銅	27	0.40 | 0.65	30	0.075 | 0.25	8

表 L06-2　車床切削速度與進刀量—碳化物車刀

工件材料	切削深度	進刀量	切削速度
	mm	mm/rev	m/min
鋁	0.15～ 0.40 0.50～ 2.30 2.55～ 5.10 7.6 ～17.80	0.05～0.15 0.15～0.40 0.40～0.75 0.75～2.30	215～305 135～215 90～135 30～ 60
黃銅、青銅	0.15～ 0.40 0.50～ 2.30 2.55～ 5.10 7.6 ～17.80	0.05～0.15 0.15～0.40 0.40～0.75 0.75～2.30	215～245 185～215 150～185 60～120
鑄鐵(中)	0.15～ 0.40 0.50～ 2.30 2.55～ 5.10 7.60～17.80	0.05～0.15 0.15～0.40 0.40～0.75 0.75～2.30	105～135 75～105 60～ 75 25～ 45

表 L06-2　車床切削速度與進刀量─碳化物車刀(續)

工件材料	切削深度	進刀量	切削速度
	mm	mm/rev	m/min
機械用鋼	0.15～ 0.40 0.50～ 2.30 2.55～ 5.10 7.60～17.80	0.05～0.15 0.15～0.40 0.40～0.75 0.75～2.30	215～305 175～215 120～170 45～ 90
工具鋼	0.15～ 0.40 0.50～ 2.30 2.55～ 5.10 7.60～17.80	0.05～0.15 0.15～0.40 0.40～0.75 0.75～2.30	150～230 120～150 90～120 30～ 90
不銹鋼	0.15～ 0.40 0.50～ 2.30 2.55～ 5.10 7.60～17.80	0.05～0.15 0.15～0.40 0.40～0.75 0.75～2.30	115～150 90～115 75～ 90 25～ 55
鈦合金	0.15～ 0.40 0.50～ 2.30 2.55～ 5.10 7.60～17.80	0.05～0.15 0.15～0.40 0.40～0.75 0.75～2.30	90～120 60～ 90 55～ 60 15～ 40

　　車削時若給予適當的切削劑，尚可提高表列切削速度的 25 %～50 %。實際切削時以選擇心軸的迴轉數來表示其切削速度，故須將切削的線速度換算為每分鐘迴轉數(N)(rpm)。因

$$V = \pi D N$$

式中　　V＝切削速度(公尺／分)(m/min)

　　　　D＝工件直徑(mm)

經單位換算後，即 1000V ＝πDN

$$\therefore N = \frac{1000V}{\pi D} \fallingdotseq \frac{300V}{D}$$

例如粗車φ30軟鋼時，V ＝ 27m/min，則適用的心軸迴轉數為 $N = \frac{300 \times 27}{30} = 270$ rpm，但由於車床種類不同，有時無法獲得相同的迴轉數，此時則依其餘的條件選擇相近者。

L06-3　車外徑

　　車外徑的操作步驟是：

1. 上工件。

2. 上刀具。

3. 選擇車削條件(切削深度、進刀量與切削速度)。

4. 車端面。

5. 車外徑。

6. 去毛頭。

L06-4 車　肩

兩不同直徑的端面謂之肩(shoulder)，肩有方肩與圓肩兩種，車削方肩時可用異腳卡鉗決定其肩的位置而車削之如圖 L06-3，或先用切斷刀車凹部(外溝槽)至所需尺寸如圖 L06-4，再車其外徑處即可，亦可用端面刀完成之，如圖 L06-5。

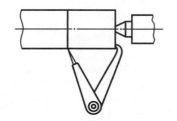

圖 L06-3　異腳卡鉗量長度

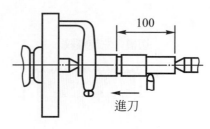

圖 L06-4　車凹部後車肩

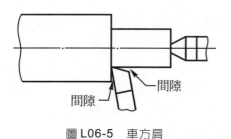

圖 L06-5　車方肩

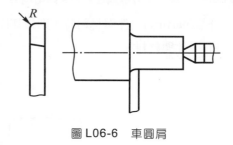

圖 L06-6　車圓肩

圓肩的車削常以成形刀為之，可將車刀的左角磨成所需的圓角車削之如圖L06-6，或將刀頭鼻端磨成所需的圓角車削之。

L06-5 切槽與切斷

車床工作，在下列幾種情形下，需切削溝槽(groving)或切斷(cutoff)：

1. 車削具有肩的階級桿，以切斷刀切削一外溝槽，再行車削外徑，是一種工作方法參見圖 L06-4。

2. 配合件的端面要求緊密時，外徑通常需切削外溝槽如圖 L06-7。

3. 車削外螺紋時在螺紋末端車削一外溝槽，以使車削螺紋更為容易如圖 L06-8；尤其在車左旋螺紋時，則必須車一外溝槽，作為車削的起點如圖 L06-9(註 L06-2)。

4. 輪磨方肩時，先車削一外溝槽，以利輪磨如圖 L06-10。

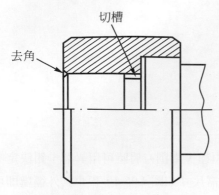

圖 L06-7　配合件之外徑切削溝槽

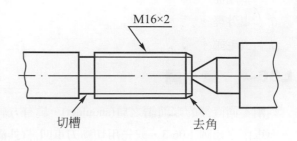

圖 L06-8　車外螺紋在螺紋末端切削外溝槽

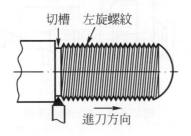

圖 L06-9　車左旋外螺紋在螺紋起端切削外溝槽

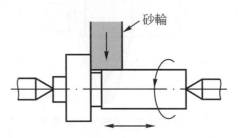

圖 L06-10　輪磨方肩在肩處切削外溝槽

5.　分離(parting)工件與材料時，則以切斷刀切斷之，如圖L06-11為一完成的工件，以切斷刀分離(切斷)工件與材料。

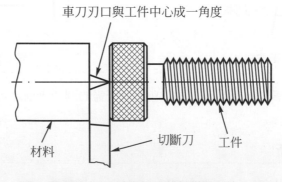

圖 L06-11　切斷以分離材料與工件

　　溝槽的規格一般均標註於工作圖上，若未標註時，則依其目的而給予適當尺寸，配合件或輪磨工件的切槽，一般比配合處直徑小 1mm～1.5mm，視配合處的直徑而定，寬度一般為 3mm。車削外螺紋時，其切槽深度為螺紋高度加 0.5mm，即切槽後的直徑為螺紋外徑減螺紋高度的兩倍再減 1mm。

　　常見的溝槽有平底與圓底兩種如圖L06-12，視需要選擇使用，切槽工作一般不必要求精確，常以切斷刀(平底溝槽)或成形刀(圓底溝槽)直接切削，切削深度可直接以橫向進刀分度圈讀數切削之。切槽或切

232

斷的切削速度為粗車外徑的一半，隨切削後直徑的減小而增加其迴轉數，以保持一定的切削速度(線速度)，尤其切斷時，因其直徑變化較大，更應注意其迴轉數的改變，視需要給予適當切削劑，則更能改善其切削效果。切削溝槽或切斷時的橫向進刀量，以每轉 0.10mm～0.15mm為宜，避免縱向進刀移動，橫向進刀量力求一定。

切斷工作通常以切斷刀切削，材料需夾緊，車刀的裝置務必使刀尖與工件中心等高，才能切斷工件，如果為了使工件切斷後的端面能有較好的平面度，可將車刀刃口磨與工件中心成一角度，參考圖L06-11。

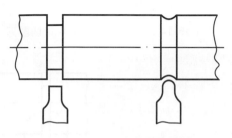

圖 L06-12　平底與圓底溝槽

切斷刀可用標準方形車刀磨削如圖 L06-13，或用刀片形車刀磨削如圖 L06-14，為使切削溝槽時，能有適當的間隙，除一般車刀的前隙角、側隙角及後斜角外，應給予 2°～4°的餘隙角如圖 L06-13、圖 L06-15，以避免切槽或切斷時車刀與溝槽兩端面造成摩擦、積屑，而折斷車刀，切斷工件時應注意切斷刀的有效長度應比工件(或材料)直徑長約 5mm。方形車刀磨成切斷刀方法及刀片形切斷刀的刀把，請參閱"車刀的種類與應用"單元。

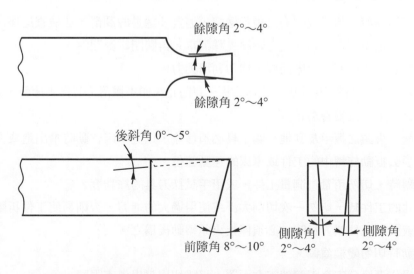

圖 L06-13　切斷刀之一–方形切斷刀

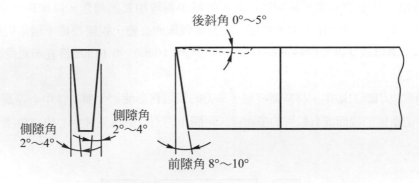

圖 L06-14 切斷刀之二–刀片形切斷刀

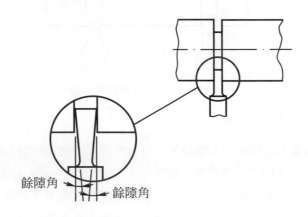

圖 L06-15 切斷刀的餘隙角

L06-6 車床工作安全規則

1. 在啓動車床馬達前，須按說明書之指示適時、適質及適量的潤滑，並檢查尾座、刀具及工件是否安置妥當，再依說明書啓動。緊急時應先踩煞車，再關閉電源開關。

2. 用手動去拆裝車床夾頭或車床面板，切勿利用動力。

3. 裝拆車床夾頭時，應在車床床軌上安置木板，以防止夾頭不愼落下時傷害床軌，甚至傷害操作者，夾頭應確實裝上，至妥善爲止。

4. 夾頭裝妥後，夾頭之扳手及其他有關工具必須移除，以免車床啓動時飛出造成傷害。

5. 切勿用扳手去扳動旋轉中的工件或車床的運動部份。

6. 當車床旋轉時，切勿用量具測量工件，或用手試探刀具的鋒利度。

7. 車削長尺寸的工件時，切勿一次切削太深或使用過大的進刀，否則易使工件折斷或飛離機器。

8. 如需調整或裝卸工件或刀具時，必須停止夾頭轉動後爲之。

9. 在車床轉動時切勿變換齒輪。

10. 車削時，操作者應戴安全眼鏡或安全面罩，以防切屑飛出傷害眼睛。

學後評量

一、是非題

( )1. 粗車端面由中心向外車,細車端面由外向中心車削。

( )2. 車外徑時,車刀刀尖應垂直工件中心線或指向車頭。

( )3. 使用高速鋼車刀粗車削機械用鋼工件,直徑φ25,約用325rpm,0.25～0.50mm/rev進刀量。

( )4. 細車方肩時,先車外徑再由中心向外車端面。

( )5. 切斷工件時,宜用圓鼻成形刀。

( )6. 常見的溝槽有平底與圓底兩種。

( )7. 車床上切斷時,心軸迴轉數應隨工件直徑減小而減低,以維持一定的切削速度。

( )8. 車配合用,槽之直徑比配合直徑小φ1mm。

( )9. 切斷工件時,切斷刀的刀尖應比工件中心高5°。

( )10. 車削外螺紋時,右旋螺紋末端車削一外溝槽,會使車螺紋更為容易。

二、選擇題

( )1. 以25m/min 之切削速度,粗車φ25的低碳鋼工件,其心軸迴轉數宜用 (A)100 (B)200 (C)300 (D)400 (E)500 rpm。

( )2. 車削圓肩宜用何種車刀? (A)外徑車刀 (B)端面刀 (C)切斷刀 (D)圓角成形刀 (E)螺紋車刀。

( )3. 以27m/min 的切削速度,切斷φ30的低碳鋼工件,切斷至φ20時,宜用心軸迴轉數為 (A)200 (B)400 (C)600 (D)800 (E)1000 rpm。

( )4. 車削φ16外徑時,工作圖僅圖示切槽而未標註尺寸,則其切槽後的直徑宜為 (A)φ16 (B)φ15 (C)φ13 (D)φ12 (E)φ11 mm。

( )5. 下列有關車床工作安全之敘述,何項錯誤? (A)夾緊工件後,應將夾頭扳手移除,再啟動車床 (B)緊急剎車時先踩剎車,再關閉電源 (C)車床轉動時不可變速 (D)操作車床應戴安全眼鏡 (E)使用動力拆裝夾頭,迅速又方便。

參考資料

註 L06-1: S.F. Krar, J.W. Wswald, and J.E. ST. Amand. *Technology of machine tools*. New York: McGraw-Hill Book Company, 1977, pp.149～151, p.375.

註 L06-2: John L. Eeirer. *Machine tool manufacturing*. New York: McGraw-Hill Book Company. 1973. p.360.

工廠實習知識單

項目	錐度與複式刀具台車錐度	學習目標	能正確的說出錐度的計算方法、規格與複式刀具台車削錐度的方法

前 言

　　車床、鑽床及銑床等工具機的心軸軸孔均有錐度，以裝置鑽頭、鉸刀或銑刀心軸等，可獲得迅速安裝及自然對準中心的功能。車錐度的方法有：(1)複式刀具台法，(2)尾座偏置法，(3)錐度切削裝置法，(4)成形刀法等，視錐度大小、錐度長度及加工件數量選擇之。

說 明

L07-1　錐度的意義

　　錐度(taper)或推拔，為錐度角度與錐度比的統稱，兩個垂直於圓錐軸線的截面直徑差與該兩截面間距離(圓錐長度)的比謂之錐度比，表示錐度比的方法在公制以 1：x 表示(CNS13532)(註 L07-1)，如一工件大徑(D)為 16mm，小徑(d)為 12mm，圓錐長度(軸線長度)(L)為 40mm，則其錐度比(1：x)為：

$$1：x = \frac{D-d}{L} \qquad 即 \frac{16-12}{40} = \frac{1}{10}$$

即錐度比為 1：10，表示工件沿軸線每 1mm，直徑增大或減小 0.1mm，亦即每 10mm 長，直徑即增大或減小 1mm 如圖 L07-1。

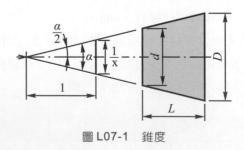

圖 L07-1　錐度

L07-2　錐度的分類

　　一般工具機的心軸常具標準錐度以備裝置刀具等，使刀具的裝卸方便，且裝置後自然對準中心不易脫落，此種使裝置後不易脫落的錐度謂之自緊錐度(self-holding taper)，其錐度比愈小，附著力愈大，如車床與鑽床的心軸孔錐度及錐銷錐度(1：50)等即是，但新式銑床的心軸軸孔與銑刀心軸的配合，為使其卸除容易而採取錐度比較大的自卸錐度(self-releasing taper)，一般無自行附著的趨勢，如銑床心軸錐度及管螺紋(1：16)即屬此類。

錐度比與錐度角度雖屬通用，但一般以1：6.85(或錐度角度8°)以下者以錐度比稱呼，錐度角度在8°(或錐度比 1：6.85)以上者以錐度角度稱呼。錐度角度亦稱夾角(included angle)(α)，係指包含軸的圓錐截面內一對母線所成的角度；設定角度亦稱中心線角(angle with center line)$\left(\dfrac{\alpha}{2}\right)$，為錐度角度之半，於加工時，用以設定工件或刀具，或檢驗時之用。如一錐度比為1：x，則其設定角度為：

$$\frac{\alpha}{2}=\frac{1}{x}\times\frac{1}{2}\times 57.3=\frac{1}{2x}\times 57.3$$

例如錐度比為1：20，則其設定角度為：

$$\frac{\alpha}{2}=\frac{1}{20}\times\frac{1}{2}\times 57.3=1.43°$$

錐度比與設定角度的關係如表 L07-1(CNS13532)(註 L07-2)。

表 L07-1　錐度比與設定角度(摘錄自 CNS13532)(經濟部標準檢驗局)

錐度比 1：x	設定角度 $\left(\dfrac{\alpha}{2}\right)$
1：0.288675	60°
1：0.500000	45°
1：0.651613	37° 30'
1：0.866025	30°
1：1.207107	22° 30'
1：1.866025	15°
1：3	9° 27' 44"
1：3.428571	8° 17' 50"
1：5	5° 42' 38"
1：6	4° 45' 49"
1：10	2° 51' 45"
1：15	1° 54' 33"
1：20	1° 25' 56"
1：30	57' 17"
1：50	34' 23"

註：1：3.428571 為美國標準銑床錐度$\left(\dfrac{7}{24}\right)$

圓錐的公差制度以圓錐直徑公差(T_D)、錐度角度公差(AT)、圓錐形狀公差(T_F)及圓錐截面直徑公差(T_{DS})為基礎。圓錐直徑公差(T_D)一般以圓錐的大端直徑D，依尺寸公差制度選擇之，而決定限界圓錐及錐度直徑公差區域，若圓錐面不用於配合目的者，則公差區域的位置優先選擇J_s及j_s。只指定圓錐直徑公差者，其實際錐度角度對基準錐度角度(α)而言，是可允許在$+\Delta\alpha = +\dfrac{T_D}{L}$(mrad)與$-\Delta\alpha = -\dfrac{T_D}{L}$(mrad)之間。式中$T_D$的單位為$\mu$m，L 的單位為 mm。L ＝ 100mm 的$\Delta\alpha$值如表 L07-2。

錐度角度公差(AT)，對應圓錐長度的分段各分為AT1～AT12 等 12 級，依圓錐長度 L 的分段相對的各級錐度角度公差，以角度單位表示(AT_α)及以長度單位表示(AT_D)之值如表 L07-3。其公差的表示可以單向公差($\begin{smallmatrix}+AT\\0\end{smallmatrix}$或$\begin{smallmatrix}0\\-AT\end{smallmatrix}$)或雙向公差($\pm\dfrac{AT}{2}$)之方式表示之，(CNS13534)(註L07-3)。錐度角度的一般許可差如表 L07-4(CNS4018)(註 L07-4)。

表 L07-2　圓錐長度 100mm 時，圓錐直徑公差 T_D 所產生之最大錐度角度差$\Delta\alpha$

(摘錄自 CNS13534)(經濟部標準檢驗局)

圓錐直徑公差 $T_D = IT_n$	圓錐直徑之分段 (mm)						
	3 以下	超過 3 至 6 以下	超過 6 至 10 以下	超過 10 至 18 以下	超過 18 至 30 以下	超過 30 至 50 以下	超過 50 至 80 以下
	$\Delta\alpha$ (μrad)						
IT01	3	4	4	5	6	6	8
IT0	5	6	6	8	10	10	12
IT1	8	10	10	12	15	15	20
IT2	12	15	15	20	25	25	30
IT3	20	25	25	30	40	40	50
IT4	30	40	40	50	60	70	80
IT5	40	50	60	80	90	110	130
IT6	60	80	90	110	130	160	190
IT7	100	120	150	180	210	250	300
IT8	140	180	220	270	330	390	460
IT9	250	300	360	430	520	620	740
IT10	400	480	580	700	840	1000	1200
IT11	600	750	900	1100	1300	1600	1900
IT12	1000	1200	1500	1800	2100	2500	3000
IT13	1400	1800	2200	2700	3300	3900	4600
IT14	2500	3000	3600	4300	5200	6200	7400
IT15	4000	4800	5800	7000	8400	10000	12000
IT16	6000	7500	9000	11000	13000	16000	19000

表 L07-3　錐度角度公差(摘錄自 CNS13534)(經濟部標準檢驗局)

圓錐長度 L 之分段 mm		錐度角度公差級別								
		AT10			AT11			AT12		
		AT$_\alpha$		AT$_D$	AT$_\alpha$		AT$_D$	AT$_\alpha$		AT$_D$
超過	以下	μrad	分·秒	μm	μrad	分·秒	μm	μrad	分·秒	μm
6	10	3150	10'49"	20 ……32	5000	17'10"	32 …… 50	8000	27'28"	50…… 80
10	16	2500	8'35"	25 ……40	4000	13'44"	40 …… 63	6300	21'38"	63……100
16	25	2000	6'52"	32 ……50	3150	10'49"	50 …… 80	5000	17'10"	80……125
25	40	1600	5'30"	40 ……63	2500	8'35"	63……100	4000	13'44"	100……160
40	63	1250	4'18"	50 ……80	2000	6'52"	80……125	3150	10'49"	125……200
63	100	1000	3'26"	63……100	1600	5'30"	100……160	2500	8'35"	160……250
100	160	800	2'45"	80……125	1250	4'18"	125……200	2000	6'52"	200……320
160	250	630	2'10"	100……160	1000	3'26"	160……250	1600	5'30"	250……400
250	400	500	1'43"	125……200	800	2'45"	200……320	1250	4'18"	320……500
400	630	400	1'22"	160……250	630	2'10"	250……400	1000	3'26"	400……630

註：①表中AT$_D$欄之數值，表示對應L區分之前後兩分界值之AT$_D$值。對一設定圓錐長度L之AT$_D$值，則以公式AT$_D$ (μm)＝ AT$_\alpha$(mrad)×L(mm)計算之。

例如：L為31mm，級別為AT12時，由表查得AT$_\alpha$為4000μrad，則 AT$_D$＝ 4000×31 ＝ 124μm。

②1μrad 係半徑 1m 時的圓弧長度 1μm 所造成的角度。5μrad ＝ 1"，300μrad ＝ 1'。

表 L07-4　錐度角度一般許可差(經濟部標準檢驗局)

標註尺寸 / 角度或斜度 等級	10mm 以下		超過 10 至 50mm		超過 50 至 120mm		超過 120 至 400mm		超過 400mm	
	角度	斜度 $\left(\frac{mm}{100mm}\right)$	角度	斜度 $\left(\frac{mm}{100mm}\right)$	角度	斜度 $\left(\frac{mm}{100mm}\right)$	角度	斜度 $\left(\frac{mm}{100mm}\right)$	角度	斜度 $\left(\frac{mm}{100mm}\right)$
精級、中級	±1°	±1.8	±30'	±0.9	±20'	±0.6	±10'	±0.3	±5'	±0.2
粗　級	±1°30'	±2.6	±50'	±1.5	±25'	±0.7	±15'	±0.4	±10'	±0.3
最　粗　級	±3°	±5.2	±2°	±3.5	±1°	±1.8	±30'	±0.9	±20'	±0.6

註：①標註尺寸以夾角兩邊的較短邊長度為準。

②一曲線沿水平距離產生一定比率的垂直上升謂之斜度(slope)。

L07-3　標準錐度

自緊錐度常採用者有：

1. 莫氏錐度(Morse taper)：錐度的標準尺寸以號數表示之，自 0 號至 7 號共八種(CNS僅列 0～6 號 7 種)，但各號數的錐度互異，自 1：19.002 至 1：20.047 且無一定順序或公式可循。莫氏錐度為目前用途最廣泛一種，多用於車床、鑽床的心軸孔及各種刀具如鉸刀、鑽頭等的柄，其各部份尺寸如表 L07-5(CNS125)(註 L07-5)。

2. 公制錐度：中國國家標準公制錐度的錐度比皆為 $\frac{1}{20}$，有柄舌的公制錐度自 9 號至 200 號共 22 種 (CNS123)(註 L07-6)，無柄舌者自 4 號至 200 號共 24 種(CNS124)(註 L07-7)，常用規格參見表 L07-5。

表 L07-5 工具圓錐(經濟部標準檢驗局)

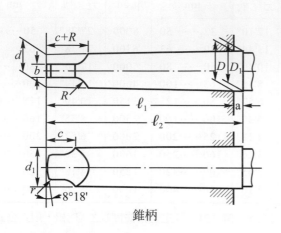
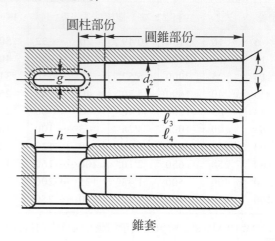

錐柄

錐套

單位：mm

標號		錐柄						b (h13)	c	d₁	R	r	錐套			g (A13)	h	錐度 1：x 及工具機上之設定角度 $\left(\frac{\alpha}{2}\right)$
		D	D₁	d	ℓ₁	ℓ₂	a						d₂	ℓ₃	ℓ₄			
莫氏圓錐	0	9.045	9.212	6.115	56.3	59.5	3.2	0 3.9 − 0.18	6.5	5.9	4	1	6.7	52	49	+ 0.45 3.9 + 0.27	15	1 : 19.212 1°29'26"
	1	12.065	12.240	8.972	62	65.5	3.5	0 5.2 − 0.18	8.5	8.7	5	1.25	9.7	56	52	+ 0.45 5.2 + 0.27	19	1 : 20.047 1°25'42"
	2	17.780	17.980	14.059	74.5	78.5	4	0 6.3 − 0.22	10.5	13.6	6	1.5	14.9	67	63	+ 0.50 6.3 + 0.28	22	1 : 20.020 1°25'50"
	3	23.825	24.051	19.132	93.5	98	4.5	0 7.9 − 0.22	13	18.6	7	2	20.2	84	78	+ 0.50 7.9 + 0.28	27	1 : 19.922 1°26'15"
	4	31.267	31.543	25.154	117.7	123	5.3	0 11.9 − 0.27	15	24.6	9	2.5	26.5	107	98	+ 0.56 11.9 + 0.29	32	1 : 19.254 1°29'15"
	5	44.399	44.731	36.547	149.2	155.5	6.3	0 15.9 − 0.27	19.5	35.7	11	3	38.2	135	125	+ 0.56 15.9 + 0.29	38	1 : 19.002 1°30'25"
	6	63.348	63.759	52.419	209.6	217.5	7.9	0 19 − 0.33	28.5	51.3	17	4	54.8	187	177	+ 0.63 19 + 0.30	47	1 : 19.180 1°29'35"
公制圓錐	80	80	80.4	69	220	228	8	0 26 − 0.33	24	67	23	5	71.4	202	186	+ 0.63 26 + 0.30	52	
	100	100	100.5	87	260	270	10	0 32 − 0.39	28	85	30	6	89.9	240	220	+ 0.70 32 + 0.31	60	1 : 20 1°25'56"
	120	120	120.6	105	300	312	12	0 38 − 0.39	32	103	36	6	108.4	276	254	+ 0.70 38 + 0.31	68	
	160	160	160.8	141	380	396	16	0 60 − 0.39	40	139	48	8	145.4	350	321	+ 0.71 50 + 0.32	84	
	200	200	201	177	460	480	20	0 62 − 0.46	48	175	60	10	182.4	424	388	+ 0.80 62 + 0.34	100	

3. 自卸錐度常用者有：美國標準銑床錐度(American standard milling machine taper)：僅用於銑床的心軸軸孔及銑刀心軸，計有 10、20、30、40、50、60 號等六種(CNS 僅列 30、40、50、60 等四種)，錐度比為 $1：3.429\left(\dfrac{7}{24}\right)$，無法自行附著，使用時須以拉桿拉緊以免脫落，其標準尺寸如表 L07-6(CNS5667)(註 L07-8)。

表 L07-6　銑刀心軸端部(經濟部標準檢驗局)

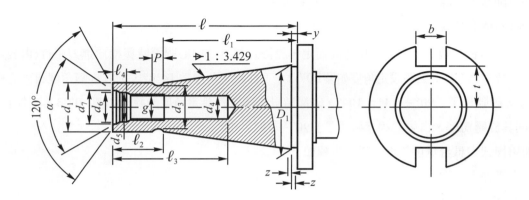

單位：mm

標稱	D_1 (基本尺寸)	d_1		d_3	ℓ (最大值)	ℓ_1	p	y	z (最大值)	b		
		尺寸	公差							尺寸	公差	錐度位置之偏差 (最大值)
30	31.75	17.4	− 0.29 − 0.36	16.5	70	50	3	1.6	0.4	16.1	+ 0.18 0	0.06
40	44.45	25.3	− 0.30 − 0.38	24	95	67	5					
50	69.85	39.6	− 0.31 − 0.41	38	130	105	8	3.2		25.7	+ 0.21 0	0.10
60	107.95	60.2	− 0.34 − 0.46	58	210	165	10					

標稱	t (最大值)	g	d_4	ℓ_2	ℓ_3	α (度)		參考			
						角度	角度公差	d_5	d_6 (最大值)	d_7 (最大值)	ℓ_4
30	16.2	M12	10.2	24	50	60°	0 − 20'	12.5	15	16	6
40	22.5	M16	14	30	70			17	20	23	7
50	35.3	M24	21	45	90			25	30	35	11
60	60	M30	26.5	56	110			31	36	42	12

L07-4　複式刀具台車削錐度法

　　當工件的角度大，而錐度較短(不超過複式刀具台的運行距離)時，如工件的準確去角、斜齒輪毛胚等皆用複式刀具台法車削之。此種方法係偏轉複式刀具台，使其進刀方向(螺桿中心線)與工件成某一角度而產生錐度的車削。

　　複式刀具台可在其座上 360°迴轉，並固定在任何所需的位置上，轉動座上的刻度隨製造廠商而異，但其功用則完全相同，通常刻度為 180°，自 90° － 0° － 90°或 0° － 90° － 0°等，車削時工件的設定角度即為旋轉角度的依據，工件錐度若以錐度比 1：x 表示時，皆應先換算為設定角度。

　　複式刀具台旋轉的方向視工作空間而定，設複式刀具台中心歸零時與橫向進刀平行(重疊)，則反時針轉動的角度為 90°＋工件設定角度如圖 L07-2。工件設定角度為 14°時，則其旋轉角度自中心線(橫向進刀)算起，轉動「了」90°＋ 14°＝ 104°，若順時針則轉工件設定角度的餘角如圖 L07-3，工件設定角度為 30°，則其旋轉角度，自中心線起轉「了」90° － 30°＝ 60°。

　　利用複式刀具台車削錐度的操作步驟如下：

1.　上工件。
2.　計算旋轉角度。
3.　旋轉複式刀具台並固定之。
4.　畫錐度長。
5.　上刀具。
6.　試車。
7.　校正旋轉角度。
8.　粗車。
9.　細車。
10.　去毛頭。

　　車削錐度的操作，係旋轉複式刀具台把手，使刀具沿複式刀具台滑板運行。

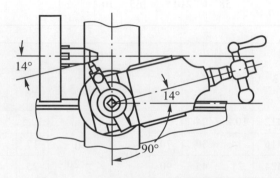

圖 L07-2　複式刀具台法車錐度之一

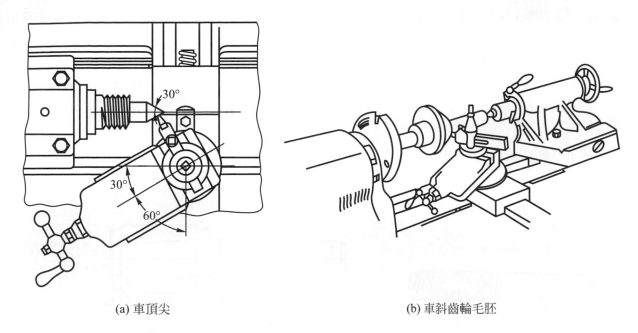

(a) 車頂尖　　　　　　　　　　(b) 車斜齒輪毛胚

圖 L07-3　複式刀具台法車錐度之二

L07-5　刀尖位置與錐度之關係

　　各種不同車削錐度的方法，除因計算及測量的誤差而易導至錐度的誤差外(可以試車校正之)，刀尖須與工件中心等高，以避免因刀尖位置而產生的錐度誤差，如圖 L07-4 當刀尖與工件中心等高時(計算偏置量或錐度皆依此為準)的錐度為準確者，若因刀具裝置或更換時裝置太高如圖之 a 點，因其距離 c 為固定，則在 L 長之處的直徑將縮小為虛線所示，而使錐度產生誤差，故車削錐度時，務必使刀尖與工件中心等高。

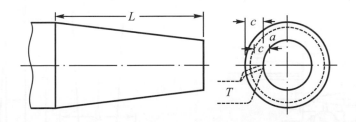

圖 L07-4　刀尖位置與錐度之關係

L07-6　錐度檢驗與切削深度

　　車削錐度均須試車並檢驗錐度，以利用如圖 L07-5 錐度塞規或環規最簡便，常以紅丹膏或普魯士藍沿軸均勻塗於規體上成一線，用手轉動規體一圈取出，檢視工件或規體的紅丹擴散的均勻與否即可判定其錐度比的準確與否。若錐度準確，再檢視工件小端(外錐度工件)是否在"通過"規與"不通過"規的

範圍內，以判斷工件之外錐度是否在合格範圍內，如工件小端距通過規尚有ℓ距離如圖 L07-6，則其應切

削深度$C = \dfrac{\ell t}{2}$，其中t為錐度比$\dfrac{1}{x}$，例如車削 1：20 之錐度，經檢驗後知錐度比準確，但小端距"通過"

規尚有 8mm，則車刀尚需進切削深度(C)多少？

解：$C = \dfrac{\ell t}{2} = \dfrac{8 \times \dfrac{1}{20}}{2} = 0.2$mm

即車刀尚需橫向進切削深度 0.2mm。

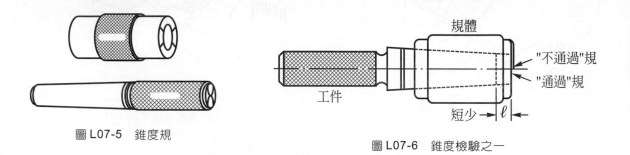

圖 L07-5　錐度規

圖 L07-6　錐度檢驗之一

欲度量錐度可用針盤指示錶測量如圖 L07-7，或圖 L07-8 以規矩塊及圓柱在距離 C 兩處計量之，則

$1 : x = \dfrac{A - B}{C}$。並可計算小徑$d = B - \phi\left(1 + \cot\dfrac{90° - \dfrac{\alpha}{2}}{2}\right)$，式中$\phi$為圓柱直徑，$\dfrac{\alpha}{2}$為設定角度。內錐度

工件可用錐度塞規檢驗如圖 L07-9。

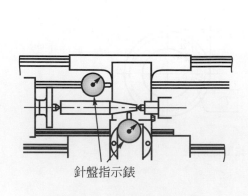

針盤指示錶

圖 L07-7　外錐度檢驗之二

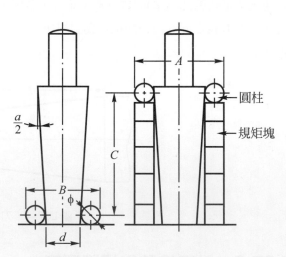

圖 L07-8　外錐度檢驗之三

244

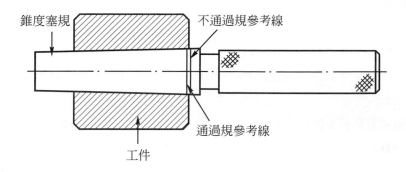

圖 L07-9　錐度塞規檢驗內錐度

學後評量

一、是非題

( ) 1. 錐度的主要功用是迅速安裝且自然對準中心。

( ) 2. 一工件大徑ϕ20、小徑ϕ16、圓錐度長度20mm，則其錐度比為1：5，其設定角度為11.46°。

( ) 3. 一圓錐角度公差12級(AT12)，圓錐長度50mm，則其以長度為單位的公差值為0.1575μm。

( ) 4. 車床心軸軸孔使用自緊錐度；如莫氏錐度，銑床心軸軸孔使用自卸錐度；如美國標準銑床錐度。

( ) 5. 美國標準銑床錐度的錐度比是1：3.429。

( ) 6. CNS公制工具圓錐的錐度比為1/20。

( ) 7. 複式刀具台車錐度，當複式刀具台中心歸零時(與橫向進刀平行)，則順時針轉90°+工件設定角度。

( ) 8. 錐度比係以直徑差與軸線距離計算之，因此車削錐度時，車刀尖應比工件中心高。

( ) 9. 車削一1：10的錐度經檢驗後，知錐度比準確，惟距錐度規的"通過"規，尚有5mm，則車刀尚須橫向進刀切削深度2.5mm。

( ) 10. 以相差20mm的規矩塊與ϕ6的圓桿測量一工件錐度，得知大徑ϕ32.10，小徑ϕ30.08，則其錐度比為0.101。

二、選擇題

( ) 1. 一工件大徑ϕ30，小徑ϕ22，圓錐長度40mm，則其錐度比為　(A)1：5　(B)1：10　(C)1：20　(D)1：30　(E)1：40。

( ) 2. 一工件的錐度比為1：20，則其設定角度為　(A)5.73°　(B)2.87°　(C)1.43°　(D)0.95°　(E)0.72°。

( ) 3. 圓錐長度(L)30mm，錐度角度公差級別為AT12時，其錐度角度公差(AT$_\alpha$)為4000μrad，則其圓錐直徑公差(AT_D)為　(A)30　(B)60　(C)90　(D)120　(E)400　μm。

( )4. 車床心軸軸孔是　(A)公制錐度　(B)莫氏錐度　(C)1：3.429　(D)1：5　(E)1：10。

( )5. 中國國家標準公制錐度的錐度比為　(A)1：5　(B)1：10　(C)1：20　(D)1：30　(E)1：40。

( )6. 美國標準銑床錐度之錐度比為　(A)1：0.289　(B)1：0.65　(C)1：0.866　(D)1：3.429　(E)1：5。

( )7. 以複式刀具台車削錐度角度60°之工件，設複式刀具台中心歸零時與橫向進刀平行，則反時針應轉〝了〞幾度？　(A)15°　(B)30°　(C)60°　(D)90°　(E)120°。

( )8. 車削錐度時，車刀刀尖須與工件中心　(A)低 0.5mm　(B)等高　(C)高 0.5mm　(D)高 1mm　(E)高 2mm。

( )9. 車削錐度比為 1：20 的工件，經檢驗後知錐度比準確，但小端距"通過規"尚有 5mm，則車刀尚需進切削深度若干？　(A)0.125　(B)0.25　(C)0.50　(D)1.25　(E)2.5　mm。

( )10. 以 20mm 規矩塊及 ϕ6 圓柱，測量一錐度工件，得知大徑為 ϕ40.34，小徑為 ϕ39.34，則其錐度比為　(A)1：5　(B)1：10　(C)1：15　(D)1：19　(E)1：20。

參考資料

註 L07-1： 經濟部標準檢驗局：圓錐錐度。台北，經濟部標準檢驗局，民國 84 年，第 1～2 頁。

註 L07-2： 同註 L07-1，第 3 頁。

註 L07-3： 經濟部標準檢驗局：圓錐公差制度。台北，經濟部標準檢驗局，民國 84 年，第 1～4 頁。

註 L07-4： 經濟部標準檢驗局：一般許可差(機械切削)。台北，經濟部標準檢驗局，民國 76 年，第 1 頁。

註 L07-5： 經濟部標準檢驗局：工具圓錐(莫氏圓錐 0 － 6 及公制圓錐 80 － 200，有扁頭)。台北，經濟部標準檢驗局，民國 61 年，第 1 頁。

註 L07-6： 經濟部標準檢驗局：工具圓錐(公制圓錐 9 － 200，有扁頭)。台北，經濟部標準檢驗局，民國 61 年，第 1～2 頁。

註 L07-7： 經濟部標準檢驗局：工具圓錐(公制圓錐 4 － 200，無扁頭)。台北，經濟部標準檢驗局，民國 61 年，第 1～2 頁。

註 L07-8： 經濟部標準檢驗局：銑床心軸端部。台北，經濟部標準檢驗局，民國 69 年，第 1 頁。

工廠實習知識單

項目	螺紋各部份名稱與規格	學習目標	能正確的說出螺紋各部份名稱與規格

前 言

工具機、工具、機件上常有螺紋存在，用以傳送動力、控制運動、運送材料及固定機件等。

說 明

L08-1 螺紋各部份名稱

螺紋各部份名稱如圖 L08-1(CNS4219)(註 L08-1)。

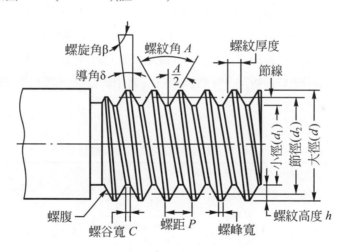

圖 L08-1 螺紋各部份名稱

1. 大徑(major diameter)(d)(D)：螺紋的最大直徑，在外螺紋時稱為外徑(outside diameter)(d)，在內螺紋時亦稱為全徑(full diameter)(D)。

2. 小徑(minor diameter)(d_1)(D_1)：螺紋的最小直徑，在外螺紋時稱為根徑(core diameter)(d_1)，在內螺紋時亦稱為內徑(inside diameter)(D_1)。

3. 節徑(pitch diameter)(d_2)(D_2)：為一假想圓柱體的直徑，其圓周在螺紋斷面牙溝寬等於螺距之半或相當於牙厚處，在外螺紋以d_2表示，在內螺紋以D_2表示。

4. 軸線(axis)：通過螺紋的一條假想中心線。

5. 螺距(pitch)(P)：螺紋上任意一點至相鄰牙之對應點沿軸線的距離，亦稱為節距或螺節。

6. 導程(lead)(L)：螺紋上任意一點繞行一周沿軸移動的距離，在單螺紋時等於螺距，雙螺紋時爲螺距兩倍，以此類推，即 L ＝ P×螺紋開口線數。

7. 螺紋角(angle of thread)(A)：爲螺紋兩邊的夾角，如 ISO 標準螺紋爲 60°。

8. 導角(lead angle)(δ)：節徑上螺紋的螺旋線與軸線的垂直線所構成的夾角，導角的求法爲$\tan \delta = \dfrac{L}{\pi d_2}$。

9. 螺旋角(helix angle)(β)：節徑上螺旋線與軸線所構成的夾角，螺旋角的求法爲$\tan \beta = \dfrac{\pi d_2}{L}$。

10. 螺峰(crest)：亦稱螺頂，外螺紋外徑上的螺紋面，或內螺紋內徑上的螺紋面。

11. 螺谷(root)：亦稱螺根，爲外螺紋根徑上的螺紋面，或內螺紋全徑的螺紋面。

12. 螺腹(flank)：螺峰與螺谷連結的平面。

13. 螺紋高度(height of thread)(h)：螺峰與螺谷的垂直距離，爲大徑與小徑差之半。即 $h = \dfrac{d - d_1}{2}$。

14. 螺紋接觸高度(thread overlap)(H$_1$)：螺紋配合後產生作用的螺紋高度。

15. 螺紋厚度(thickness of thread)：螺紋兩邊在節徑圓周上沿軸線所量取的長度。

L08-2　螺紋制度

爲使螺紋之間能給予互換，一般工件皆以標準螺紋製之。

國際標準螺紋(ISO screw thread)以其大徑與螺距表示之，有粗及細螺距之分，如 M5×0.8 即表示公制螺紋，大徑 5mm，螺距 0.8mm。粗螺距亦可不表示其螺距，如上例則表示爲 M5 即可(CNS4317)(註 L08-2)。中國國家標準採用 ISO 公制系統(CNS497、498)(註 L08-3)。常用的公制(國際標準)螺紋如表 L08-1(CNS497、498)(註 L08-4)。

表 L08-1　公制螺紋(經濟部標準檢驗局)　　　　　　　　　單位：mm

公稱尺寸			螺距											
			粗	細										
(1)	(2)	(3)		6	4	3	2	1.5	1.25	1	0.75	0.5	0.35	0.25	0.2
1			0.25												0.2
	1.1		0.25												0.2
1.2			0.25												0.2
	1.4		0.3												0.2
1.6			0.35												0.2
	1.8		0.35												0.2
2			0.4											0.25	
	2.2		0.45											0.25	
2.5			0.45										0.35		
3			0.5										0.35		
	3.5		0.6										0.35		
4			0.7									0.5			

表 L08-1 公制螺紋(經濟部標準檢驗局)(續)   單位：mm

公稱尺寸			螺距												
			粗	細											
(1)	(2)	(3)		6	4	3	2	1.5	1.25	1	0.75	0.5	0.35	0.25	0.2
5	4.5		0.75									0.5			
			0.8									0.5			
		5.5										0.5			
6			1								0.75				
		7	1								0.75				
8			1.25							1	0.75				
		9	1.25							1	0.75				
10			1.5						1.25	1	0.75				
		11	1.5							1	0.75				
12			1.75					1.5	1.25	1					
	14		2					1.5	1.25	1					
		15						1.5		1					
16			2					1.5		1					
		17						1.5		1					
	18		2.5				2	1.5		1					
20			2.5				2	1.5		1					
	22		2.5				2	1.5		1					
24			3				2	1.5		1					
		25					2	1.5		1					
		26						1.5							
	27		3				2	1.5		1					
30	28		3.5				2	1.5		1					
							2	1.5		1					
	32						2	1.5							
	33		3.5			(3)	2	1.5							
	35							1.5							
36			4			3	2	1.5							
		38						1.5							
	39		4			3	2	1.5							
		40				3	2	1.5							
42			4.5		4	3	2	1.5							
	45		4.5		4	3	2	1.5							
48			5		4	3	2	1.5							

表 L08-1　公制螺紋(經濟部標準檢驗局)(續)　　　　　　單位：mm

公稱尺寸			粗	螺距 細											
(1)	(2)	(3)		6	4	3	2	1.5	1.25	1	0.75	0.5	0.35	0.25	0.2
		50				3	2	1.5							
	52		5		4	3	2	1.5							
		55			4	3	2	1.5							
56			5.5		4	3	2	1.5							
		58			4	3	2	1.5							
	60		5.5		4	3	2	1.5							
		62			4	3	2	1.5							
64			6		4	3	2	1.5							
		65			4	3	2	1.5							
	68		6		4	3	2	1.5							
		70		6	4	3	2	1.5							
72				6	4	3	2	1.5							
		75			4	3	2	1.5							
	76			6	4	3	2	1.5							
		78					2								
80				6	4	3	2	1.5							
		82					2								
	85			6	4	3	2								
90				6	4	3	2								
	95			6	4	3	2								
		100		6	4	3	2								

L08-3　公差與配合

螺紋的公差等級、內螺紋為 G、H，外螺紋為 e、g、h，精度等級如下(CNS529)(L08-5)：

內螺紋小徑(D_1)：4、5、6、7、8 級

外螺紋大徑(d)：4、6、8 級

內螺紋節徑(D_2)：4、5、6、7、8 級

外螺紋節徑(d_2)：3、4、5、6、7、8、9 級

選擇時依接觸長度的長(L)、正常(N)、短(S)，配合品級(tolerance quality)的粗(C)、中(M)、細(F)而組合之，如 M10×1.25 － 6H/7h6h。常用的公差與配合如表 L08-2、表 L08-3、表 L08-4(CNS530)(註 L08-6)及表 L08-5(CNS531)(註 L08-7)。

表 L09-2　常用公差(內螺紋)(經濟部標準檢驗局)

配合品級	公差位置 G			公差位置 H		
	S	N	L	S	N	L
F				(4H)	(5H)	(6H)
M	5G	6G	7G	5H	6H	7H
C		7G	8G		(7H)	(8H)

表 L09-3　常用公差(外螺紋)(經濟部標準檢驗局)

配合品級	公差位置 e			公差位置 g			公差位置 h		
	S	N	L	S	N	L	S	N	L
F							3h4h	4h	5h4h
M		6e	7e6e	5g6g	6g	7g6g	5h6h	(6h)	7h6h
C					(8g)	9g8g			

註：有方框者第一優先，括弧者第二優先，餘者避免使用。
　　6H、6g 為商用螺釘及螺帽所選用。

內外螺紋粗牙系列
配合品級：M
接觸長度：N
公差等級：6H、6g

表 L09-4　螺紋接觸長度(經濟部標準檢驗局)

螺紋尺寸	螺紋接觸長度		螺紋尺寸	螺紋接觸長度	
	以上	以下(包含)		以上	以下(包含)
M1*	0.6	1.7	M7	3	9
M1.1*	0.6	1.7	M8	4	12
M1.2*	0.6	1.7	M10	5	15
M1.4*	0.7	2	M12	6	18
M1.6	0.8	2.6	M14	8	24
M1.8	0.8	2.6	M16	8	24
M2	1	3	M18	10	30
M2.2	1.3	3.8	M20	10	30
M2.5	1.3	3.8	M22	10	30
M3	1.5	4.5	M24	12	36
M3.5	1.7	5	M27	12	36
M4	2	6	M30	15	45
M4.5	2.2	6.7	M33	15	45
M5	2.5	7.5	M36	18	53
M6	3	9	M39	18	53

*內螺紋 M1.4 以下之配合品級為 F、公差等級為 5H。外螺紋 M1.4 以下之公差等級為 6h。

表 L08-5　常用配合與偏差(摘錄自 CNS531)(經濟部標準檢驗局)　　　　ES, es ＝上偏差
EI, ei ＝下偏差

大徑		螺距 mm	內螺紋					外螺紋				
以上 mm	以下 (包含) mm		精度 等級	節徑		小徑		精度 等級	大徑		節徑		小徑
				ES μm	EI μm	ES μm	EI μm		es μm	ei μm	es μm	ei μm	(供應力 計算等) μm
		1	—	—	—	—	—	3h4h	0	− 112	0	− 60	− 144
			4H	+ 100	0	+ 150	0	4h	0	− 112	0	− 75	− 144
			5G	+ 151	+ 26	+ 216	+ 26	5g6g	− 26	− 206	− 26	− 121	− 170
			5H	+ 125	0	+ 190	0	5h4h	0	− 112	0	− 95	− 144
			—	—	—	—	—	5h6h	0	− 180	0	− 95	− 144
			—	—	—	—	—	6e	− 60	− 240	− 60	− 178	− 204
			6G	+ 186	+ 26	+ 262	+ 26	6g	− 26	− 206	− 26	− 144	− 170
			6H	+ 160	0	+ 236	0	6h	0	− 180	0	− 118	− 144
			—	—	—	—	—	7e6e	− 60	− 240	− 60	− 210	− 204
			7G	+ 226	+ 26	+ 326	+ 26	7g6g	− 26	− 206	− 26	− 176	− 170
			7H	+ 200	0	+ 300	0	7h6h	0	− 180	0	− 150	− 144
			8G	+ 276	+ 26	+ 401	+ 26	8g	− 26	− 306	− 26	− 216	− 170
			8H	+ 250	0	+ 375	0	9g8g	− 26	− 306	− 26	− 262	− 170
11.2	22.4	1.25	—	—	—	—	—	3h4h	0	− 132	0	− 67	− 180
			4H	+ 112	0	+ 170	0	4h	0	− 132	0	− 85	− 180
			5G	+ 168	+ 28	+ 240	+ 28	5g6g	− 28	− 240	− 28	− 134	− 208
			5H	+ 140	0	+ 212	0	5h4h	0	− 132	0	− 106	− 180
			—	—	—	—	—	5h6h	0	− 212	0	− 106	− 180
			—	—	—	—	—	6e	− 63	− 275	− 63	− 195	− 243
			6G	+ 208	+ 28	+ 293	+ 28	6g	− 28	− 240	− 28	− 134	− 208
			6H	+ 180	0	+ 265	0	6h	0	− 212	0	− 132	− 180
			—	—	—	—	—	7e6e	− 63	− 275	− 63	− 233	− 243
			7G	+ 252	+ 28	+ 363	+ 28	7g6g	− 28	− 240	− 28	− 198	− 208
			7H	+ 224	0	+ 335	0	7h6h	0	− 212	0	− 170	− 180
			8G	+ 308	+ 28	+ 453	+ 28	8g	− 28	− 363	− 28	− 240	− 208
			8H	+ 280	0	+ 425	0	9g8g	− 28	− 363	− 28	− 293	− 208
		1.5	—	—	—	—	—	3h4h	0	− 150	0	− 71	− 217
			4H	+ 118	0	+ 190	0	4h	0	− 150	0	− 90	− 217
			5G	+ 182	+ 32	+ 268	+ 32	5g6g	− 32	− 268	− 32	− 144	− 249
			5H	+ 150	0	+ 236	0	5h4h	0	− 150	0	− 112	− 217
			—	—	—	—	—	5h6h	0	− 236	0	− 112	− 217

表 L08-5 常用配合與偏差(摘錄自 CNS531)(經濟部標準檢驗局)(續)

ES, es＝上偏差
EI, ei＝下偏差

大徑		螺距 mm	內螺紋					外螺紋				
以上 mm	以下 (包含) mm		精度等級	節徑		小徑		精度等級	大徑		節徑		小徑
				ES μm	EI μm	ES μm	EI μm		es μm	ei μm	es μm	ei μm	(供應力計算等) μm
11.2	22.4	1.5	—	—	—	—	—	6e	− 67	− 303	− 67	− 207	− 284
			6G	+ 222	+ 32	+ 332	+ 32	6g	− 32	− 268	− 32	− 172	− 249
			6H	+ 190	0	+ 300	0	6h	0	− 236	0	− 140	− 217
			—	—	—	—	—	7e6e	− 67	− 303	− 67	− 247	− 284
			7G	+ 268	+ 32	+ 407	+ 32	7g6g	− 32	− 268	− 32	− 212	− 249
			7H	+ 236	0	+ 375	0	7h6h	0	− 236	0	− 180	− 217
			8G	+ 332	+ 32	+ 507	+ 32	8g	− 32	− 407	− 32	− 256	− 249
			8H	+ 300	0	+ 475	0	9g8g	− 32	− 407	− 32	− 312	− 249
		1.75	—	—	—	—	—	3h4h	0	− 170	0	− 75	− 253
			4H	+ 125	0	+ 212	0	4h	0	− 170	0	− 95	− 253
			5G	+ 194	+ 34	+ 299	+ 34	5g6g	− 34	− 299	− 34	− 152	− 287
			5H	+ 160	0	+ 265	0	5h4h	0	− 170	0	− 118	− 253
			—	—	—	—	—	5h6h	0	− 265	0	− 118	− 253
			—	—	—	—	—	6e	− 71	− 336	− 71	− 221	− 324
			6G	+ 234	+ 34	+ 369	+ 34	6g	− 34	− 299	− 34	− 184	− 287
			6H	+ 200	0	+ 335	0	6h	0	− 265	0	− 150	− 253
			—	—	—	—	—	7e6e	− 71	− 336	− 71	− 261	− 324
			7G	+ 284	+ 34	+ 459	+ 34	7g6g	− 34	− 299	− 34	− 224	− 287
			7H	+ 250	0	+ 425	0	7h6h	0	− 265	0	− 190	− 253
			8G	+ 349	+ 34	+ 564	+ 34	8g	− 34	− 459	− 34	− 270	− 287
			8H	+ 315	0	+ 530	0	9g8g	− 34	− 459	− 34	− 334	− 287
		2	—	—	—	—	—	3h4h	0	− 180	0	− 80	− 289
			4H	+ 132	0	+ 236	0	4h	0	− 180	0	− 100	− 289
			5G	+ 208	+ 38	+ 338	+ 38	5g6g	− 38	− 318	− 38	− 163	− 327
			5H	+ 170	0	+ 300	0	5h4h	0	− 180	0	− 125	− 289
			—	—	—	—	—	5h6h	0	− 280	0	− 125	− 289
			—	—	—	—	—	6e	− 71	− 351	− 71	− 231	− 360
			6G	+ 250	+ 38	+ 413	+ 38	6g	− 38	− 318	− 38	− 198	− 327
			6H	+ 212	0	+ 375	0	6h	0	− 280	0	− 160	− 289
			—	—	—	—	—	7e6e	− 71	− 351	− 71	− 271	− 360
			7G	+ 303	+ 38	+ 513	+ 38	7g6g	− 38	− 318	− 38	− 238	− 327

表 L08-5　常用配合與偏差(摘錄自 CNS531)(經濟部標準檢驗局)(續)　　　ES, es＝上偏差
EI, ei＝下偏差

大徑 以上 mm	大徑 以下(包含) mm	螺距 mm	內螺紋 精度等級	節徑 ES μm	節徑 EI μm	小徑 ES μm	小徑 EI μm	外螺紋 精度等級	大徑 es μm	大徑 ei μm	節徑 es μm	節徑 ei μm	小徑 (供應力計算等) μm
11.2	22.4	2	7H	+265	0	+475	0	7h6h	0	−280	0	−200	−289
			8G	+373	+38	+638	+38	8g	−38	−488	−38	−288	−327
			8H	+335	0	+600	0	9g8g	−38	−488	−38	−353	−327
		2.5	—	—	—	—	—	3h4h	0	−212	0	−85	−361
			4H	+140	0	+280	0	4h	0	−212	0	−106	−361
			5G	+222	+42	+397	+42	5g6g	−42	−377	−42	−174	−403
			5H	+180	0	+355	0	5h4h	0	−212	0	−132	−361
			—	—	—	—	—	5h6h	0	−335	0	−132	−361
			—	—	—	—	—	6e	−80	−415	−80	−250	−441
			5G	+266	+42	+492	+42	6g	−42	−377	−42	−212	−403
			6H	+224	0	+450	0	6h	0	−335	0	−170	−361
			—	—	—	—	—	7e6e	−80	−415	−80	−292	−441
			7G	+322	+42	+602	+42	7g6g	−42	−377	−42	−254	−403
			7H	+280	0	+560	0	7h6h	0	−335	0	−212	−361
			8G	+397	+42	+752	+42	8g	−42	−572	−42	−307	−403
			8H	+355	0	+710	0	9g8g	−42	−572	−42	−377	−403

L08-4　螺紋種類

1. 依螺紋於工件之外側或內側，分為外螺紋(external thread)如螺栓的螺紋，內螺紋(internal thread)如螺帽的螺紋。

2. 依螺旋的左右旋分為左旋螺紋及右旋螺紋：螺旋方向反時針方向前進，或面對螺紋由左上向右下傾斜著如圖 L08-2(a)稱為左旋螺紋(left-hand thread)；螺紋方向順時針方向前進，或面對螺紋時螺紋由右上向左下斜如圖 L08-2(b)，或以右手拇指表示其螺紋前進方向，則餘四指表示其螺旋方向如圖 L08-3，為右旋螺紋(right-hand thread)。

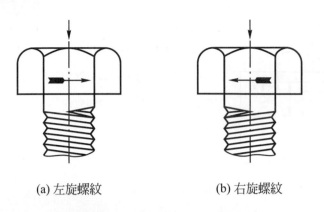

(a) 左旋螺紋　　　　(b) 右旋螺紋

圖 L08-2　左旋螺紋與右旋螺紋

圖 L08-3　右旋螺紋

3.　依其開口線數分：(1)單螺紋(single-start thread)係指導程與螺距相等者，如圖L08-4(a)，(2)複螺紋
(multi-start thread)：切製彼此互相平行的兩螺旋槽或以上的螺紋。如雙螺紋(double-start thread)
兩螺旋槽彼此平行，其導程為螺距的兩倍如圖 L08-4(b)，三螺紋(tripl-start thread)即三螺旋槽彼
此平行，其導程為螺距的三倍如圖 L08-4(c)，餘類推。

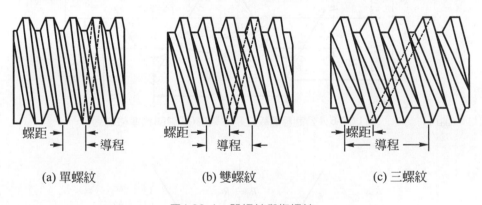

(a) 單螺紋　　　　　(b) 雙螺紋　　　　　(c) 三螺紋

圖 L08-4　單螺紋與複螺紋

4.　依螺紋的形狀(form)分

(1)　公制螺紋(ISO metric screw thread)：基本輪廓(basic profile)的螺紋角 60°，螺紋高度$\frac{5}{8}$H，螺

峰平頂，寬度$\frac{P}{8}$，螺谷平底，寬度$\frac{P}{4}$如圖 L08-5。中國國家標準螺紋形狀與 ISO 相同(CNS496)

(註 L08-8)。

　　　公制粗螺紋的基本輪廓如圖L08-6(CNS497)(註L08-9)，其內螺紋或外螺紋的實際螺谷的輪

廓不得在任何點超越其基本輪廓，對外螺紋而言，最好規定螺谷的半徑不得小於 0.1P，即約相

當於一個最大截頂為$\frac{3}{16}$H的輪廓上限，與一個最小截頂為$\frac{H}{8}$的輪廓下限，如圖L08-7(CNS529)

(註 L08-10)。在最大實體狀況時的設計輪廓(design profile)參見圖 L08-6。

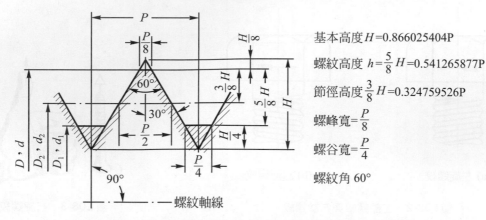

基本高度 $H = 0.866025404P$

螺紋高度 $h = \dfrac{5}{8}H = 0.541265877P$

節徑高度 $\dfrac{3}{8}H = 0.324759526P$

螺峰寬 $= \dfrac{P}{8}$

螺谷寬 $= \dfrac{P}{4}$

螺紋角 60°

圖 L08-5　國際標準公制螺紋之基本輪廓(經濟部標準檢驗局)

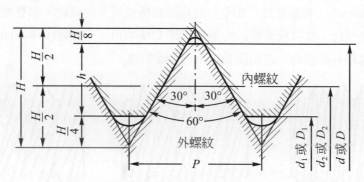

圖 L08-6　公制粗螺紋之基本輪廓(經濟部標準檢驗局)

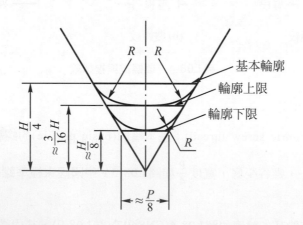

圖 L08-7　外螺紋螺谷之輪廓(經濟部標準檢驗局)

(2)　公制梯形螺紋(metric trapezoidal screw threads)(螺紋符號 Tr)(CNS4317)(註 L08-11)：為一種動力輸送用的螺紋，其螺紋角為 30°如圖 L08-8(CNS511)(註 L08-12)，以外徑與螺距表示之如 Tr24×5。

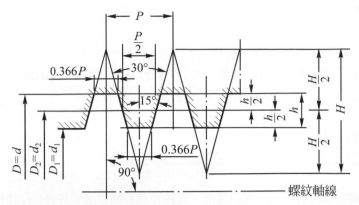

$$外螺紋螺紋高度 h=0.5P+a_c$$
$$內螺紋螺紋高度 h_1=0.5P+a_c$$
螺紋角 30°
(a_c 爲餘隙)
$P=2\sim5mm$，$a_c=0.25$
$P=6\sim12mm$，$a_c=0.5$

圖 L08-8　公制梯形螺紋(CNS511)(經濟部標準檢驗局)

(3)　蝸桿螺紋(worm threads)與梯形螺紋相似，惟其螺紋高度較高，螺峰與螺谷則較窄，適用於速動 (quick-action)用螺紋如蝸桿傳動。若蝸輪壓力角 20°則採用 40°螺紋角，則螺紋高度 H ＝2m＋ c，式中 m 爲模數，c 爲間隙(四線以下爲 0.2m)(CNS5279)(註 L08-13)。

(4)　方螺紋(square threads)：兩螺腹垂直於軸，螺峰寬與螺紋高度皆爲 0.5P如圖 L08-9，用於傳送 較大的動力，無喫合現象，減少接觸面積。製造時常將螺帽的尺寸加大適當的間隙，且將兩邊 各傾斜微小角度使配合容易。

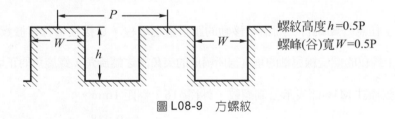

螺紋高度 $h=0.5P$
螺峰(谷)寬 $W=0.5P$

圖 L08-9　方螺紋

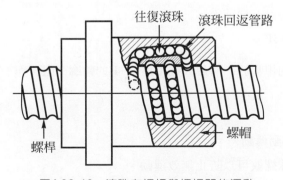

圖 L08-10　滾珠在螺桿與螺帽間的運動

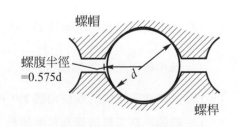

圖 L08-11　哥德拱門式滾珠螺紋

(5)　滾珠螺紋(ball thread)：係將滾珠置於螺桿與螺帽間，循環流動如圖 L08-10，使滑動摩擦改變 爲滾動摩擦以減少摩擦係數，且可防止無效運動，爲數值控制工具機或精密傳動所必備的螺桿傳動用螺紋，圖 L08-11 為一哥德拱門式(Gothic arch form)滾珠螺紋。

5. 依螺距單位

(1) 公厘(mm)螺距：公制螺紋以螺距(mm)表示之，P = 3mm 即每 3mm 一牙。

(2) 模數(module)螺距：公制齒輪以模數(m)表示其齒形大小，蝸桿螺紋上的螺距均由π的倍數構成，故模數 3 的螺距 P = 3×π = 9.42mm(塔配齒輪時π常以 22/7 代入計算之)。

L08-5 螺紋表示法

常用的螺紋為公制螺紋，公制螺紋以螺紋方向、開口線數、螺紋標稱及螺紋公差等級表示之(CNS4317)(註 L08-14)。如 M16×1.5 － 7H/7h6h，表示一組公制螺紋，大徑 16mm，螺距 1.5mm(細牙系列)、右手、單線，內螺紋節徑與內徑的公差皆為 7H，外螺紋節徑 7h 公差，外徑 6h 公差，若外螺紋的節徑與外徑公差同等級，則表示一公差符號即可，如 M12×1.75 － 6H/6h。若為左旋、雙螺紋、粗牙系列則表示為 L2NM6 － 5g6g。餘如公制梯形螺紋 Tr40×7 等。

學後評量

一、是非題

( ) 1. 螺紋上任意一點繞行一周沿軸移動的距離謂之導程，單螺紋導程等於螺距。

( ) 2. 節徑上螺紋的螺旋線與軸的垂直線所構成的夾角謂之螺旋角，螺旋角的正切(tanδ)是等於 $\dfrac{L}{\pi d_2}$。

( ) 3. 一螺紋標註 M16 即表示公制螺紋，外徑ϕ16，螺距 1mm。

( ) 4. 一螺紋標註 M20×2 － 6H/6g，則外螺紋大徑ϕ20$-\genfrac{}{}{0pt}{}{0.038}{0.198}$。

( ) 5. 左旋螺紋順時針方向前進，右旋螺紋反時針方向前進。

( ) 6. 公制螺紋基本輪廓的螺紋高度(h)是 0.5413P。

( ) 7. 外螺紋的螺谷輪廓半徑不得小於 0.1P，約相當於一個最大截頂為 $\dfrac{3}{16}$ H的輪廓下限，與一個最小截頂為$\dfrac{H}{8}$的輪廓上限。

( ) 8. 公制梯形螺紋的螺紋角為 29°，適合於速動傳動。

( ) 9. 數值控制工具機或高精度傳動，使用滾珠螺紋可以防止無效運動。

( ) 10. 一螺紋標註 L2NM6，表示左旋、雙螺紋。

二、選擇題

( ) *1.* 螺紋導角(δ)是 　(A)節徑上螺紋的螺旋線與軸的垂直線所構成的夾角 　(B)節徑上螺旋線與軸線所構成的夾角 　(C)螺紋兩邊的夾角 　(D)螺腹與軸線的夾角 　(E)導程的兩倍 。

( ) *2.* 一螺紋規格 M16×2 − 7H/7h6h，則表外螺紋的節徑公差為 　(A)16 　(B)2 　(C)7H 　(D)7h 　(E)6h 。

( ) *3.* 一螺紋規格 2NM42×4.5，則其導程為 　(A)2 　(B)4 　(C)4.5 　(D)6 　(E)9 　mm 。

( ) *4.* 一螺紋規格 M20×2，則其螺谷在最大截頂的輪廓上限時的螺紋深度為 　(A)1 　(B)1.2 　(C)1.3 　(D)2 　(E)20 。

( ) *5.* 車床導螺桿的螺紋是 　(A)國際標準公制螺紋 　(B)統一制螺紋 　(C)公制梯形螺紋 　(D)方螺紋 　(E)鋸齒形螺紋。

參考資料

註 L08-1： 經濟部標準檢驗局：螺紋一般名詞。台北，經濟部標準檢驗局，民國 67 年，第 1～5 頁。

註 L08-2： 經濟部標準檢驗局：螺紋標示法。台北，經濟部標準檢驗局，民國 67 年，第 1 頁。

註 L08-3： ⑴經濟部標準檢驗局：公制粗螺紋(ISO制)。台北，經濟部標準檢驗局，民國 67 年，第 1～2 頁。

　　　　　 ⑵經濟部標準檢驗局：公制細螺紋 (ISO制) (總則)。台北，經濟部標準檢驗局，民國 67 年，第 1～3 頁。

註 L08-4： 同註 L08-3。

註 L08-5： 經濟部標準檢驗局：公制螺紋公差(ISO制)(原則及基本數據)。台北，經濟部標準檢驗局，民國 67 年，第 1～10 頁。

註 L08-6： 經濟部標準檢驗局：公制螺紋公差(ISO制)(商用內、外螺紋之限界尺寸—中品級)。台北，經濟部標準檢驗局，民國 67 年，第 1～2 頁。

註 L08-7： 經濟部標準檢驗局：公制螺紋公差(ISO制)(結構用螺紋之偏差)。台北，經濟部標準檢驗局，民國 67 年，第 7～11 頁。

註 L08-8： 經濟部標準檢驗局：公制螺紋基準輪廓(ISO制)。台北，經濟部標準檢驗局，民國 67 年，第 1 頁。

註 L08-9： 同註 L08-3-⑴。

註 L08-10：同註 L08-5，第 9 頁。

註 L08-11：同註 L08-2，第 3 頁。

註 L08-12：經濟部標準檢驗局：梯形螺紋(螺紋輪廓)。台北，經濟部標準檢驗局，民國 67 年，第 2 頁。

註 L08-13：經濟部標準檢驗局：圓柱蝸桿之尺度及蝸桿傳動機構軸中心距與轉比之配合。台北，經濟部標準檢驗局，民國 73 年，第 1 頁。

註 L08-14：同註 L08-2，第 1～3 頁。

工廠實習知識單

項目	車螺紋	學習目標	能正確的說出車螺紋的齒輪搭配及車削方法

前 言

　　製造螺紋有多種方法，如車削、螺紋模鉸、自開式螺紋模鉸、銑削、滾製、壓鑄及輪磨等產生外螺紋；以車削、螺絲攻攻、自縮式螺絲攻攻、螺紋刮刀刮等產生內螺紋。一般螺紋的製造除大量生產的滾製外，用機力車床車製螺紋最為普遍。

說 明

L09-1　車床車螺紋的優點

　　利用車床車螺紋為原始的螺紋製造法，具有下列優點：

1. 車床的旋徑大，大小螺紋均可在一車床上車削。
2. 利用齒輪系的配換，可隨時車削各種螺距的螺紋。
3. 車削各種形狀的螺紋，僅需改磨車刀的形狀，而車刀的磨削甚為方便。
4. 車削螺紋的精確度適合一般要求。
5. 複雜機件螺紋部份與其他外徑必須同心，或他種刀具不能到達時，可利用車床在同一裝備下完成，如此可避免更換機器的時間浪費及影響工件的同心度。

L09-2　螺紋切削機構

　　車床車螺紋係藉心軸與導螺桿之間以一定關係傳動，使刀具在工件迴轉一周時移動一距離而形成螺紋的車削如圖L09-1，車床心軸齒輪經逆轉齒輪傳至內柱齒輪，同軸上的外柱齒輪傳至惰齒輪及導螺桿齒輪，來獲得柱齒輪與導螺桿齒輪的速比變化。如導螺桿螺距6mm，而柱齒輪與導螺桿齒輪的速比為1時，當心軸轉1轉，則導螺桿亦轉1轉，使刀具台移動6mm，則工件被車削一螺距6mm的螺紋。若改變其速比即可車削得不同螺距的螺紋。新式車床車製一般常用螺紋時，可使用速換齒車機構(參考"車床的主要機構"單元)，只要改變把手的位置即可獲得一定範圍的各種不同螺距。

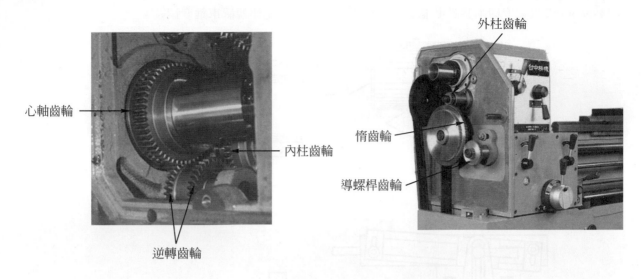

心軸齒輪

內柱齒輪

逆轉齒輪

外柱齒輪

惰齒輪

導螺桿齒輪

圖 L09-1　螺紋切削機構的齒輪系(台中精機廠公司)

L09-3　螺紋車刀

　　車刀刃口的形式視所需車削的螺紋形狀而異，如車製公制螺紋則其刃口磨成 60°刀尖角，刀尖頂依螺谷寬大小研磨之，可利用螺紋車刀規或中心規(center gage)校驗之如圖 L09-2。螺紋車刀須有足夠的前隙角與側隙角，才能使切削良好，並防止因螺紋導角所造成的拖曳，如圖 L09-3 為一車方牙螺紋的車刀角度。成形螺紋車刀為車削螺紋最方便的刀具，參考 "車刀的種類及應用" 單元，免除磨車刀切削角的麻煩。

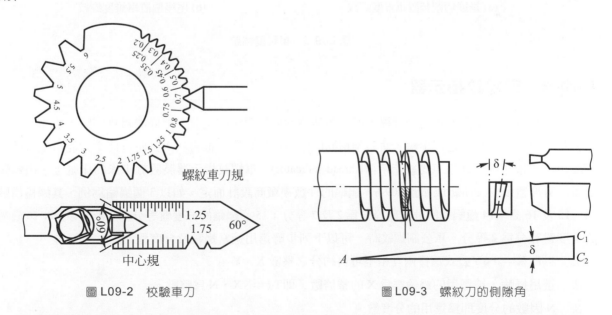

螺紋車刀規

中心規

圖 L09-2　校驗車刀

圖 L09-3　螺紋刀的側隙角

　　車削螺紋時除使車刀刀尖與工件中心等高，且應使刀尖垂直於工件中心，刀尖垂直的校驗係利用中心規校驗之如圖L09-4。在具有錐度的工件上車製螺紋時亦應垂直於工件中心而非垂直於工件的表面。如圖 L09-5(a)為以錐度切削裝置車錐度螺紋，圖 L09-5(b)為以尾座偏置車錐度螺紋。

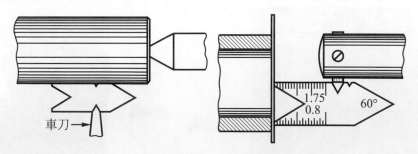

圖 L09-4　校驗刀尖垂直於工件中心

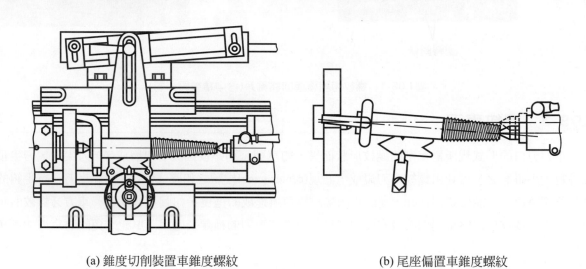

(a) 錐度切削裝置車錐度螺紋　　　　　　　　(b) 尾座偏置車錐度螺紋

圖 L09-5　車錐度螺紋

L09-4　車螺紋指示器

　　車削螺紋時，當車刀車完一行程，使其迅速移回開始車削的位置，準備繼續車削時，可先將對開螺帽分離，用手迴轉縱向進刀手輪，使刀架移回開始車削的位置，惟再次車削時為使車刀能沿上次所車的螺紋再次車削，則應使用車螺紋指示器(thread indicator)。車螺紋指示器裝置於車床的床帷上，由蝸輪、心軸、分度盤及支架所組成如圖 L09-6，蝸輪的件數視廠商設計而定，如以 3 個蝸輪為例，其蝸輪齒數為 14、15 及 16 齒。14 齒蝸輪的分度盤等分為 2 及 7 等分；15 齒蝸輪的分度盤等分為 3 及 5 等分；16 齒蝸輪的分度盤等分為 2 等分。車公制螺紋時，可以下列步驟選用適當蝸輪及分度盤。

1. 以 $P_L X = P_N Y$ 公式選擇兩互相不可再約分之整數 X、Y。

2. 選用蝸輪，被選用的蝸輪需為 X 的整倍數，即 $T_W = NX$，N 為整數。

3. N 因數的分度即為選用的分度盤。

　　以上式中

P_L：導螺桿螺距

P_N：欲車螺紋螺距

T_W：蝸輪齒數

X、Y：兩互相不可再約分而能滿足$P_L X = P_N Y$之整數

N：能滿足$T_W = NX$之整數

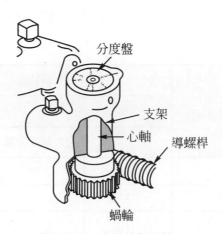

圖 L09-6　車螺紋指示器

【例1】 以導螺桿螺距 6mm 的車床，車螺距 1.75mm 的螺紋，其車螺紋指示器應選用那一蝸輪與導螺桿嚙合？車螺紋時應選那一分度盤？

　　(1)$P_L X = P_N Y$

　　　　$6X = 1.75Y$

　　　　設 X = 7，Y = 24

　　　　則 6×7 = 1.75×24

　　(2)$T_W = NX$

　　　　則$T_W = 14$，(N = 2，X = 7)

　　　　即選用 14 齒蝸輪。

　　(3) N = 2 即選用 2 等分之分度盤。

【例2】 以一導螺桿螺距 6mm 的車床，車螺距 2.5mm 的螺紋時，應如何選用車螺紋指示器的蝸輪及分度盤？

　　(1)$P_L X = P_N Y$　　$6X = 2.5Y$

　　　　設 X = 5，Y = 12，則 6×5 = 2.5×12

　　(2)$T_W = NX$，則$T_W = 15$，(N = 3，X = 5)即選用 15 齒蝸輪。

　　(3) N = 3，即選用 3 等分之分度盤。

【例3】 以導螺桿螺距 6mm 的車床車螺紋，車螺紋指示器具有 14T、及 15T 二個蝸輪，及 2 等分、3 等分、5 等分及 7 等分等四種分度盤，欲車螺距 3.5mm 的螺紋，則蝸輪及分度盤如何選用？

263

(1)$P_L X = P_N Y$　$6X = 3.5Y$

設 $X = 7$，$Y = 12$，則 $6×7 = 3.5×12$

(2)$T_w = NX$，則$T_w = 14$，$(N = 2，X = 7)$即選用 14 齒蝸輪。

(3) $N = 2$，即選用 2 等分之分度盤。

　　公制車螺紋指示器的使用，依上述可知，所車螺距為導螺桿螺距的因數時，可以不必使用車螺紋指示器，即在車螺紋指示器上任何位置均可吻合對開螺帽。一般可閱讀指示器所附的說明牌如圖 L09-9，依其說明使用即可。

螺距	蝸輪齒數		
	14	15	16
	分度盤等分數		
0.5	7		
0.75	7		
1	7		
1.25		3	
1.5		5	
1.75	2		
2	7		
2.25		5	
2.5		3	
3		5	
3.5	2		
4	7		
4.5		5	
5		3	
6	7		
7	2		
8			2
9		5	
10		3	

圖 L09-7　公制車螺紋指示器說明牌(台中精機廠公司)

L09-5 車螺紋

　　車削螺紋的方法,理論上有兩種,即直進法與 29°法(註 L09-1),直進法係使複式刀具台的中心與橫向進刀平行,以複式刀座直接進刀,其操作步驟如下:

1. 檢查工件、車刀及車床。
2. 安裝工件。
3. 搭配齒輪或改變速換齒輪機構把手。
4. 固定複式刀具台,使其中心與橫向進刀平行。
5. 校正車刀使與工件中心垂直。
6. 選擇心軸迴轉數。
7. 調撥逆轉齒輪決定車螺紋方向。
8. 將自動進刀選擇把手置於中間位置。
9. 移動橫向進刀接觸工件後歸零。複式刀具台亦歸零,縱向進刀退至工件起始車削位置。
10. 利用複式刀具台進刀。吻合對開螺帽試車一次。
11. 打開對開螺帽,以橫向進刀退刀。其退刀量可利用螺紋切削阻擋(thread cutting stop)定位如圖 L09-8,並利用縱向進刀退回原起始車削位置。
12. 檢查螺距如圖 L09-9。

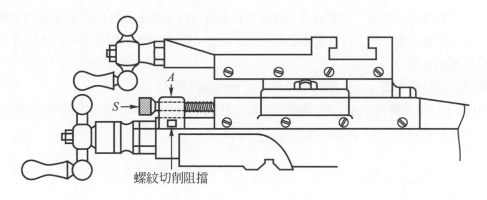

螺紋切削阻擋

圖 L09-8　螺紋切削阻擋

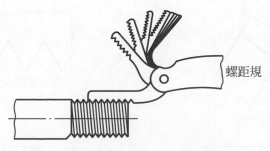

螺距規

圖 L09-9　螺距規檢驗螺距

265

13. 前進橫向進刀至對準零,利用複式刀具台進刀。

14. 檢視車螺紋指示器,於適當時機吻合對開螺帽,繼續車削。

15. 打開對開螺帽,橫向進刀退刀,並利用縱向進刀退回原起始車削位置。

16. 重複13.～15.,直至所需螺紋高度,螺紋高度可依複式刀具台的分度圈讀之。

17. 注意切削劑之使用,預留 0.05mm 給予細車。

18. 利用螺距規(thread pitch gage)校驗其齒形參見圖 L09-9。

19. 將工件端部車成所需形狀如圖 L09-10,其規格參考 CNS4323(註 L09-2)。

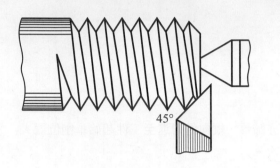

(a) 端部車成 45°去角　　　　　　　(b) 端部車成圓弧去角

圖 L09-10　車端部

　　平行法車螺紋時車刀係沿工件的垂直方向使刀具兩邊同時切削,效果較差。29°法用於螺紋角 60°的螺紋車削,使之單邊車削,受力為直進法之半,其車削效果較佳。29°車削法與直進法相近,惟其中第4. 及16.兩項略有不同。

　　4.旋轉複式刀具台並固定之,使與橫向進刀成 29°如圖 L09-11。

　　16.重複13.～15.,直至複式刀具台之分度圈指示量等於螺紋高度除以cos 29°即可,其進刀情形如圖 L09-12。此種方法亦有稱為 30°法,乃因其複式刀具台偏轉 30°。

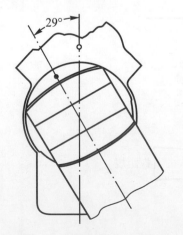

圖 L09-11　旋轉複式刀具台 29°

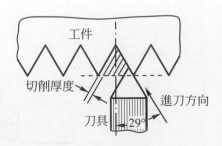

圖 L09-12　29°法車螺紋

266

在車螺紋時，若因車刀鈍化或斷裂等原因而必須換裝車刀時，為使車刀能對準原來所車螺紋，則採取下列步驟：

1. 校驗其車刀與工件的垂直度。

2. 車刀不接觸工件而進行螺紋車削。

3. 進行至螺紋中途停止車床。

4. 用手動調整車刀位置使與原車削螺紋重合。

5. 移動橫向進刀重新接觸工件後，複式刀具台亦歸零。

6. 重新開始車削螺紋。

　　車削螺紋的進刀方式除上述兩種方法外，尚有一種垂直法，此法係將複式刀具台固定，使其螺桿中心與橫向進刀方向垂直，而利用橫向進刀為螺紋高度，複式刀具台的縱向進刀為單邊切削，直至所需螺紋高度後再退回複式刀具台的縱向進刀並求其螺谷寬，此法在車削平底螺谷的螺紋頗具效率。以車削 M16×2-9g8g 螺紋為例，其切削情形如圖 L09-13。

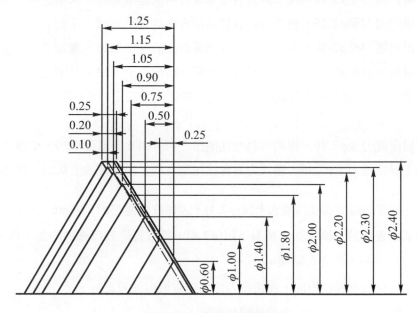

圖 L09-13　垂直法車螺紋

1. M16×2-9g8g 外螺紋之大徑查表 L09-5 應為 $\phi\,16\,{-\,0.038 \atop -\,0.488}$。

2. 輪廓上限 $=\dfrac{5}{8}\mathrm{H}+\dfrac{1}{16}\mathrm{H}=\dfrac{11}{16}\mathrm{H}=0.593925\mathrm{P}\doteqdot0.6\mathrm{P}$

    $=0.6\times2=1.20\mathrm{mm}$(式中 2 為螺距)。

3. 輪廓下限 $=\dfrac{5}{8}\mathrm{H}+\dfrac{1}{8}\mathrm{H}=\dfrac{3}{4}\mathrm{H}=0.6495191\mathrm{P}\doteqdot0.65\mathrm{P}$

    $=0.65\times2=1.30\mathrm{mm}$(式中 2 為螺距)。

4. 若螺紋高度為 1.20mm～1.30mm，則大徑與小徑的差

(上限)＝ 1.20×2 ＝φ2.40(式中 2 表示直徑為半徑之 2 倍)。

(下限)＝ 1.30×2 ＝φ2.60(式中 2 表示直徑為半徑之 2 倍)。

5. 螺谷寬0.125P ＝ 0.125×2 ＝ 0.25mm

以車削次數 11 刀車削一螺紋為例(參見圖 L09-13)，則：

第一刀：橫向歸零後由 0 進刀至φ0.60，車削之。

第二刀：橫向進刀至φ1.00，複式刀具台往車頭方向前進至 0.25，車削之。

第三刀：橫向進刀至φ1.40，複式刀具台往車頭方向前進至 0.50，車削之。

第四刀：橫向進刀至φ1.80，複式刀具台往車頭方向前進至 0.75，車削之。

第五刀：橫向進刀至φ2.00，複式刀具台往車頭方向前進至 0.90，車削之。

第六刀：橫向進刀至φ2.20，複式刀具台往車頭方向前進至 1.05，車削之。

第七刀：橫向進刀至φ2.30，複式刀具台往車頭方向前進至 1.15，車削之。

第八刀：橫向進刀至φ2.40，複式刀具台往車頭方向前進至 1.25，車削之。

第九刀：橫向進刀至φ2.40，複式刀具台反向除去間隙後設定為 0，往尾座方向後退至 0.10，車削之。

第十刀：橫向進刀至φ2.40，複式刀具台往尾座方向，由 0 後退至 0.20，車削之。

第十一刀：橫向進刀至φ2.40，複式刀具台往尾座方向，由 0 後退至 0.25，車削之。

　　　車削完成後的螺紋高度為輪郭上限(φ2.4)，因螺紋大徑在φ15.96mm~φ15.51mm，檢驗後如未達節徑標準公差內時，則逐次車削至下限(φ2.6)。如欲獲得較為細緻的加工面，則可將車削次數 11 刀增加，惟需較多的車削時間。

車削左旋螺紋時與右旋螺紋相同，僅使車刀由左向右縱向進刀即可。

車削內螺紋時除下列各點不同外均與外螺紋相同：

1. 車刀之前隙角須較外螺紋車刀之前隙角大，以免造成拖曳。

2. 車刀刀尖方向反裝。

3. 橫向及複式刀具台進刀方向與外螺紋車削時相反。

4. 車削螺紋高度較外螺紋小，因工件孔徑常較理論內徑大。

5. 螺紋內端部需車讓切(under cut)以利車削，其規格參考 CNS4324(註 L09-3)。

6. 車刀與孔徑需有足夠間隙，以便車刀退出。

7. 螺紋內徑(工件孔徑)與螺絲攻攻螺紋時之尺寸計算法一樣，即孔徑＝大徑－螺距。其車削情形如圖 L09-14。

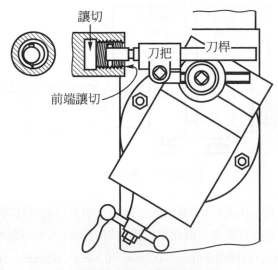

圖 L09-14　車內螺紋

L09-6　螺紋檢驗

　　螺紋的配合係藉螺腹的斜面接觸而非螺峰或螺谷，故測量螺紋應測其導程及斷面情形，次為節徑及大小徑。雖導程誤差對螺紋的接觸情況是否良好為一極重要因素，但導程的測量實際上不適於大量生產的檢驗，螺紋斷面形狀的測量亦極為困難。故一般檢驗螺紋為測量螺紋的節徑。而利用螺紋用分厘卡來度量螺紋的節徑為最常用的方法。

　　螺紋用分厘卡(thread micrometer)與普通分厘卡相似，僅心軸及砧不同如圖 L09-15。砧有一 V 形槽，與螺紋的形狀吻合，並可以轉動以適用各種不同螺距的導角，心軸尖端為 60° 錐形，與螺腹相嚙合，心軸及砧的頂部與根部均截除相當部份，以避免因大小徑的誤差而導致節徑誤差。當分厘卡之砧 B 與心軸 A

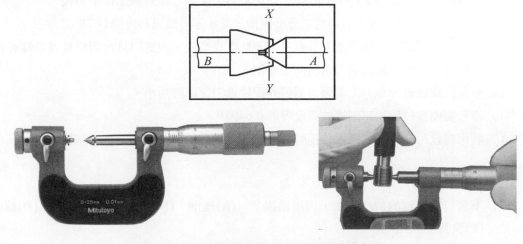

圖 L09-15　外螺紋分厘卡(台灣三豐儀器公司)

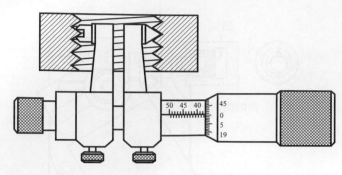

圖 L09-16　內螺紋分厘卡

密合時，兩套筒上的讀數爲零，代表*X-Y*平面內的一直線。所量得的尺寸即爲*X-Y*兩平面的距離即螺紋的節徑。測量時雖受導角的影響而有誤差，但此項誤差常略而不計。惟螺距的範圍太大，同一砧不能完全適用，通常螺紋用分厘卡(60°)分爲螺距 0.4mm～0.5mm、0.6mm～0.9mm、1mm～1.75mm、2mm～3mm、3.5mm～5mm、5.5mm～7mm 等六種不同的砧。圖 L09-16 爲內螺紋用分厘卡。螺紋用分厘卡之讀數法與一般分厘卡相同。

學後評量

一、是非題

( )1. 車螺紋是工件與導螺桿的迴轉關係，此關係由柱齒輪與導螺桿齒輪搭配成一速比而得，所車工件螺紋的螺距比導螺桿的螺距小時，則導螺桿齒輪齒數比柱齒輪齒數多。

( )2. 車床導螺桿螺距 6mm，欲車 2mm 螺距的螺紋，如柱齒輪用 60 齒，則導螺桿齒輪用 20 齒。

( )3. 螺紋車刀的側隙角，原應有的側隙角外，應加螺紋的導角。

( )4. 車螺紋時車刀應與工件中心等高，並使車刀刀尖中心線垂直工件中心線。

( )5. 29°法車螺紋時，複式刀具台之分度圈指示量，等於螺紋高度除以 29°之餘弦。

( )6. 垂直法車螺紋時，橫向進刀移動量則等於螺紋高度，複式刀具台回移量等於螺谷寬度。

( )7. 車左旋螺紋時，縱向進刀由右向左車削。

( )8. 車削內螺紋時，車刀之前隙角須較外螺紋車刀之前隙角小。

( )9. 車公制內螺紋時之車削螺紋高度等於 0.6495P。

( )10. 利用螺紋用分厘卡測螺紋外徑時，須先選擇適當的砧並歸零，才能測量工作。

二、選擇題

( )1. 下列有關螺紋的製作方法，何項錯誤？　(A)銼削　(B)車削　(C)螺絲攻　(D)螺紋模鉸　(E)滾製。

( )2. 車床導螺桿螺距 6mm 欲車 M20×2.5 的螺紋時，則分度盤選用幾等分爲宜？　(A)2　(B)3　(C)5　(D)7　(E)任意。

( )3. 車削螺紋時，應使車刀刀尖垂直於工件中心，其校驗應使用　(A)車刀規　(B)螺距規　(C)中心規　(D)圓筒直角規　(E)規矩塊 。

( )4. 使用30°法車螺紋時，其複式刀具台的千分圈指示量等螺紋高度除以　(A)tan30°　(B)cot30°　(C)sec30°　(D)sin30°　(E)cos30° 。

( )5. 車削M16×2的內螺紋時，其孔徑應為　(A)ϕ16　(B)ϕ14.8　(C)ϕ14.7　(D)ϕ14　(E)ϕ13.6 。

參考資料

註 L09-1： Henry D. Burghardt, Aaron Axelrod, and James Anderson. *Machine tool operation part I*. New York: McGraw-Hill Book Company, 1959, pp.445～460.

註 L09-2： 經濟部標準檢驗局：螺釘端部。台北，經濟部標準檢驗局，民國71年，第1～3頁。

註 L09-3： 經濟部標準檢驗局：退刀及凹槽(適用於CNS497～CNS506之公制螺紋)。台北，經濟部標準檢驗局，民國67年，第1～3頁。

工廠實習知識單

項目	滾　花	學習目標	能正確的說出花紋的種類與滾花的方法

前　言

為使工件表面美觀或握持容易，常在工件表面滾以花紋。

說　明

　　滾花(knurling)的花紋形式有直行紋(KAA)、左旋斜紋(KBL)、右旋斜紋(KBR)、交叉紋(交點突起)(KCW)、交叉紋(交點凹入)(KCV)、十字紋(交點突起)(KDW)、十字紋(交點凹入)(KDV)等七種，代號中第一位母表示滾花(K)，代號第二字母表示種類(A→直紋、B→斜紋、C→交叉紋、D→十字紋)，代號第三字母表示方向及形狀(R→右、L→左、W→凸、V→凹)，紋節(t)有 0.5、0.6、0.8、1.0、1.2、1.6mm等六種，依工件材料、直徑及長度選用之，如一工件標註KCW08表示交叉紋(交點突起)、紋節0.8mm。一般商品亦有以粗紋(#14～#20)、中紋(#22～#36)、細紋(#38～#48)表示，如圖L10-1示常用兩種花紋。

交叉紋　　　　　　　　　　直行紋

圖L10-1　滾花

　　工件滾花後直徑會增大，因此滾花前工件需先車小外徑，滾花前的直徑如表L10-1(CNS75)(註L10-1)。

　　滾花時選取最低之轉速，待工件迴轉後，始慢慢由右端進入工件直至0.5mm深，再縱向進刀，並適當的使用切削劑以沖除切屑及冷卻、潤滑，至左端所需位置後，不退出橫向進刀而向右回至原點，再次橫向進刀繼續滾花直至預定深度。

　　裝置滾花刀時，原則上應使刀具中心與工件中心對準且垂直，若使用圖L10-2之滾花刀時，則有自動對準之效。

　　滾花工件通常先滾花後去角，去角的大小視工件的滾花長度與直徑而異，滾花長度在6mm以下者，其去角不可大於紋節，或給予去圓角。

表 L10-1 滾花前直徑(經濟部標準檢驗局)

花紋種類	滾花前直徑 (d_2)
KAA KBL KBR	$d_1 - 0.5t$
KCW	$d_1 - 0.67t$
KCV	$d_1 - 0.33t$
KDW	$d_1 - 0.67t$
KDV	$d_1 - 0.33t$

圖 L10-2 滾花刀(勝竹機械工具公司)

註：d_1為標稱直徑。

學後評量

一、是非題

( ) 1. 工件標註 KCW06，即表示滾花，其花紋形式爲交叉紋、交點突起，紋節 0.6mm。

( ) 2. $\phi35$ 工件標註 KCW12，則滾花前工件直徑應車成 $\phi33.2$。

( ) 3. 滾花時，應使用高迴轉數，並使用切削劑沖除切屑。

( ) 4. 滾花時，滾花刀應垂直工件，並與工件中心等高。

( ) 5. 工件通常先滾花後去角。

二、選擇題

( ) 1. 一工件標註 KCW08，下列何項表示錯誤？ (A)滾花 (B)交叉紋 (C)交點突起 (D)紋節 0.8mm (E)平行紋。

( ) 2. 一工件 $\phi44$，標註 KCW10，則滾花前工件直徑應車成 (A)$\phi44.0$ (B)$\phi43.3$ (C)$\phi43$ (D)$\phi42$ (E)$\phi41$。

( ) 3. 下列有關滾花之敘述，何項錯誤？ (A)工件滾花寬度在 6mm 以下者，宜去圓角 (B)滾花時選取最低迴轉數 (C)滾花時應使用切削劑 (D)工件通常先去角再滾花 (E)工件滾花以利握持。

( ) 4. #30 的滾花刀是屬於 (A)最細紋 (B)細紋 (C)中紋 (D)粗紋 (E)最粗紋。

( ) 5. 滾花時滾花刀的夾持，下列何項正確？ (A)與工件中心等高 (B)比工件中心高 (C)比工

件中心低　(D)不可垂直於工件　(E)應懸空較長。

參考資料

註 L10-1：經濟部標準檢驗局：輥紋。台北，經濟部標準檢驗局，民國 71 年，第 1～3 頁。

工廠實習知識單

項目	鑽孔與搪孔	學習目標	能正確的說出鑽孔與搪孔的工作方法

前 言

在工件中產生圓孔的方法除在鑽床上鑽孔外,尚可在車床上鑽孔與搪孔。

說 明

L11-1 車床上鑽孔

在車床上鑽孔,可將鑽頭裝置於尾座,而工件夾持於車頭上如圖 L11-1。若工件材料較長時,除以夾頭夾持工件外,尚須以中心架扶持,始可鑽孔如圖 L11-2。

開始鑽孔時,常先以中心鑽鑽中心孔如圖 L11-3,若未先鑽中心孔者,則可將工作端面車一凹點,並以刀把抵鑽頭鑽孔如圖 L11-4,以免鑽頭偏離(註 L11-1)。

圖 L11-1 鑽孔之一

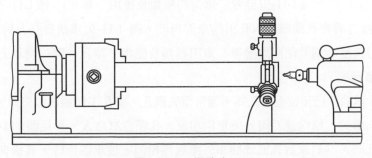

圖 L11-2 鑽孔之二

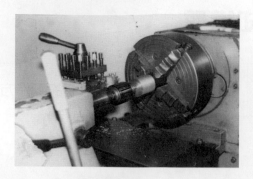

圖 L11-3 鑽中心孔

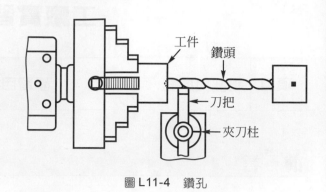

圖 L11-4 鑽孔

L11-2 車床上搪孔

　　若孔徑較大時，常以搪孔為之。搪孔時常以夾頭夾持工件，以搪孔刀沿床軌作縱向進刀，但橫向進刀與車外徑的方向相反。

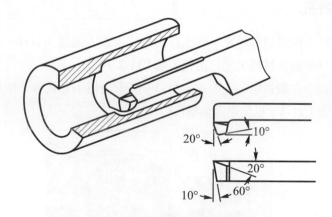

圖 L11-5 搪通孔搪孔刀(高速鋼整體鍛造)

　　搪孔刀視搪孔工作而選擇，圖 L11-5 為高速鋼鍛造的實體搪孔刀，圖示的角度適用於搪通孔用，圖 L11-6 適用於搪階級孔之刃口角度，此種搪孔刀整把由高速鋼鍛造，成本較高。一般使用工具鋼為刀把，銲接或以機械夾持方式夾持的碳化物車刀(參考〝碳化物車刀〞單元)；或以搪孔刀把夾持高速鋼或銲接式碳化物車刀，如圖 L11-7 至圖 L11-9(參考〝車刀的種類及應用〞單元)。圖 L11-7 為一搪通孔用的車刀角度，圖 L11-8 為搪方肩盲孔或階級內孔用的車刀角度，圖 L11-9 為搪盲孔方肩讓切用之車刀角度(註 L11-2)。高速鋼車刀角度名稱及使用請參考〝車刀種類及應用〞單元；碳化物車刀角度名稱及功用請參考〝碳化物車刀〞單元。

　　工件搪孔前，除鑄鍛件已預留毛胚孔外，通常需先鑽孔。搪孔工作通常以夾頭夾持工件，搪通孔時，搪孔刀沿床軌作縱向進刀，橫向進刀與外徑車削相反，孔徑愈車愈大，參見圖 L11-5、圖 L11-7；方肩、盲孔或階級內孔搪孔時，其肩或盲孔底部與車外階級桿相同，惟車內肩時，其橫向進刀方向與車外肩相反，參見圖 L11-8；搪讓切時與外徑切槽、車凹部相同，惟其橫向進刀方向相反，參見圖 L11-9。

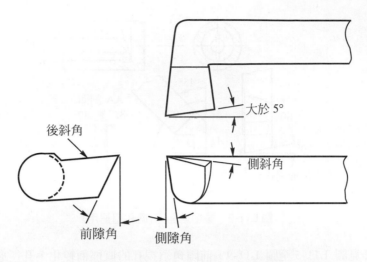

大於 5°

後斜角

側斜角

前隙角　　側隙角

圖 L11-6　搪階級孔搪孔刀(高速鋼整體鍛造)

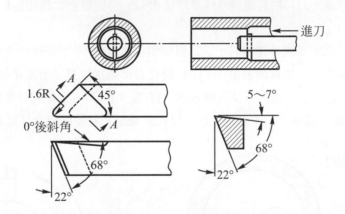

進刀

1.6R　　45°

0°後斜角

68°

22°

5～7°

68°

22°

圖 L11-7　搪通孔搪孔刀(搪孔刀把用)

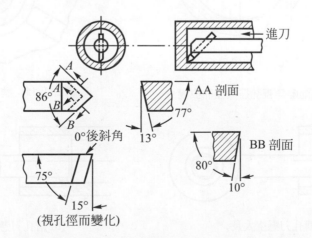

進刀

86°

0°後斜角

13°

77°

AA 剖面

75°

15°

(視孔徑而變化)

80°

10°

BB 剖面

圖 L11-8　搪方肩盲孔或階級內孔用搪孔刀(搪孔刀把用)

277

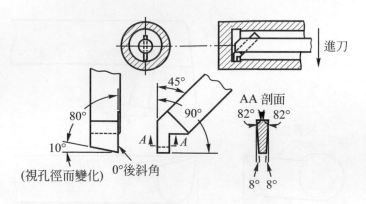

圖 L11-9　讓切搪孔刀(搪孔刀把用)

　　搪孔刀的角度參見圖 L11-5 至圖 L11-9，前隙角須視孔的直徑而變化，孔徑愈小則前隙角愈大，以免刀踵與工件接觸如圖 L11-10，且搪孔刀的刀尖應高於工件中心上方 5°，如圖 L11-11，但搪內錐度時其刀尖應與工件中心等高。刀具的裝置與外徑車削法相似，勿使懸空太長如圖L11-12，並有足夠的退刀間隙，參見圖 L11-10。

　　搪孔的主要操作步驟與車削外徑相同，進刀與切削速度參考"車削條件的選擇與車削"單元。惟粗車時應注意切勿一次切削太深，如車削過深時，由於搪孔刀常懸空較長，而易產生振顫，並使所搪的孔造成喇叭狀錐孔。尤以細車時應多幾刀以使孔徑各處一樣(註 L11-3)。工件的公差與配合請參考"尺寸公差與配合"單元。組合件搪孔後通常給予適當去角，以利於裝配，並使兩組合件端面確實密合。

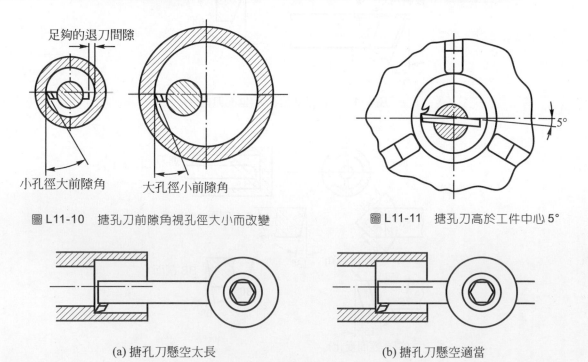

圖 L11-10　搪孔刀前隙角視孔徑大小而改變

圖 L11-11　搪孔刀高於工件中心 5°

(a) 搪孔刀懸空太長　　　　　　　　(b) 搪孔刀懸空適當

圖 L11-12　搪孔刀勿懸空太長

278

學後評量

一、是非題

( ) 1. 在車床上搪孔比鑽孔更能獲得較佳之真圓度、真直度及精確度。

( ) 2. 長工件鑽孔須用中心架扶持。

( ) 3. 搪孔刀的前隙角隨搪孔直徑增大而增大,即孔徑愈小前隙角愈小。

( ) 4. 搪孔時,搪孔刀之刀尖應低於工件中心。

( ) 5. 搪孔時,因搪孔刀懸空較長,因此車削時應增大切削量,以避免車成喇叭狀錐孔。

二、選擇題

( ) 1. 下列有關車床上鑽孔的敘述,何項錯誤? (A)一般車床上鑽孔是將鑽頭裝在車頭 (B)長工件的鑽孔須以中心扶架夾持 (C)車床上鑽孔常以中心鑽鑽中心孔 (D)鑽大直徑的孔,須先以直徑鑽頭鑽導孔 (E)鑽孔的迴轉數以鑽頭直徑來計算,鑽頭直徑愈大,迴轉數愈低。

( ) 2. 下列有關車床上搪孔的敘述,何項錯誤? (A)搪孔時橫向進刀與車外徑之方向相反 (B)搪孔刀之前隙角隨孔徑而變化,孔直徑愈小前隙角愈小 (C)搪孔刀的夾持應使刀尖高於工件中心 5° (D)裝置搪孔刀時,勿使懸空太長 (E)搪孔刀切削量太深易使所搪的孔成喇叭狀錐孔。

( ) 3. 車床上搪通孔時,所選用的碳化物搪孔刀以幾號為宜? (A)31 (B)35 (C)45 (D)49 (E)51。

( ) 4. 一組合件搪孔後,內孔通常給予適當去角,其主要目的為 (A)易於測量 (B)去毛頭 (C)美觀 (D)不傷手 (E)易於裝配。

( ) 5. 在車床上鑽孔之前,工件通常須先 (A)車外徑 (B)搪孔 (C)鉸孔 (D)車端面 (E)去角。

參考資料

註 L11-1： Sotuh Bend Lathe. *How to run a lathe*. Indiana: South Bend Lathe, 1966, p.65~68.

註 L11-2： John L. Feirer. *Machine tool metalworking*. New York: McGraw-Hill Book Company, 1973, p. 321.

註 L11-3： 同註 11-2。

工廠實習知識單

項目	車偏心	學習目標	能正確的說出車削偏心的工作方法

前　言

　　當車削一圓筒的表面，其軸線與一主軸線平行時，稱為車偏心，此工件稱為偏心軸(eccentric shafts)或曲軸(crankshafts)。偏心軸用於改變迴轉運動為往復運動，曲軸用於改變往復運動為迴轉運動。

說　明

　　簡單的偏心軸或曲軸可用畫線法在工件兩端求得相對稱的偏心點，如圖L12-1之A_1-A_2及B_1-B_2。鑽中心孔後在兩心間車削，大量生產時可利用車床心軸(lathe mandrel)車偏心軸如圖 L12-2 所示，車床心軸或稱中軸，為工具鋼製成，並經熱處理，其外圓磨成 1：2000 的錐度，以便將已車好或鉸好的孔件裝於車床心軸上，置於兩心間車削。

　　偏心距離較小(約 5mm 以下)之短工件，可利用四爪夾頭調整偏心，以針盤指示錶校正偏置量，偏心軸或曲軸的往復運動距離為其偏心量的兩倍，如圖 L12-3，故其指示錶總讀數值(total indicator reading，TIR)即指示最高點與低點的差距，為偏心量的兩倍，如圖 L12-4 的工件偏心 2.5mm 則其 TIR 為 5mm，如圖 L12-5 為應用四爪夾頭車偏心的情形，工件偏心的檢查，可將主軸線端置於 V 形槽塊中，以針盤指示量表讀出其 TIR，數值的一半即為偏心量如圖 L12-6。偏心軸的中心線須與工作圖示的位置符合，尤以同時具有兩個以上的多偏心工件，其偏心部份的中心應事先在端面求其等分點，以符合工作圖圖示偏心位置的要求。當偏心量太大而無法在兩曲軸端面鑽中心孔時，可在曲軸的兩端裝置一對墊塊，將其偏心軸線之位置妥為對稱，並支以支架及配重再行車削，如圖L12-7。內偏心的車削可利用四爪夾頭夾持工件車削外徑後，依其外徑軸線調整偏心位置及偏心量後鑽孔，搪內偏心孔如圖 12-8。

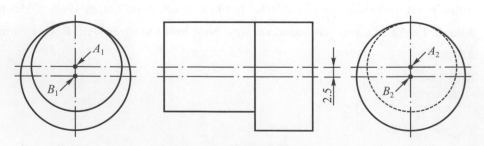

圖 L12-1　畫線法車削偏心

280

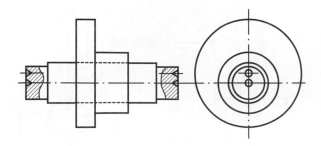

圖 L12-2　應用車床心軸車削偏心

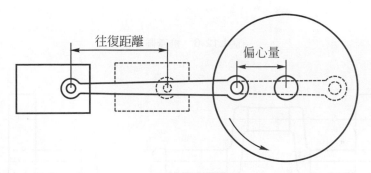

圖 L12-3　往復運動距離為偏心量的兩倍

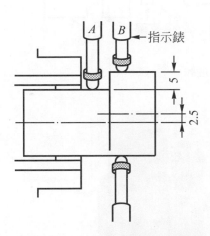

圖 L12-4　針盤指示錶校正偏置量

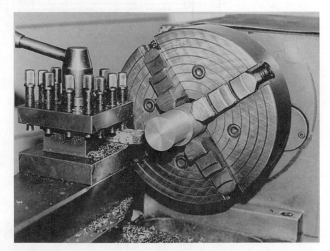

圖 L12-5　四爪夾頭車削偏心

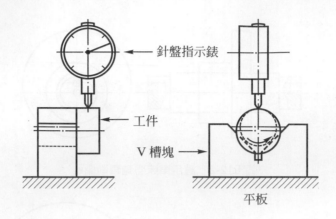

針盤指示錶

工件

V 槽塊

平板

圖 L12-6　檢查偏心量

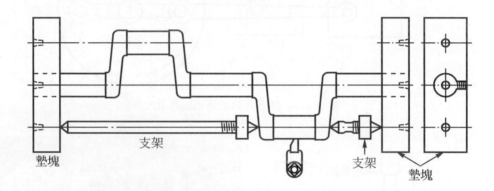

墊塊

支架

支架

墊塊

圖 L12-7　車削偏心量較大之曲軸

圖 L12-8　搪內偏心孔

學後評量

一、是非題

( )1. 車削一圓筒表面的軸線與主軸線平行時，稱之為車偏心。

( )2. 改變迴轉運動為往復運動時用曲軸。

( )3. 使用車床心軸(lathe mandrel)可以車削偏心。

( )4. 偏心車削時，針盤指示錶的 TIR 等於偏心量。

( )5. 偏心軸的往復運動距離為偏心量的兩倍。

二、選擇題

( )1. 偏心距離小的短工件，應使用何種方法車偏心？ (A)四爪夾頭夾持法 (B)三爪夾頭夾持法 (C)畫線法 (D)應用車床心軸車削 (E)使用墊塊。

( )2. 車床心軸(lathe mandrel)的外圓錐度為 (A)1：20 (B)1：100 (C)1：200 (D)1：1000 (E)1：2000。

( )3. 用四爪夾頭調整偏心，工作圖標註 3mm 偏心量，則指示錶之總數值為 (A)1.5 (B)3 (C)4.5 (D)6 (E)9 mm。

( )4. 兩心間車削偏心，工作圖上標註 2mm 偏心量，則畫線時之偏心量為 (A)1mm (B)2mm (C)3mm (D)4mm (E)6mm。

( )5. 工作圖標註偏心量為 2.5mm 的短偏心軸，使用 V 槽塊與指示錶檢驗時，其指示錶總讀數值為 (A)1.25mm (B)2.5mm (C)5mm (D)7.5mm (E)10mm。

參考資料

註 L12-1： Sotuh Bend Lathe. *How to run a lathe*. Indiana: South Bend Lathe, 1966, pp.88～93.

工廠實習知識單

項目	銑床的種類與規格	學習目標	能正確的說出銑床的種類與規格

前　言

　　工具機群中，銑床(milling machine)為工作範圍最廣泛的一種工具機，係利用旋轉的多刃刀具(銑刀)切削工件的多餘量，使之獲得所需的平面、曲面、齒形等各種不同形狀及尺寸的工具機。在生產工廠的大量生產可獲得極佳的生產效率，在工具工廠可獲得廣泛的用途。銑床的構造依用途而異，本知識單就普通銑床說明之。

說　明

M01-1　銑床的種類

　　普通銑床用於一般工具工廠的銑削工作，通常有兩種不同的型式，即床式(bed type)及柱膝式(column and knee type)。

1. 床式銑床：亦稱固定型，因其床台係固定在基座的一定高度上而不能改變，故有堅實之利，工作時只能調節升降其心軸，以獲得不同高度的銑削，床台的左右運行可獲得工件的縱向進刀。亦有可橫向進刀以調整工件與銑刀的位置者如圖 M01-1，如工模搪床(jig borer)或靠模銑床(profile milling machine)等皆屬此型之演進而得。

圖 M01-1　床式銑床(永進機械工業公司)

2. 柱膝式銑床：亦稱活動型，因其床台的高度可隨工作的需要而適當調節，以獲得更廣泛的工作範圍。依心軸的位置可分為臥式與立式兩種：臥式銑床(horizontal plain milling machine)的心軸是水平置放的，床台可以上下垂直運行、左右縱向進刀、前後的橫向進刀。因其廣泛的工作範圍，使之有取代床式銑床之趨勢如圖 M01-2。另一種床台可在水平面上作相當角度的轉動，使能銑削螺旋槽、螺旋齒輪等工作的銑床謂之萬能銑床(universal milling machine)如圖 M01-3。

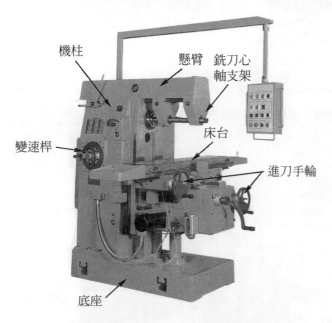

圖 M01-2　臥式銑床(永進機械工業公司)

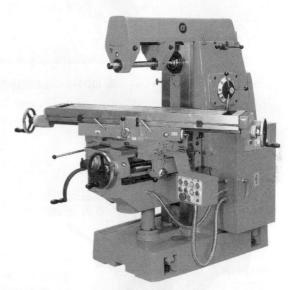

圖 M01-3　萬能銑床(永進機械工業公司)

　　立式銑床(vertical milling machine)的心軸係垂直於床台，主要是利用端銑刀及平面銑刀等，應用於若干端銑、平面銑刀銑平面及垂直孔的銑削如圖 M01-4。部份型式的立式銑床，其主軸頭與懸臂可沿機柱水平移動及旋轉定位如圖 M01-5，主軸頭亦可左右旋轉及俯仰調整如圖 M01-6。

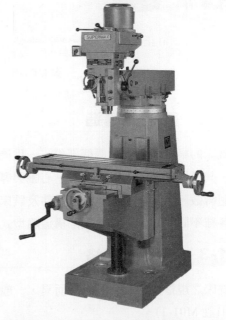

圖 M01-4　立式銑床(永進機械工業公司)

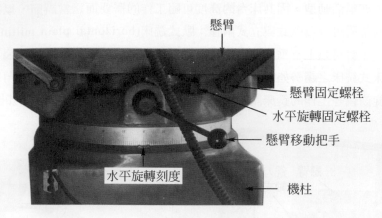

圖 M01-5　主軸頭與懸臂沿機柱水平移動及旋轉定位

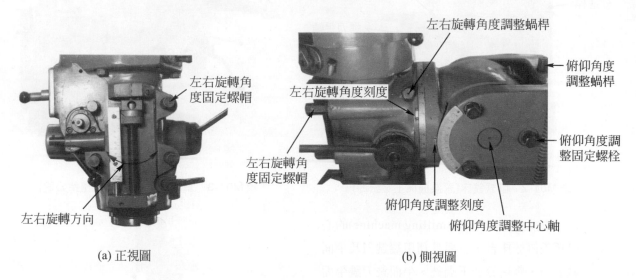

(a) 正視圖　　　　　　　　　　　　　　　(b) 側視圖

圖 M01-6　主軸頭之左右旋轉及俯仰調整

M01-2　銑床的構造

　　銑床的構造大致分為兩個部份，一為機柱，另一為床台。機柱部份為高級鑄鐵鑄成，為整個銑床的支柱，其懸臂與心軸平行，懸臂、心軸與導軌的垂直全靠機柱，其內部為一齒輪系統以獲得心軸的各種不同迴轉數。床台部份用以支持工件及銑床附件，使工件能固定在床台上，隨著需要的方向而運行，以獲得各種不同的銑削。銑床細部構造隨型式及各廠商設計而不盡相同，宜參考各廠商的使用說明書。

M01-3　銑床的規格

　　銑床之規格依各廠商的設計而異，一般以床台移動或號數稱之，各種不同號數床台的移動距離如表 M01-1(註 M01-1)。

表 M01-1 銑床規格

稱呼號數	機種別	床台移動距離 mm			稱呼號數	機種別	床台移動距離 mm		
		左右(縱向)	前後(橫向)	上下			左右(縱向)	前後(橫向)	上下
No.0	普通銑床	450	150	300	No.3	普通銑床	850	300	450
	萬能銑床	450	150	300		萬能銑床	850	275	450
	立式銑床	450	150	300		立式銑床	850	300	350
No.1	普通銑床	550	200	400	No.4	普通銑床	1,050	325	450
	萬能銑床	550	175	400		萬能銑床	1,050	300	450
	立式銑床	550	200	300		立式銑床	1,050	350	400
No.2	普通銑床	700	250	400	No.5	普通銑床	1,250	350	500
	萬能銑床	700	225	400		萬能銑床	1,250	325	500
	立式銑床	700	250	300		立式銑床	1,250	400	450

學後評量

一、是非題

( ) 1. 銑床床台可上下調整高度的稱爲床式銑床。

( ) 2. 普通銑床可以銑螺旋槽。

( ) 3. 立式銑床可用平面銑刀銑平面。

( ) 4. 銑床的構造分爲機柱與床台兩部份。

( ) 5. 2號立式銑床的縱向移動距離 250mm。

二、選擇題

( ) 1. 銑削螺旋齒輪應使用　(A)床式銑床　(B)臥式銑床　(C)萬能銑床　(D)立式銑床　(E)工模搪床。

( ) 2. 利用端銑刀或平面銑刀爲主要的銑平面工作的銑床是　(A)靠模銑床　(B)臥式銑床　(C)萬能銑床　(D)立式銑床　(E)工模搪床。

( ) 3. 使用普通銑刀銑平面通常使用　(A)靠模銑床　(B)立式銑床　(C)萬能銑床　(D)工模搪床　(E)臥式銑床。

( ) 4. 銑床床台用以固定工件，其材料是　(A)鑄鐵　(B)鍛鋼　(C)鑄鋼　(D)鍛鋁　(E)不銹鋼。

( ) 5. 銑床規格以號數稱呼，No.1 立式銑床的縱向進刀距離是　(A)450　(B)550　(C)700　(D)850　(E)1050　mm。

參考資料

註 M01-1：周賢溪：銑床手冊。台北，啓學出版社，民國 66 年，第 259 頁。

工廠實習知識單

項目	銑　刀	學習目標	能正確的說出銑刀的種類、規格、用途與磨削方法

前　言

在銑削工作中，選擇正確銑刀的形式、尺寸並磨銳，是提高銑削效率最具影響力的因素。銑刀的種類，可依照工作情形而分類，亦依齒形而有不同的磨銳方法。

說　明

M02-1　銑刀的種類

1.　依其齒形可分為鋸齒、型齒及嵌齒三種。

 (1)　鋸齒(saw tooth)：為一般銑刀採用最廣泛者，用於普通銑刀、螺旋銑刀及鋸割銑刀等如圖 M02-1。

 (2)　型齒(formed tooth)：銑床上複製工件為大量生產最經濟的工作方法之一，利用型齒銑刀給予單獨或排銑皆可獲得最佳的效率，且磨銳銑刀時並不影響其齒形如圖 M02-2。

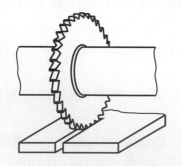

圖 M02-1　鋸齒銑刀　　　　　圖 M02-2　型齒銑刀(三協工具製造公司)(宗順超硬切削工具製造公司)

 (3)　嵌齒(inserted tooth)：較大的銑刀以整體的刀具材料來製造將形成浪費，故以高速鋼製成刀片或碳化物刀片等嵌入於工具鋼製成的刀體上，以獲得經濟之效，尤其採用可替換式碳化物刀具更是一種經濟的選擇。

　　可替換式碳化物刀具，係將可替換式刀片，或稱「用後即棄式」刀片，以機械方式夾持於刀體上，如圖 M02-3 所示之平面銑刀，及圖 M02-4 所示，可以銑削肩、槽、柱孔及斜坡(ramping)的端銑刀。

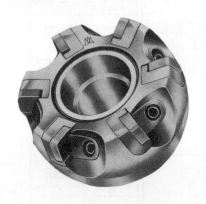

圖 M02-3　嵌齒銑刀(宗順超硬切削工具製造公司)

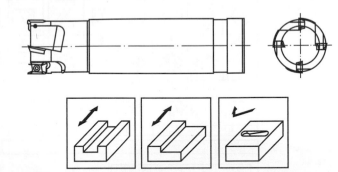

圖 M02-4　可替換式端銑刀

　　碳化物刀片可分為 P、M、K 三類及若干等級，依工件材料、加工方式及加工條件選擇之(請參考〝碳化物車刀〞單元)；銑刀刀體視加工需求選擇各種不同的型式如圖M02-5；可替換式銑刀的選擇如圖 M02-6(註 M02-1)。

圖 M02-5　可替換式碳化物銑刀(扶德公司)

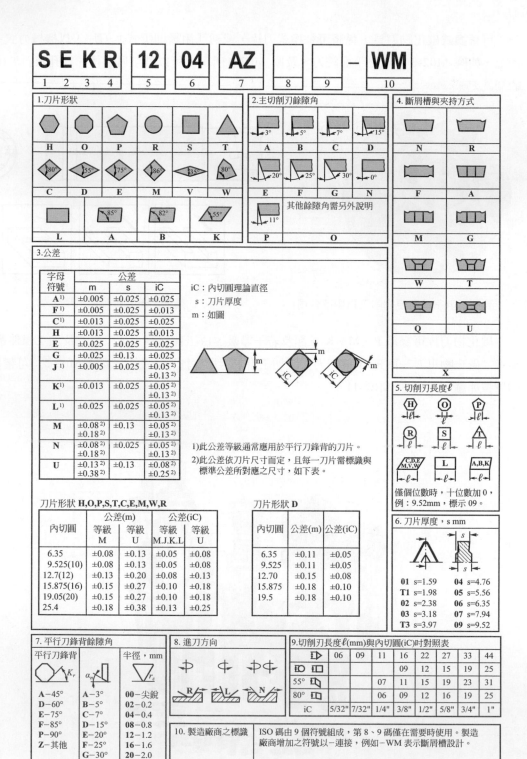

圖 M02-6　可替換式銑刀片的標識(台灣山域公司)

　　　可替換式銑刀片的安裝程序如下(註 M02-2)：

1. 放鬆刀片楔，卸下銑刀片如圖 M02-7(a)。

2. 使用空氣噴槍，清潔刀片座如圖 M02-7(b)。

3. 反時針方向替換銑刀新刃口(或選擇一新銑刀片)，並裝入刀片座。

4. 輕輕的旋緊刀片楔螺釘，而後放鬆 1/4 圈。

5. 對著半徑方向的兩定位點，壓入銑刀片，用力壓住後，推向軸向定位點，如圖 M02-7(c)，旋緊刀片楔螺釘。

6. 使用扭矩扳手旋緊，扭矩約為 90kp-cm 如圖 M02-7(d)。

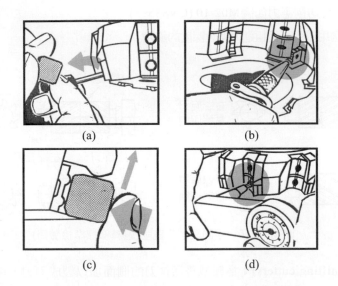

圖 M02-7　銑刀片的安裝程序(台灣山域公司)

7. 大型平面銑刀，視需要以針盤指示錶檢驗各銑刀片的高度如圖 M02-8。

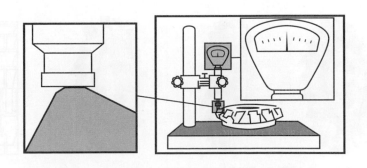

圖 M02-8　檢驗平面銑刀之銑刀片(台灣山域公司)

2. 依工作情形而分類則有

(1) 普通銑刀(plain milling cutters)：或稱平銑刀。如
圖 M02-9，其外徑在φ50mm～φ125mm，寬度在
40mm～200mm，以外徑(D)×刃寬(L)×孔徑(d)表
示其規格，如50×40×22(CNS3598) (註 M02-3)，
一般製成螺旋刃以降低剪切應力，防止銑削時所
發生的震動，不區分刃向，右螺旋刃銑刀應左轉
銑削，左螺旋刃銑刀應右轉銑削以由機柱承受切
削應力，重銑削時可將右螺旋刃與左螺旋刃成對
使用，以消除其切削應力如圖 M02-10 (CNS3595)
(註M02-4)，適用於大平面粗進刀與大深度的銑削。

圖 M02-9　普通銑刀(三協工具製造公司)

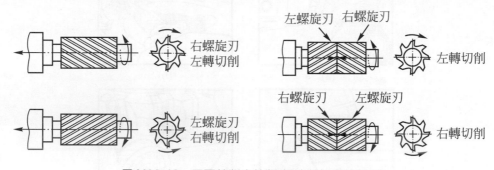

圖 M02-10　平面銑削之銑削(經濟部標準檢驗局)

(2) 側銑刀(side milling cutters)：為輕型普通銑刀的側面加以製成刀刃，用以銑削側面或騎銑，外
徑在φ50mm～φ200mm，寬度 4mm～40mm(CNS3599)(註 M02-5)，如圖 M02-11(a)為平側銑
刀，另有一種與平側銑刀相同，唯一側有刀刃者謂之單側銑刀如圖 M02-11(b)，銑刀刃有直刃
及螺旋刃，圖M02-11(c)為一交錯刃側銑刀，刀刃左右螺旋交互排列，用以重銑削而不發震聲。
圖 M02-11(d)為扣聯刃側銑刀。

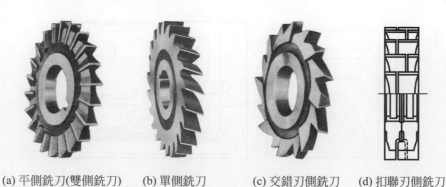

(a) 平側銑刀(雙側銑刀)　　(b) 單側銑刀　　　(c) 交錯刃側銑刀　　(d) 扣聯刃側銑刀

圖 M02-11　側銑刀

(3) 開縫鋸(slitting saws)：如圖 M02-12，其外徑在 φ32mm～φ315mm，寬度在 0.3mm～6mm (CNS3601) (註 M02-6)，其兩邊均準確磨削並向中心逐漸磨薄，使銑削時有適當的間隙而不產生摩擦。與開縫鋸相似者有螺釘頭槽銑刀(screw slotting cutters)，其外徑在 φ45mm 及 φ70mm，寬度在 0.25mm ～8mm(CNS3602) (註 M02-7)；切槽銑刀(slotting cutters)或稱槽銑刀，其外徑在 φ50mm～φ125mm，寬度在 4mm～25mm (CNS3597) (註 M02-8)。

圖 M02-12　開縫鋸(三協工具製造公司)

(4) 端銑刀(end mills)：端銑刀在周邊、端面均有刀刃，其各部份名稱如圖 M02-13，以其刃端表示其規格。依其柄端有直柄(φ2mm～φ20mm)(CNS3610)(註 M02-9)、錐柄(φ10mm～φ40mm) (CNS3609)(註 M02-10)如圖 M02-14，及柄與銑刀分離的殼形端銑刀(shell end mills)(φ40mm～φ60mm)(CNS3611)(註 M02-11)如圖 M02-15；依其刃數(溝槽數)有雙刃、三刃、四刃及六刃等如圖 M02-16，其中雙刃、三刃及具有中心切削作用的四刃端銑刀具有中心切削作用，可作軸向及徑向進刀。端銑刀的端面形狀有方寬、球鼻端、角隅圓弧端、角隅去角端、角隅圓角端及鑽頭鼻端等如圖 M02-17，圖 M02-18 為各種端銑刀，端銑削時依銑削形式、工件形狀選擇適當的端銑刀。表 M02-1 為端銑刀的選擇(註 M02-12)。銑削時亦應使右螺旋刃左轉銑削，左螺旋刃右轉銑削，由機柱承受應力如圖 M02-19(註 M02-13)。

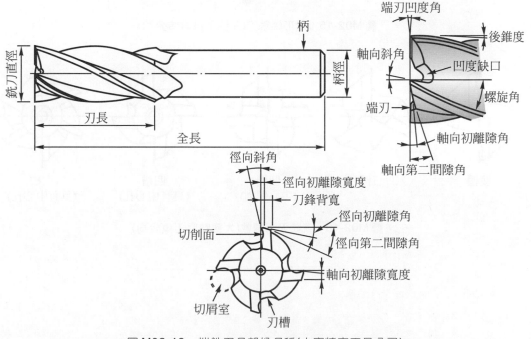

圖 M02-13　端銑刀各部份名稱(大寶精密工具公司)

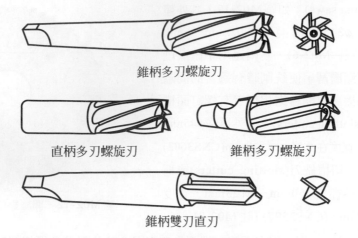

錐柄多刃螺旋刃

直柄多刃螺旋刃　　　錐柄多刃螺旋刃

錐柄雙刃直刃

圖 M02-14　端銑刀

圖 M02-15　殼形端銑刀(三協工具製造公司)

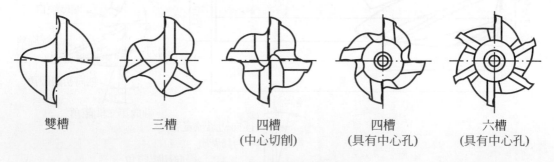

雙槽　　　　三槽　　　　四槽　　　　四槽　　　　六槽
　　　　　　　　　　　　(中心切削)　　(具有中心孔)　　(具有中心孔)

圖 M02-16　端銑刀溝槽數(大寶精密工具公司)

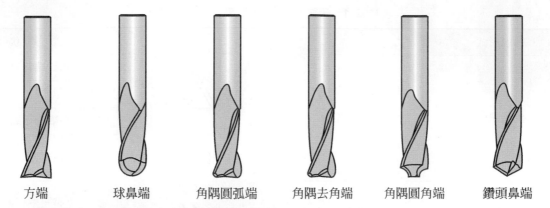

方端　　　球鼻端　　　角隅圓弧端　　　角隅去角端　　　角隅圓角端　　　鑽頭鼻端

圖 M02-17　端銑刀的端面形狀(大寶精密工具公司)

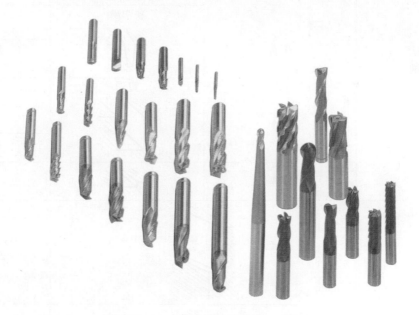

圖 M02-18　端銑刀(大寶精密工具公司)

表 M02-1　端銑刀的選擇(大寶精密工具公司)

銑削形式	工件形狀		端銑刀形狀
溝槽銑削	淺溝		粗銑端銑刀
			方端
			角隅圓弧端
			錐度方端
溝槽銑削	深溝	狹窄溝 	方端
			球鼻端
		狹窄溝 	錐度方端
			錐度圓弧端 錐度球端
		寬溝 	粗銑端銑刀
			方端
			角隅圓弧端
	鍵座		方端
側面銑削(週邊銑削)			粗銑端銑刀
			方端
			角隅圓弧端
	斜面 		錐度方端
			錐度圓弧端 錐度球端

表 M02-1　端銑刀的選擇(大寶精密工具公司) (續)

銑削形式	工件形狀		端銑刀形狀
側面銑削(週邊銑削)	深銑尖端 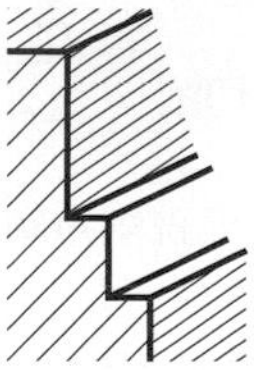		粗銑端銑刀
			方端
輪廓銑削	淺輪廓	大平面表面 	角隅圓弧端
		小平面表面 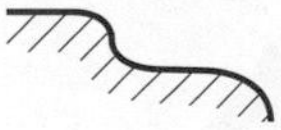	球鼻端
	深輪廓	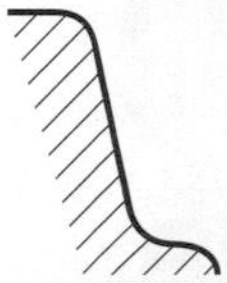	球鼻端
	深輪廓切削 (排屑困難者)		球鼻端
柱坑、錐坑銑削	預先鑽孔	柱坑 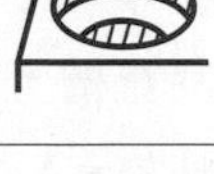	方端
		錐坑 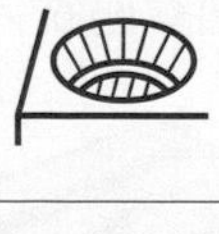	錐度方端
讓切銑削			球鼻端
去圓角銑削			角隅圓角端

297

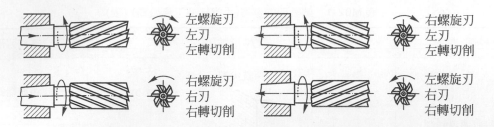

圖 M02-19 端銑刀銑削方向(經濟部標準檢驗局)

(5) 平面銑刀(face cutter)：較大平面的重銑削，用φ50mm～φ150mm的平面銑刀或稱面銑刀(CNS3606)
(註 M02-14)如圖 M02-20，平面銑刀亦有銑刀本體用工具鋼製成再嵌入刀片，用標準銑刀心軸
直接固定於心軸上而銑削之。其規格自 3R 或 3L (φ76mm)至 20R 或 20L (φ508mm)，R 表示右
刃，L 表示左刃(CNS4258)(註 M02-15)，如圖 M02-21。

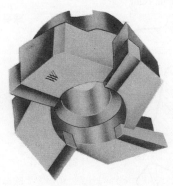

圖 M02-20 平面銑刀(宗順超硬切削工具製造公司)　　圖 M02-21 嵌齒平面銑刀(宗順超硬切削工具製造公司)

(6) 型齒銑刀：不同型齒銑刀用於各種成形銑削

① T形槽銑刀(T-slot cutters)：銑削 T 形槽時，先以側銑刀或端銑刀銑出一直槽，再用 T 形槽銑
刀如圖M02-22，完成其寬槽，T形槽銑刀兩端面均有刀刃，有A式(錐柄)與B式(直柄)兩種，
依 T 形槽標稱規格標稱之，A 式自 10 至 54，B 式自 5 至 36(CNS3600)(註 M02-16)。外形與
T 形槽銑刀相似之半圓鍵座銑刀，則兩端面無刀刃。

圖 M02-22 T形槽銑刀(宗順超硬切削工具製造公司)

② 角度銑刀(angle milling cutters)：有45°、50°、60°、70°及80°之銳角銑刀(或稱單側角銑刀)，其外徑φ65mm、φ70mm及φ75mm(CNS3603)(註 M02-17)；45°、60°及90°之(雙角度)等角銑刀，其外徑φ65mm、φ70mm、φ75mm（CNS3605）（註 M02-18）；及60°、65°、70°、75°、80°、85°之不等角銑刀，其外徑φ65mm、φ75mm及φ90mm (CNS3604)(註 M02-19) 如圖 M02-23，用以銑削一定角、鳩尾槽榫、銑刀刀刃等。

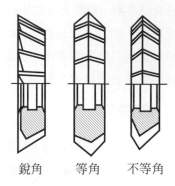

銳角　等角　不等角

圖 M02-23　角度銑刀

③ 螺絲攻或鉸刀用銑刀(tap & reamer cutter)：如圖 M02-24，用以銑削螺絲攻或鉸刀槽。

④ 輪廓銑刀：用於各種不同輪廓的銑削如圖 M02-25 圓角銑刀，圖 M02-26 凸圓、凹圓銑刀。

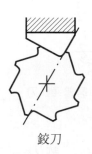

鉸刀　　　　螺絲攻

圖 M02-24　螺絲攻、鉸刀用銑刀

圖 M02-25　圓角銑刀(宗順超硬切削工具製造公司)

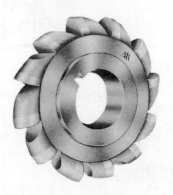

(a) 凸圓銑刀

(b) 凹圓銑刀

圖 M02-26　輪廓銑刀(宗順超硬切削工具製造公司)

根據研究結果顯示粗銑刃與增加螺旋刃角度的銑刀的切削效率較高，因其具有：(1)較大的銑削空間，(2)刀刃強度增加，(3)刀刃可以過切(under cut)一點，而易於前斜角之磨削，(4)動力消耗較少，(5)減少銑刀摩擦，(6)增加銑刀磨次與壽命，(7)刃邊缺口可斷屑等優點。故目前之銑刀有粗銑刃及大螺旋角銑刃的趨勢，以增加生產效率且減少動力。

M02-2 磨銑刀

銑刀為銑床的主要切削刀具，應經常保持銳利以利銑削，型齒銑刀的磨削係沿徑向的刃面磨銳如圖 M02-27 之 a 處，磨削 b、c 處皆不能獲得正確的形狀。普通銑刀應磨削其刀鋒背 B 之徑向初離隙角α如圖 M02-28，磨削時，若以平直形砂輪為之如圖 M02-29，則砂輪中心應與銑刀偏置，其偏置量 C = 0.0087 ×砂輪直徑×初離隙角度α×螺旋角的餘弦(cos)；如圖 M02-30 以盆形或斜盆形砂輪磨削時，則升降扶刀片，其量亦同，應以銑刀直徑代入砂輪直徑，使銑刀刀刃偏置。利用盆形砂輪磨削後之初離隙角為實際角度(actual angle)，平直形砂輪磨削會因砂輪直徑而產生虛表角度(apparent angle)，故宜採用盆形砂輪磨削。磨削量粗磨以每次不超過 0.05mm 為宜，精磨以 0.01mm 為宜。

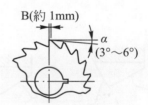

圖 M02-28 磨普通銑刀

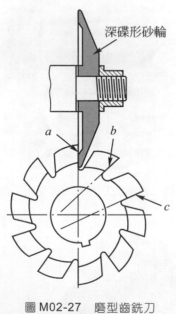

圖 M02-27 磨型齒銑刀

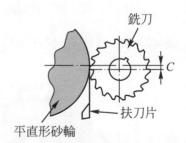

圖 M02-29 平直形砂輪磨銑刀

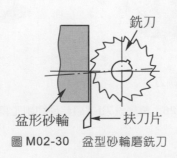

圖 M02-30 盆型砂輪磨銑刀

學後評量

一、是非題

( ) 1. 可替換式銑刀片的規格為 SEKR1204AZ，表示刀片形狀是方形。

( ) 2. 普通銑刀的規格，以外徑×刃寬×孔徑表示之。

( ) 3. 普通銑刀銑削時，不區分刃向，右螺旋刃銑刀右轉切削，由機柱受力。

( ) 4. 普端銑刀以外徑稱呼之，如φ20 端銑刀。

( ) 5. 平面銑刀的規格，以銑刀心軸孔徑的號數稱呼之，如 3L 表示孔徑φ76，左刃。

( ) 6. T 形槽銑刀以 T 形槽標稱規格稱呼，其兩端面均有刀刃，半圓鍵銑刀則兩端面無刀刃。

( ) 7. 角度銑刀可用於銑削螺絲攻的槽。

( ) 8. 粗銑刃與大螺旋角銑刃的銑刀之切削效率較高。

( ) 9. 磨鋸齒銑刀，沿徑向之刃面磨銳，磨型齒銑刀，磨刀鋒背的徑向初離隙角。

( ) 10. 盆型砂輪所磨間隙角為實際角度，磨削時銑刀刀刃之偏置量(扶刀片升降量)為 C = 0.0087× 砂輪直徑×初離隙角度×螺旋角的餘弦。

二、選擇題

( ) 1. 輪廓銑刀是 (A)鋸齒銑刀 (B)型齒銑刀 (C)普通銑刀 (D)側銑刀 (E)平面銑刀。

( ) 2. 螺旋槽端銑刀的銑削方向下列何項正確？ (A)右螺旋刃左刃左轉 (B)右螺旋刃左刃右轉 (C)右螺旋刃右刃左轉 (D)左螺旋刃左刃右轉 (E)左螺旋刃右刃左轉。

( ) 3. 普通銑刀之規格表示是 (A)外徑×孔徑×刃寬 (B)孔徑×刃寬×外徑 (C)刃寬×外徑×孔徑 (D)外徑×刃寬×孔徑 (E)外徑×刃數×孔徑。

( ) 4. 下列何種銑刀不是型齒銑刀？ (A)T 形槽銑刀 (B)角度銑刀 (C)輪廓銑刀 (D)螺絲攻用銑刀 (E)螺旋刃側銑刀。

( ) 5. 下列何種銑刀端面有刀刃？ (A)普通銑刀 (B)開縫鋸 (C)T 形槽銑刀 (D)半圓鍵座銑刀 (E)螺釘頭槽銑刀。

參考資料

註 M02-1 ：(1)International Organization for Standardization. *Indexable inserts for cutting tools－designation.* Swizerland: International Orgarization for Standardization, 1999, pp.1～15.

(2)The Sandvik Steel Works. *Milling tools.* Sweden: The Sandvik Steel Works, 2001, p.F5.

註 M02-2 ：The Sandvik Steel Work: *Setting guide for T－MAX milling cutters.* Sweden: The Sandvik Steel Works, p.2,p.10.

註 M02-3 ：經濟部標準檢驗局：普通銑刀。台北，經濟部標準檢驗局，民國 77 年，第 1～5 頁。

註 M02-4　：經濟部標準檢驗局：普通銑刀及端銑刀之刃向及螺旋之方向。台北，經濟部標準檢驗局，民國 77 年，第 1 頁。

註 M02-5　：經濟部標準檢驗局：側銑刀。台北，經濟部標準檢驗局，民國 77 年，第 1～9 頁。

註 M02-6　：經濟部標準檢驗局：開縫鋸。台北，經濟部標準檢驗局，民國 77 年，第 1～4 頁。

註 M02-7　：經濟部標準檢驗局：螺釘頭槽銑刀。台北，經濟部標準檢驗局，民國 77 年，第 1～2 頁。

註 M02-8　：經濟部標準檢驗局：槽銑刀。台北，經濟部標準檢驗局，民國 77 年，第 1～2 頁。

註 M02-9　：⑴經濟部標準檢驗局：直柄端銑刀。台北，經濟部標準檢驗局，民國 63 年，第 2 頁。
　　　　　　　⑵經濟部標準檢驗局：兩刃直柄端銑刀。台北，經濟部標準檢驗局，民國 63 年，第 1～2 頁。

註 M02-10　：經濟部標準檢驗局：圓錐柄端銑刀。台北，經濟部標準檢驗局，民國 63 年，第 1～3 頁。

註 M02-11　：經濟部標準檢驗局：殼形端銑刀。台北，經濟部標準檢驗局，民國 77 年，第 1～2 頁。

註 M02-12　：OSG Corporation. *OSG Products information. vol. 61.* Japan: OSG Corporation. p.91,pp.96～97.

註 M02-13　：同註 M02-3。

註 M02-14　：經濟部標準檢驗局：面銑刀。台北，經濟部標準檢驗局，民國 77 年，第 1～3 頁。

註 M02-15　：經濟部標準檢驗局：碳化物鑲片正面銑刀(鑄鐵用)。台北，經濟部標準檢驗局，民國 67 年，第 1～3 頁。

註 M02-16　：經濟部標準檢驗局：T 形槽銑刀。台北，經濟部標準檢驗局，民國 77 年，第 1～2 頁。

註 M02-17　：經濟部標準檢驗局：單側角銑刀。台北，經濟部標準檢驗局，民國 77 年，第 1 頁。

註 M02-18　：經濟部標準檢驗局：等角銑刀。台北，經濟部標準檢驗局，民國 77 年，第 1 頁。

註 M02-19　：經濟部標準檢驗局：不等角銑刀。台北，經濟部標準檢驗局，民國 77 年，第 1～2 頁。

工廠實習知識單

項目	銑刀的選擇與裝卸	學習目標	能正確的說出銑刀的選擇與裝卸方法

前 言

　　正確的選擇銑刀是提高加工效率、降低工作成本的重要因素。銑刀的裝卸視銑刀的種類而不同，均應正確的操作才能完成銑削工作。

說 明

M03-1 　銑刀的選擇

　　銑刀的選擇視被銑削工件之材質、形狀、銑床的種類、性能、銑刀的切削速度、狀況、銑削的方法及加工程度等而異。如工件材質較軟而有展性者，以大的徑向斜角(10°～20°)之銑刀較易切削，硬而脆的材料，以小的徑向前斜角(0°～10°)之銑刀為宜，一般銑削用銑刀的徑向斜角為10°～15°，尤以12°為最常用如圖 M03-1。工件較薄時則進刀量須降低，選用大螺旋角銑刀刃的銑刀可獲較佳之銑削；加工量不均時，應粗銑一次使下一次具有一定的加工量。

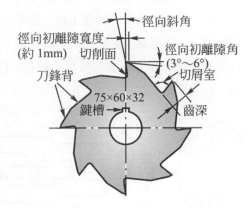

圖 M03-1 　銑刀各部份名稱

　　銑床的性能應保持良好狀況，銑削方式視立銑、臥銑的設備而異，平面銑削以立銑較佳，依不同的銑削方式選擇銑刀，如平面銑削用平面銑刀，銑齒輪用齒輪銑刀等。加工程度與切削速度雖常有一定的範圍，但欲求平順的銑削，則必須在適當的高迴轉細進刀下進行，刀刃的疏密並無太大影響。並選擇適當大小的銑刀，太大直徑的銑刀將會增大行程而浪費時間，影響效率如圖 M03-2。但太小的銑刀將增大接合角(engage angle)(切削點之沿徑線與進刀方向之夾角如圖 M03-3)，而易使刀尖斷裂，平面銑刀直徑的選擇，在切削鋼料時為切削寬度的$\frac{5}{3}$倍、切削鐵鑄時為$\frac{5}{4}$倍、切削鋁合金時為$\frac{3}{2}$～$\frac{5}{3}$倍。

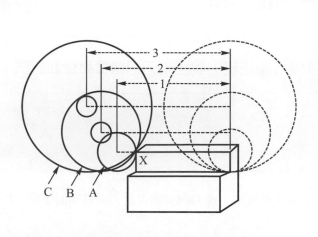

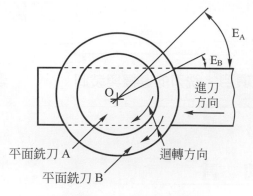

圖 M03-2　銑刀直徑的選擇

平面銑刀 A
平面銑刀 B
迴轉方向
進刀方向

E_A 為平面銑刀 A 切削時的接合角
E_B 為平面銑刀 B 切削時的接合角

圖 M03-3　平面銑刀直徑與接合角

M03-2　裝置銑刀

　　裝置銑刀的方法視加工方法而異，銑床的心軸具有美國標準銑床錐度的軸孔如圖 M03-4，銑刀可藉套筒的內標準錐度孔(莫氏錐度或 B&S 錐度)與銑刀接合，並以其銑刀柄端之樺舌(tang)協助驅動，而將套筒的一端以拉桿螺栓緊固於軸孔內以隨心軸迴轉。套筒的形狀如圖 M03-5，各式銑刀可選用不同的套筒以承接之。裝置套筒於心軸孔上時，應先將軸孔及套筒清潔後，將套筒套入心軸孔，旋轉拉桿螺栓B，參見圖M03-4，使適當上緊於套筒螺紋孔後，旋緊固鎖螺帽L。卸除時反其順序，先微微放鬆固鎖螺帽，以木錘錘擊固定拉桿 B 使套筒脫離心軸孔，再放鬆拉桿取出套筒。

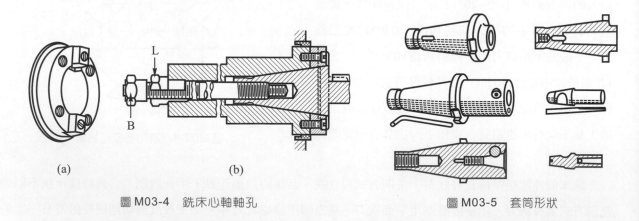

(a)　　　　　　　　(b)

圖 M03-4　銑床心軸軸孔　　　　　　　圖 M03-5　套筒形狀

　　具有軸孔的銑刀大部分以銑刀心軸(arbors)承接，銑刀心軸的形式有 A、B、C 三式，C 式亦即殼形端銑刀或平面銑刀用的銑刀心軸，如圖 M03-6，銑刀心軸錐度為美國標準銑床錐度，且係整體製成，銑刀心軸有各種不同的長度與標準直徑，常用者有$\phi16$、$\phi22$、$\phi27$、$\phi32$、$\phi40$及$\phi50$等，表示銑刀心軸規格包括型式、標準銑床錐度號數、軸徑及長度，如A4027-500(CNS5669)(註M03-1)。裝卸銑刀時係先將銑刀心軸裝於心軸孔上(與裝套筒相同)，選取適當的銑刀位置，以軸環 C 間隔之，軸環的兩端面為磨平且平行並與孔中心垂直，具有各種不同長度以調節銑刀之位置，裝上銑刀後，先裝以軛(刀軸支架)Y，軛內的軸承B以承載銑刀心軸的迴轉，再固定銑刀心軸螺帽L。卸除時反其順序，先放鬆銑刀心軸螺帽L，移除軛 Y，卸除銑刀心軸螺帽 L，順序卸除軸環及銑刀等。一般銑刀皆以軸環之摩擦帶動銑刀，而重力切削時可於銑刀與銑刀心軸間增加一鍵，以免重切削時產生滑動。

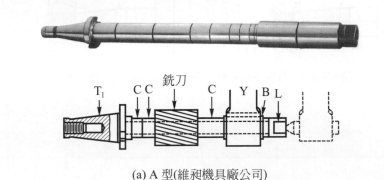

(a) A 型(維昶機具廠公司)

(b) B 型

(c) C 型(維昶機具廠公司)

圖 M03-6　銑刀心軸之形式

　　特殊形狀的銑刀，多用特殊的夾持方式，如直柄端銑刀可用直柄銑刀夾頭夾持之如圖 M03-7，具有螺紋孔的銑刀以具有螺紋的銑刀心軸承接之，如圖 M03-8(CNS3596)(註 M03-2)，右切銑刀具有右旋螺紋，左切銑刀具有左旋螺紋，並注意各種不同應用。

圖 M03-7　直柄銑刀夾頭(維昶機具廠公司)

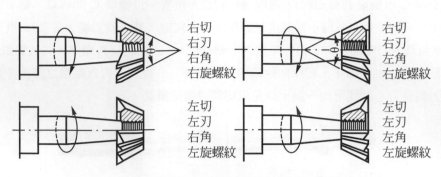

右切
右刃
右角
右旋螺紋

右切
右刃
左角
右旋螺紋

左切
左刃
右角
左旋螺紋

左切
左刃
左角
左旋螺紋

圖 M03-8　具有螺紋孔銑刀與銑刀心軸(經濟部標準檢驗局)

學後評量

一、是非題

(　) 1. 銑削軟材料用大徑向斜角的銑刀，銑削硬材料用小徑向斜角銑刀。

(　) 2. 以平面銑刀銑削工件，銑刀直徑比工件寬度較大即可，因為銑刀愈小愈節省時間。

(　) 3. 一銑刀心軸規格 A4027-500，表示銑刀心軸直徑ϕ40。

(　) 4. 上銑刀心軸時，先上緊拉桿螺栓再上緊固鎖螺帽，卸除銑刀心軸時，先完全退出螺桿再敲擊螺桿。

(　) 5. 具有螺紋的銑刀心軸，右旋螺紋應使用右轉切削。

二、選擇題

(　) 1. 下列有關銑刀的選擇，何項錯誤？　(A)工件材料軟，用大的徑向斜角　(B)選用大螺旋角銑刀刃的銑刀，可獲得較佳銑削　(C)選擇太小的銑刀會增大接合角而易使刀尖破裂　(D)銑削鋼料時銑刀直徑約為切削寬度的$\frac{5}{3}$倍　(E)銑刀的刀刃數愈多加工程度愈細。

(　) 2. 一般銑削用銑刀最常用的徑向斜角是　(A)0°　(B)3°　(C)6°　(D)12°　(E)20°。

(　) 3. 平面銑削鋼料時，銑刀直徑為切削寬度的　(A)$\frac{5}{3}$　(B)$\frac{2}{3}$　(C)$\frac{3}{5}$　(D)$\frac{3}{2}$　(E)$\frac{5}{4}$　倍。

(　) 4. 一銑刀軸規格 A4027-500，則表示銑床心軸錐度號數是　(A)A　(B)A4　(C)40　(D)27　(E)500。

(　) 5. 銑刀心軸錐度是　(A)莫氏錐度　(B)美國標準銑床錐度　(C)1：5　(D)1：10　(E)公制錐度。

參考資料

註 M03-1：經濟部標準檢驗局：銑刀心軸。台北，經濟部標準檢驗局，民國 69 年，第 1～2 頁。

註 M03-2：經濟部標準檢驗局：角銑刀之刃向、角向及螺紋之方向。台北，經濟部標準檢驗局，民國 77 年，第 1 頁。

工廠實習知識單

項目	銑床上工件的夾持法	學習目標	能正確的說出銑床上工件的夾持方法

前　言

銑床上夾持工件視工件的形狀及加工方法而異，可直接夾持在床台上，或用銑床虎鉗夾持之。

說　明

夾持工件的方法以直接裝置於床台上，或夾在銑床虎鉗上。銑床虎鉗之顎夾與鉗體皆能承受銑削時所產生之應力，並儘可能的接近床台以抵抗切削應力。如圖M04-1為一般用銑床虎鉗，分為無旋轉底座(MV)及有旋轉底座(MVS)兩類，其規格依夾緊板(鉗口)寬度有100～250等七種(CNS4039)(註M04-1)；圖 M04-2所示萬向虎鉗(universal vise)適用於工具室製造加工時的夾持，視工件的形狀及加工方法而選擇適當的虎鉗。

使用虎鉗，應先予清潔，並檢驗其平行度與垂直度，平行度的檢驗，可將一對平行規置於虎鉗上，以針盤指示錶檢驗平行規兩端的高度是否等高，如圖M04-3之A、B、C、D點；垂直度的檢驗，可將依角尺的短邊以木塊夾持於鉗體，以針盤指示錶檢查角尺長邊兩端的高度是否等高，如圖M04-4之A、B點。

一般形狀較複雜、工件較大時，常直接固定於床台，銑床床台備有T形槽，可利用適當的夾具如T形螺栓及承塊等夾持工件，如圖 M04-5 至圖 M04-7 皆為此種形式的夾持法，其夾持螺栓應靠近工件。

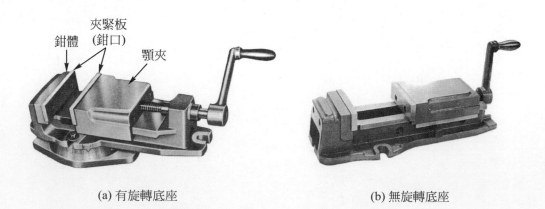

鉗體　夾緊板(鉗口)　顎夾

(a) 有旋轉底座　　　(b) 無旋轉底座

圖 M04-1　銑床虎鉗(勝竹機械工具公司)

圖 M04-2　萬向虎鉗(維昶機具廠公司)

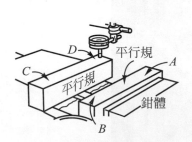

圖 M04-3　檢驗虎鉗平行度(檢驗A、B、C、D等高)

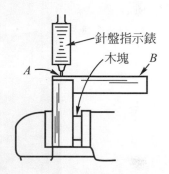

圖 M04-4　檢驗虎鉗垂直度(檢驗A、B等高)

圖 M04-5　工件夾持法之一–使用T形螺栓及可調整承塊夾持工件

309

圖 M04-6　工件夾持法之二−使用牽轉具夾持工件

圖 M04-7　工件夾持法之三−使用握爪夾持工件(勝竹機械工具公司)

特殊的銑削方法可用特殊的夾持方法,如圖 M04-8 為利用附有分度的轉盤(rotary table)夾持工件銑削的情形。不論以何種方式夾持工件,皆應使工件確實夾牢且不破壞工件的加工面,並使工件欲銑的方向路徑對準。利用虎鉗夾持大量生產的工件時,虎鉗的校驗必須準確。床台亦需隨時保護避免撞擊或刮傷等,以免損害床台的精度。

圖 M04-8　使用轉盤夾持氣缸頭進氣閥座與排氣閥座

學後評量

一、是非題

( )1. 銑床虎鉗可分為無旋轉底座(MV)，及有旋轉底座(MVS)兩種。

( )2. 使用銑床虎鉗僅以鉗體受力。

( )3. 工具室製造加工適用萬向虎鉗。

( )4. 使用T形螺栓夾持工件銑削時，工件下方須墊以平行規。

( )5. 使用銑床虎鉗夾持工件，應事先校驗虎鉗之精度。

二、選擇題

( )1. 下列有關銑床虎鉗之敘述，何項錯誤？ (A)顎夾與鉗體皆能承受銑削應力 (B)僅鉗體承受銑削應力 (C)銑床虎鉗有旋轉底座 (D)銑床虎鉗無旋轉底座 (E)以夾緊板(鉗口)寬度表示規格。

( )2. 下列有關銑床工件之夾持，何項錯誤？ (A)使用銑床虎鉗夾持 (B)使用T形螺栓及承塊夾持 (C)使用手夾鉗夾持 (D)使用分度轉盤夾持 (E)使用分度頭夾持。

( )3. 下列有關銑床工件之夾持，何項正確？ (A)使用銑床虎鉗夾持時，工件與虎鉗間應墊以平行規 (B)大工件與床台間應墊以平行規再夾持 (C)使用T形螺栓與承塊夾持時，螺栓應靠近承塊 (D)工具室製造加工，常用銑床虎鉗夾持 (E)夾持圓桿工件最好以銑床虎鉗直接夾持。

( )4. 欲銑削一□50×80的六面體，通常用何種方法夾持？ (A)萬向虎鉗 (B)T形螺栓及承塊 (C)轉盤 (D)銑床虎鉗 (E)分度頭。

( )5. 欲銑削車床溜板鞍台之基準面，宜用何種方法夾持？ (A)銑床虎鉗 (B)萬向虎鉗 (C)轉盤 (D)分度頭 (E)T形螺栓及承塊。

參考資料

註 M04-1：經濟部標準檢驗局：機工虎鉗(銑床及牛頭鉋床用)。台北，經濟部標準檢驗局，民國 65 年，第 1～3 頁。

工廠實習知識單

項目	銑削法與銑削條件的選擇	學習目標	能正確的說出銑削的方法與銑削條件的選擇

前　言

　　銑削視銑刀的迴轉方向與工件進刀方向而分向上銑、向下銑，依工件與銑床的加工條件而適當的選擇。正確的選擇切削速度與進刀方向有助於切削效率的提高。

說　明

M05-1　銑削法

　　銑刀的構造比單刃刀具(車刀)複雜，而其銑削作用也來得複雜，如圖 M05-1，銑刀在一定中心位置上轉動，且工件按一定之速度進刀，每刃所銑得之面是每刃所得的軌跡，並不是一個的平面，亦不是一圓弧面，而是扁橢擺線(oblate trochoid)，如圖上的0′、1′、2′、3′、4′曲線。因此當第一刃銑過後，第二刃來到時，第一刃所銑得之0′點已推進0點，第二刃在00′線的 P 點時就已接觸工件，所以0′P間之曲面第二刃無法切削到，因此理論上，銑刀所銑得的加工面是由這些曲面連接而成，並非一平面，然而一般銑削時銑刀的迴轉速度高於工件進刀速度許多，因此0′P0之間幾近一平面。由此可知，欲獲得一細緻平面，

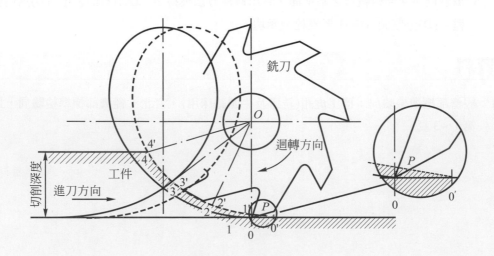

圖 M05-1　銑削原理

適當的提高銑刀迴轉數及降低工件進刀速度是一良好的方法，且因直刃銑刀是一刃一刃的銑削，每刃承受突來的作用力，容易產生震動，若利用螺旋刃銑刀，則其每刃平均受力更能獲得良好的表面。

　　銑削時銑刀之迴轉方向與進刀方向成逆向者稱為逆銑法，如圖M05-2(a)，亦稱向上銑法(conventional or up-milling)；若兩者相順銑削時稱為順銑法，亦稱為向下銑法(climb or down-milling)如圖M05-2(b)。向上銑法為一般常用的方法，其切削層厚度是由零漸增至最大後歸於零，銑刀受力始輕末重，較易保持其銳利性及耐用性，且銑刀施於工件上的合力方向G及水平力方向H與進刀方向相反如圖M05-3，雖較耗動力，但可消除床台螺桿與螺帽間的無效運動，惟每一銑刀刃在銑削易引起周期性的震動。

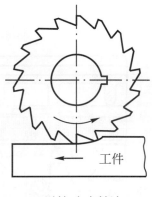

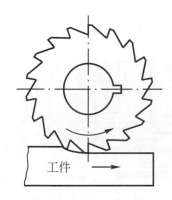

(a) 逆銑(向上銑法)　　　　　　　　(b) 順銑(向下銑法)

圖 M05-2　銑削法

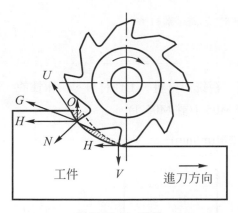

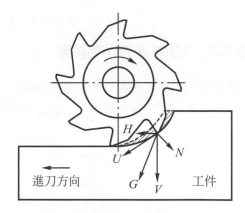

圖 M05-3　逆銑　　　　　　　　　　圖 M05-4　順銑

　　向下銑法和向上銑法相反，其銑削層開始較厚，漸次減少而歸於零，銑刀受力成為始重末輕，較易受損，尤以鑄、鍛工件更易損及銑刀刃，然銑刀施於工件之合力方向G朝下，垂直分力方向V向下作用如圖M05-4，正好壓住工件且銑削時無震動，故向下銑法較適於長薄工件，銑削後表面細緻、厚度均勻，但因水平分力方向 H 與進刀方向一致，雖可節省動力，卻因床台螺桿與螺帽間的間隙所產生的無效運動，易使工作台運行不圓滑，利用此法優點雖多，但須有消除無效運動之反背隙裝置(anti-backlash device)如圖 M05-5 及圖 M05-6，否則不能達到預期效果。

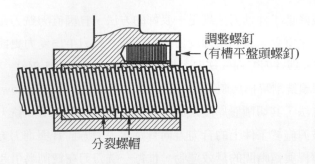

調整螺釘
(有槽平盤頭螺釘)

分裂螺帽

圖 M05-5 反背隙裝置

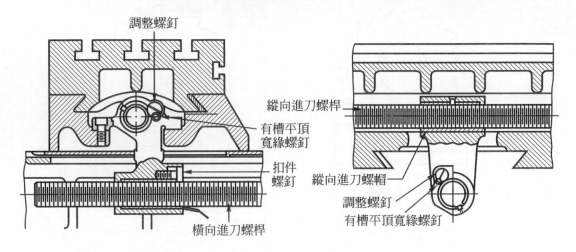

調整螺釘

有槽平頂
寬緣螺釘

扣件
螺釘

橫向進刀螺桿

縱向進刀螺桿

縱向進刀螺帽

調整螺釘
有槽平頂寬緣螺釘

圖 M05-6 縱橫向進刀分裂螺帽之調整螺釘

M05-2 切削速度的選擇

銑削的切削速度係指銑刀切削點(周邊一點)的線速度，視銑刀材料、工件材料、銑床性能、進刀大小、銑削深度及加工程度而異，一般銑刀的切削速度如表 M05-1(註 M05-1)。

表 M05-1 銑刀的切削速度(m/min)

工件材料	高速鋼銑刀	碳化物銑刀
機 械 用 鋼	21～30	45～75
工 具 鋼	18～20	40～60
鑄 鐵	15～25	40～60
青 銅	20～35	60～120
鋁	150～300	300～600

銑削時最好以較慢的切削速度開始，然後視情況逐漸增進直至適當。實際應用時皆以心軸迴轉數表示之，故通常以公式 $N = \dfrac{300V}{D}$ 求心軸迴轉數，式中 N 為心軸迴轉數(rpm)；V 為切削速度(m/min)；D 為銑刀直徑(mm)；由上述公式可求得正確的心軸迴轉數，但為了工作方便，常作成圖表以利工作時查閱。

314

M05-3　進刀與加工時間

　　銑床的進刀有兩種不同的表示方法，一為銑刀每轉一周工件所移動距離，一為工件每分鐘的移動距離，前者的進刀機構係與心軸聯動隨心軸迴轉數而變化，後者係獨立為一進刀機構。前者雖以理論為基礎，但實際應用卻以後者較為實際。故新式銑床常採獨立進刀機構，即以每分鐘移動距離(F)表示之，即 $F = f \cdot z \cdot N$，式中 f 為銑刀每刃每轉進刀量(mm/z·rev)，z 為銑刀刃數，N 為心軸迴轉數(rpm)。一般銑刀的進刀量如表 M05-2(註 M05-2)。

表 M05-2　各種銑刀之進刀量(公厘／刃·轉)

工件材料 ＼ 銑刀材料	平面銑刀 ①	②	螺旋齒銑刀 ①	②	側銑刀 ①	②	端銑刀 ①	②	型齒銑刀 ①	②	開縫鋸 ①	②
鋁	0.55	0.50	0.45	0.40	0.33	0.30	0.28	0.25	0.18	0.15	0.13	0.13
黃銅、青銅(中)	0.35	0.30	0.28	0.25	0.20	0.18	0.18	0.15	0.10	0.10	0.08	0.08
鑄鐵(中)	0.33	0.40	0.25	0.33	0.18	0.25	0.18	0.20	0.10	0.13	0.08	0.10
機械用鋼	0.30	0.40	0.25	0.33	0.18	0.23	0.15	0.20	0.10	0.13	0.08	0.10
工具鋼(中)	0.25	0.35	0.20	0.28	0.15	0.20	0.13	0.18	0.08	0.10	0.08	0.10
不銹鋼	0.15	0.25	0.13	0.20	0.10	0.15	0.08	0.13	0.05	0.08	0.05	0.08

　　註：銑刀材料
　　　　①高速鋼銑刀。
　　　　②碳化物銑刀。

　　進刀量的大小亦視工件材料、刀具材料、銑床性能、切削深度、切削速度及加工方式等因素而定，一般粗銑時可在負荷的範圍內切削較深，平面銑削為 3mm～5mm，端銑為銑刀直徑之半，並以較快進刀至預留 0.4mm～0.8mm的精削量，銑鍵座時，更應提高迴轉數、降低進刀量，除此以外，更須視實際情形加以調整適當的進刀量，而不能以理論數字來決定其進刀量。

　　銑削之削除量(R)係以單位時間之削除體積表示之，$R = t \cdot w \cdot F (mm^3/min)$，式中 t＝切削深度(mm)，w＝銑削寬度(mm)，F＝進刀量(mm/min)。而銑削工件所需時間 $T = \dfrac{L}{F}(min)$，式中 L 為銑削行程(mm)，為工件銑削長度(ℓ)、銑刀與工件接近距離(ℓ_1)及銑刀與工件接觸前及離開後之預留距離(約 5mm)的和，即 $L = \ell + \ell_1 + 5(mm)$，其中 $\ell_1 = \sqrt{\left(\dfrac{D}{2}\right)^2 - \left(\dfrac{D}{2} - t\right)^2} = \sqrt{t(D-t)}$，式中 D＝銑刀直徑(mm)，如圖 M05-7。

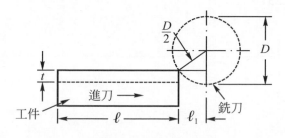

圖 M05-7　銑削行程

學後評量

一、是非題

( ) 1. 銑削鑄鍛件宜用向上銑法,銑削長薄工件宜用向下銑法。

( ) 2. 以 φ100mm 高速鋼銑刀,銑削低碳鋼($V = 25$m/min)時,宜採用 75rpm。

( ) 3. 銑床的進刀量,通常以每分鐘移動距離表示之。

( ) 4. 以 8 刃的碳化物平面銑刀,75rpm 的迴轉數銑削低碳鋼,宜用 180mm/min 的進刀量。

( ) 5. 以 φ100mm 的普通銑刀,150mm/min 的進刀量,銑削工件深 2mm,長 100mm,則需時 8 分鐘。

二、選擇題

( ) 1. 普通銑刀銑平面,其每刃所得之軌跡是 (A)漸開線 (B)扁橢擺線 (C)擺線 (D)外擺線 (E)內擺線。

( ) 2. 下列有關銑削法之敘述,何項錯誤? (A)銑削時銑刀的迴轉方向與進刀方向相逆者稱為向上銑法 (B)順銑亦稱為向下銑法 (C)長薄的工件適合向下銑法 (D)向下銑法須有消除無效運動的反背隙裝置 (E)鑄鍛件適合向下銑法。

( ) 3. 以直徑 φ75 的碳化物銑刀,銑削低碳鋼,切削速度 75m/min,則應選擇心軸迴轉數為 (A)75 (B)150 (C)300 (D)450 (E)750 rpm。

( ) 4. 以直徑 φ100,齒數 6 齒的碳化物平面銑刀,銑削低碳鋼,切削速度 75m/min,每齒進刀量 0.40mm /轉,則其每分鐘進刀量為 (A)225 (B)300 (C)400 (D)540 (E)700 mm。

( ) 5. 以 φ100 的高速鋼普通銑刀,進刀量 180mm/min,銑削一工件長度 100mm,銑削深度 3mm,則所需時間約為 (A)0.68 (B)0.86 (C)6.8 (D)8.6 (E)18 (分)。

參考資料

註 M05-1:S.F.Krar, J.W.Oswald, and J.E. St. Amand: *Technology of machine tool*. New York: McGraw-Hill Book Company, 1977,p.230.

註 M05-2:同註 M05-1,p.231。

工廠實習知識單

項目	銑平面、端銑、側銑、銑槽、鑽孔與搪孔	學習目標	能正確的說出銑平面、端銑、側銑、銑槽、鑽孔與搪孔的工作方法

前 言

銑床典型工作如銑平面、端銑、側銑、銑槽、鑽孔及搪孔等，其工作皆有一定的步驟。

說 明

M06-1　銑平面

銑床實際上最普遍的工作是銑平面，用臥式銑床以普通銑刀銑平面如圖 M06-1，其操作步驟如下：

圖 M06-1　普通銑刀銑平面

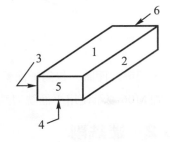

圖 M06-2　銑六面體之順序

1.　選擇銑刀：選擇一銑刀，使其寬度足以銑削全部工件表面寬度。

2.　上銑刀。

3.　上工件：勿使工件過分突出鉗口，工件下墊以平行規，務使工件緊貼平行規及虎鉗。如未能確知工件的各面是否平行及垂直時，可將如圖 M06-2 之第二面置於鉗體，則第三面與顎夾間應墊以銅桿，參見圖 M06-1。

4.　選擇銑削速度、心軸迴轉數及進刀量。

5.　接觸。

6.　昇高銑削深度，並固定深度位置。

7.　試銑：用手工進刀銑削 5mm 長後，退回原銑削處。

8.　檢查銑削面的平行度及精確性，若有需要則再調整之。

9.　自動進刀銑削第一面，並給予適當切削劑，完成後退回至原銑削位置。銑削六面體的順序如圖 M06-2。

10.　卸除工件,清理虎鉗後,將第一面緊貼虎鉗鉗體,第四面與虎鉗顎夾頭間墊以銅桿,以確使第一面緊貼鉗體,再銑第二面。

11.　依10.之步驟,銑削第三面。惟應注意第二面須緊貼平行規,以確使第三面平行於第二面。

12.　銑削第四面時,以第二面緊貼虎鉗鉗體,因第二、三面均已銑削,此時不需再使用銅桿,惟第一面須緊貼平行規。

13.　銑削第五面時,以第一面緊貼虎鉗鉗體,以角尺校驗第二面與第五面垂直如圖 M06-3,或以針盤指示錶校驗之。

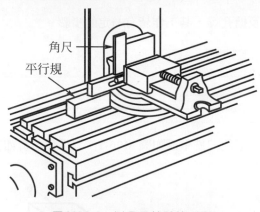

角尺

平行規

圖 M06-3　以角尺校驗第五面

圖 M06-4　平面銑刀銑六面體

14.　銑削第六面時,以第一面緊貼虎鉗鉗體,第五面緊貼平行規。每銑一面均須去毛頭。

15.　圖 M06-4 示使用平面銑刀銑六面體。

M06-2　端銑削

　　利用端銑刀銑削成垂直、水平或有角度的平面謂之端銑,端銑刀銑削平面與平面銑刀銑削平面的操作相同,參見圖 M06-4,惟端銑刀之端刃與周邊刃成直角,切削時形成一垂直邊,而常用於銑削階級或溝槽等工作,如圖M06-5 示使用雙螺旋刃、方端直柄端銑刀銑削平面的情形,圖 M06-6 示端銑削階級的情形。

圖 M06-5　端銑削

圖 M06-6　端銑階級

　　利用主軸頭可調整的立式銑床銑削端面或溝槽時，需事先調整主軸頭與旋臂沿機柱水平移動及旋轉定位，並調整主軸頭之左右旋轉及俯仰定位(參見"銑床的種類與規格"單元)。主軸頭沿旋臂左右旋轉定位，以適合沿橫向進刀之角度銑削，歸零時，針盤指示錶校驗床台的縱向進刀方向，其分度相同如圖M06-7；主軸頭沿懸臂俯仰角度定位，以適合沿縱向進刀的角度銑削，歸零時，針盤指示錶校驗床台的橫向進刀方向，其分度相同如圖M06-8。針盤指示錶的測量深度不宜超過0.5mm。

　　端銑削前，端銑刀應先予定位，端銑刀的定位包括徑向定位與軸向定位如圖M06-9，徑向定位時，可將單光紙(例如厚度約 0.02mm 之薄紙)貼於工件側面，移動工件靠近銑刀徑向，當單光紙被銑刀刮除時，即表示銑刀已接觸工件側面，或稱歸零，例如圖示欲在工件側面15mm處銑一溝槽時，則銑刀徑向歸零後，移動工件31mm(16＋15 ＝ 31)。精確的徑向歸零可使用定心棒(centering bar)如圖M06-10，圖M06-11(a)示工件側面未歸零，定心棒下段軸心偏離，圖M06-11(b)示工件側面已歸零定心棒上下段同一軸心，圖M06-11(c)為沿工件面檢查工件側面是否與進刀方向是否平行(或垂直)。軸向的歸零工作，則在工件上表面貼一單光紙，移動工件上昇，端銑刀刮除單光紙時，即表示銑刀已接觸工件上表面，或稱歸零，參見圖 M06-9，可依圖示上昇銑削深度，例如圖示，昇高 6mm。

　　銑削面與基準面形成一角度稱為角度銑削，角度銑削視銑削面與基準面的關係及端銑刀的銑削方式而選用不同的方法。

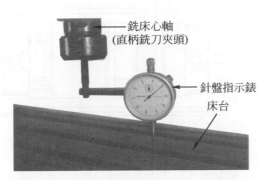

圖 M06-7　手動旋轉心軸，使針盤指示錶校驗主軸頭左右旋轉角度歸零

圖 M06-8　手動旋轉心軸，使針盤指示錶校驗主軸頭俯仰角度歸零

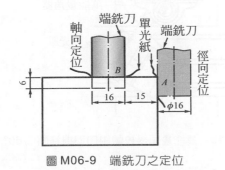

圖 M06-9　端銑刀之定位

圖 M06-10　定心棒

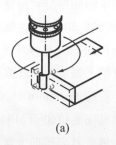 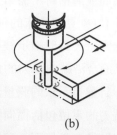 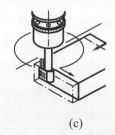

(a)   (b)   (c)

圖 M06-11 定心棒的使用

1. 利用具有旋轉底座的銑床虎鉗，將鉗體在旋轉底座上，依其刻度旋轉一角度後定位。如圖 M06-12 為一有旋轉底座的銑床虎鉗，圖 M06-13 為以角尺校驗鉗口與銑床機柱面成垂直，圖 M06-14 為以針盤指示錶校驗鉗口垂直於機柱面，圖 M06-15 為以萬能量角器校驗鉗口與機柱面成 60°。此種定位通常以端銑刀之週邊刃銑削使銑削面與鉗口成一角度，或稱週邊銑削(peripheral milling)，如圖 M06-16(註 M06-1)。

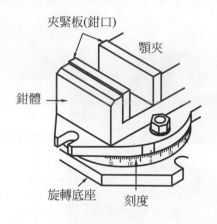

圖 M06-12 有旋轉底座之銑床虎鉗

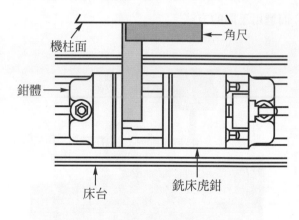

圖 M06-13 角尺校驗鉗口垂直於機柱面

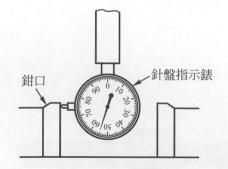

圖 M06-14 針盤指示錶校驗鉗口垂直於機柱面

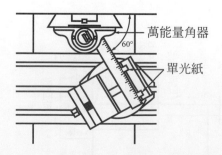

圖 M06-15 萬能量角器校驗鉗口與機柱面成 60°

2. 利用端銑刀的端刃銑削角度時，可先在工件銑削面的側面畫一參考線，再將參考線置放於鉗口平
行，使銑削面平行床台面而銑削之，需要較精確的斜度(角度)時，可用針盤指示錶校驗之，如圖
M06-17、圖 M06-18。

利用端銑刀銑削溝槽如圖 M06-19，是常用的銑削法，尤其是兩端未通的溝槽如鍵座，使用端銑刀銑
削是最佳的方法，如圖 M06-20，兩端未通的溝槽端銑應使用雙刃、三刃及具有中心切削作用的四刃端銑
刀，以便在溝槽兩端作軸向進刀，圖 M06-21 為在工件上銑削一內開口(internal opening)。溝槽銑削時，若
溝槽的槽寬大於端銑刀直徑時，應注意採用逆銑如圖 M06-22(註 M06-2)。

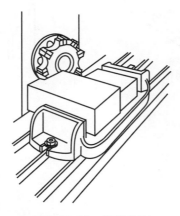

圖 M06-16　週邊銑削

圖 M06-17　針盤指示錶校驗工件斜度之一(橫向進刀視圖)

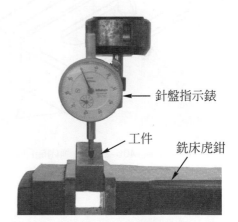

圖 M06-18　針盤指示錶校驗工件斜度之二(縱向進刀視圖)

321

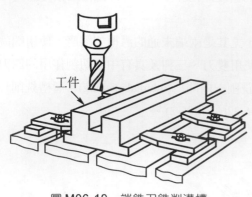

圖 M06-19　端銑刀銑削溝槽

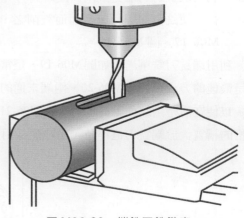

圖 M06-20　端銑刀銑鍵座

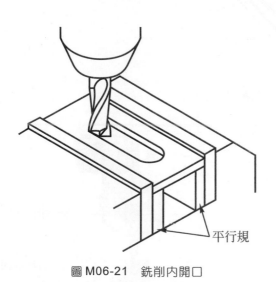

圖 M06-21　銑削內開口

工件進行方向

銑刀迴轉方向

銑刀迴轉方向

工件進行方向

圖 M06-22　採用逆銑銑溝槽

M06-3　側銑與銑槽

　　利用側銑刀銑削工件的側面謂之側銑如圖 M06-23，銑槽工作除以端銑刀完成外，亦可用側銑刀、切槽銑刀等完成之，如圖 M06-24 為側銑刀銑直槽。

　　銑削 T 形槽或鳩尾槽時，一般先用端銑刀銑一直槽，再用 T 形銑刀或鳩尾銑刀銑削之，T 形槽有一定規格，選擇銑刀應依其規格選擇之(CNS5061)(註 M06-3)。圖 M06-25 為銑 T 形槽的情形，圖 M06-26 為銑一鳩尾槽。

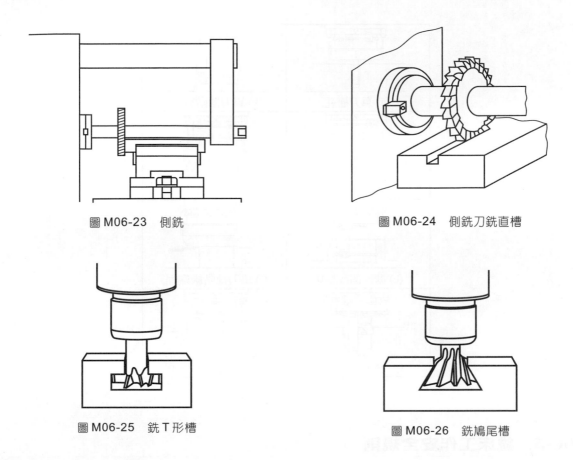

圖 M06-23　側銑

圖 M06-24　側銑刀銑直槽

圖 M06-25　銑 T 形槽

圖 M06-26　銑鳩尾槽

M06-4　鑽孔與搪孔

　　在銑床上鑽孔及搪孔可獲得精確的定位與尺寸，圖 M06-27 為在立式銑床上鑽孔，圖 M06-28 為搪孔頭的應用。

圖 M06-27　鑽孔(龍昌機械公司)

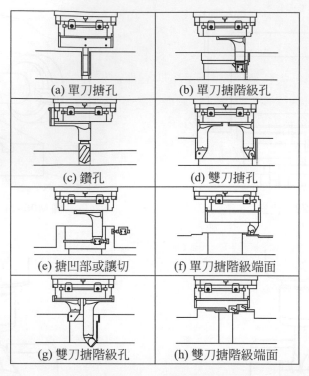

(a) 單刀搪孔　　　(b) 單刀搪階級孔

(c) 鑽孔　　　(d) 雙刀搪孔

(e) 搪凹部或讓切　　　(f) 單刀搪階級端面

(g) 雙刀搪階級孔　　　(h) 雙刀搪階級端面

圖 M06-28　搪孔頭之應用

M06-5　銑床工作安全規則

1. 銑刀及銑刀心軸必須保持清潔。

2. 所用的銑刀須經正確研磨並保持鋒利的刃口。

3. 銑刀裝置完成後，儘量避免敲擊，移動床台以調整工件位置時，必須與銑刀保持適當距離。

4. 當操作立式銑床時，使用端銑刀，切勿進刀太深或太快，以免損傷銑刀及操作者。

5. 切勿利用機器的動力以旋緊或放鬆銑刀心軸螺帽。

6. 檢查所定切削速度及進刀是否適當，俟銑刀轉動以後，始能向工件進刀。

7. 當銑刀銑削工件時，手必須遠離銑刀。

8. 利用刷子清除切屑。

學後評量

一、是非題

( )1. 銑削方塊的順序為銑基準面後，先銑平行面，再銑垂直面。

( )2. 銑削六面體之第 4、5、6 面時不需使用銅桿。

( )3. 利用端銑刀，銑削成垂直、水平或有角度的平面，稱為平面銑削。

（　）4. 使用主軸頭可調整的立式銑床，銑削前應作定位歸零。

（　）5. 端銑刀的定位包括徑向定位與軸向定位。

（　）6. 利用端銑刀的端面銑削角度時，使銑削面垂直於床台面。

（　）7. 銑槽可用側銑刀、端銑刀或切槽銑刀。

（　）8. 端銑鍵座時，應使用具有中心孔的四刃端銑刀。

（　）9. 銑 T 形槽或鳩尾槽時，先銑直槽。

（　）10. 搪孔頭適用於精密搪孔用。

二、選擇題

（　）1. 如圖示之方塊 ，其銑削順序為　(A)1-2-3-4-5-6　(B)2-3-4-5-6-1

(C)3-2-4-1-5-6　(D)1-4-2-3-5-6　(E)6-5-4-3-2-1。

（　）2. 銑削如圖示， 六面體之第 5 面垂直於第 2 面時，是用何種量具？　(A)平

行規　(B)畫針盤　(C)角尺　(D)分規　(E)游標尺。

（　）3. 銑削面與立式銑床銑刀軸成垂直之銑削稱為　(A)銑垂直面　(B)面銑削　(C)側銑　(D)銑
槽　(E)銑 T 形槽。

（　）4. 下列何項工作，不適用端銑刀銑削？　(A)階級銑削　(B)角度銑削　(C)溝槽銑削　(D)大
平面平面銑削　(E)鍵座。

（　）5. 立式銑床心軸之調整，不包括下列何項？　(A)調整床台角度　(B)主軸頭與懸臂沿機柱水
平移動　(C)主軸頭與懸臂沿機栓旋轉定位　(D)主軸頭沿懸臂左右旋轉角度定位　(E)主軸
頭沿臂側向的俯仰角度調整中心軸調整俯角或仰角。

（　）6. 端銑刀以其刃數分，其中不能作軸向進刀的是　(A)雙刃直槽　(B)雙刃螺旋槽　(C)三刃
(D)具有中心切削作用的四刃　(E)具有中心孔的四刃端銑刀。

（　）7. 銑削淺溝直槽宜用何種端銑刀　(A)球鼻端　(B)錐度球端　(C)方端　(D)錐度圓弧端
(E)角度圓弧端。

（　）8. 下列何種銑刀不能銑槽？　(A)平側銑刀　(B)切槽銑刀　(C)端銑刀　(D)普通銑刀　(E)交
錯刃側銑刀。

（　）9. 下列何項銑削工作，須先銑直槽？　(A)銑平面　(B)側銑　(C)週邊銑削　(D)搪孔　(E)銑
T 形槽。

( )10. 下列何項,是不安全的銑床工作? (A)使用正確的銑削速度與進刀量 (B)使用機器動力旋緊銑刀心軸螺帽 (C)銑刀轉動後,工件始能進刀 (D)銑削時,手必須遠離銑刀 (E)利用刷子清除切屑。

參考資料

註 M06-1：John R. Walker: *Machining fundamentals*. Illinois: The Goodheart-Willcox Company, Inc., 1981, pp.254～260.

註 M06-2：John R. Walker: *Modern metalworking*. Illinois: The Goodheart-Willcox Company, Inc., 1965, p.38-33.

註 M06-3：經濟部標準檢驗局：T形槽(工具機用)。台北,經濟部標準檢驗局,民國 68 年,第 1 頁。

工廠實習知識單

項目	研磨的分類	學習目標	能正確的說出研磨的分類及意義

前　言

　　利用磨料磨除工件的多餘量以獲得所需的形狀、尺寸及精加工面的工具機謂之磨床，此等操作謂之研磨。研磨工作在機械加工中居於首要地位，切削刀具的磨銳、機械零件的精確製造及精加工者皆有賴研磨。

說　明

　　研磨工作的範圍廣泛而有不同的分類(註 G01-1)：

1.　按磨屑破碎程度分

(1)　研削：工件被移除的磨屑與脫離的磨料，無原來材質之結晶狀態者，如油脂混合磨料的研削。

(2)　磨削：工件被移除的磨屑與脫離的磨料，尚能保持原來材質的較大結晶狀態者，如砂輪的磨削。

2.　按磨料結合或塗佈製品分

(1)　磨料結合製品：使用結合劑與磨料結合成一定形狀，如砂輪及磨石等供研磨。

(2)　磨料塗佈製品：在布面或紙面上塗佈膠著劑後將磨料膠在面上，如砂布及砂帶等，供給研磨用如圖 G01-1。

圖 G01-1　磨料塗佈製品(中國砂輪企業公司)

(3)　磨料散粒或磨料與油脂混合劑：將磨料散粒或與油脂混合，供給研磨如拋光及擦光等。

3. 按機械加工方式分

(1) 輪磨(grinding)：為研磨工作中最常用的砂輪磨削，係使用砂輪磨除工件的多餘量，如平面磨削、刀具磨削、內外圓磨削及粗磨等。

(2) 搪光(honing)：利用磨石用手工或機力旋轉，而將工件磨光及矯正生產內孔過程所留下的內孔成彩虹形、桶形、錐度、不圓或殘留刀痕等的缺點如圖 G01-2，圖 G01-3 為手工內徑搪光機。

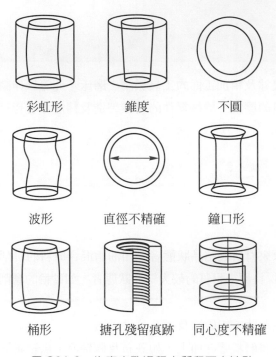

彩虹形　　　　　錐度　　　　　不圓

波形　　　　直徑不精確　　　鐘口形

桶形　　　搪孔殘留痕跡　同心度不精確

圖 G01-2　　生產內孔過程中所留下之缺點

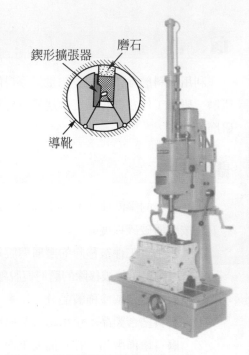

圖 G01-3　　搪光機(受記精機工業公司)

(3) 研光(lapping)：將磨料及油脂混合塗於工件欲磨面與機器的疊蓋間，而後旋轉其一，以產生極細緻且精確的工件，亦稱疊磨或拉平如圖 G01-4。

(4) 拋光(polishing)：以磨料黏附在布類或氈類做成的拋光輪上，用以磨除粗糙工件表面的工作。

(5) 擦光(buffing)：在旋轉的毛質或棉質的擦光輪面上塗抹磨料油脂混合劑，與工件摩擦而擦光工件。

(6) 超光(super-finishing)：利用磨石之擺動(oscillation)磨光，以改進機製研磨的表面所殘留的缺點，使之更耐磨耗的方法，圖 G01-5 為工件與磨石的相對運動。

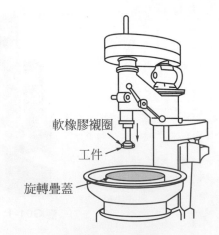

圖 G01-4　　平面研光

328

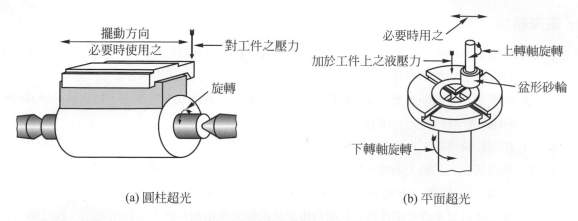

(a) 圓柱超光　　　　　　　　　　(b) 平面超光

圖 G01-5　超光之工件與磨石的相對運動

(7) 滾筒磨光(barrel-finishing)：將工件置於多邊形的滾桶裏，以磨料由滾筒的顛動或振動，以除去工件的瑕疵或毛頭等如圖 G01-6。

(8) 噴砂(sand-blast)：用壓縮空氣或蒸氣將石英粉或金剛砂噴射工件欲加工處以清淨之。

(9) 砂布或磨石等其他工作。

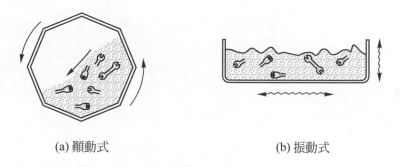

(a) 顛動式　　　　　　　　　　(b) 振動式

圖 G01-6　滾筒磨光

學後評量

一、是非題

( )1. 砂輪是磨料的塗佈製品。

( )2. 使用砂輪磨除工件之多餘量，謂之輪磨。

( )3. 搪光，係指使用磨石磨光，並矯正生產內孔過程所殘留的刀痕等缺點的加工。

( )4. 利用磨石的擺動磨光，以改進機製研磨所殘留的缺點者，謂之超光。

( )5. 大型機架的去毛頭，宜用滾筒磨光。

二、選擇題

( ) 1. 砂輪是磨料的　(A)塗佈製品　(B)結合製品　(C)磨料散粒　(D)磨料與油脂混合劑　(E)磨料散粒與切削劑混合劑。

( ) 2. 利用磨石的擺動磨光,以改進機製研磨的表面所殘留的缺點的加工,稱之為　(A)輪磨　(B)研光　(C)搪光　(D)拋光　(E)超光。

( ) 3. 使用砂輪磨除工件的多餘量稱之為　(A)輪磨　(B)研光　(C)搪光　(D)拋光　(E)超光。

( ) 4. 利用磨石,用機力旋轉,將工件磨光,並矯正生產內孔過程所留下之殘留刀痕等缺點,稱之為　(A)輪磨　(B)研光　(C)搪光　(D)拋光　(E)超光。

( ) 5. 將工件置於多邊形滾筒裡,以磨料由滾筒的顛動或振動以除去工件的毛頭,稱之為　(A)輪磨　(B)拋光　(C)噴砂　(D)滾筒磨光　(E)平面磨光。

參考資料

註 G01-1:齊人鵬:研磨工作概要。台北,中國砂輪企業股份有限公司,民國 64 年,第 1~3 頁。

工廠實習知識單

項目	砂輪的規格與選用	學習目標	能正確的說出砂輪規格與選用的方法

前 言

　　輪磨為研磨工作中使用最為普遍的工作，其最主要者為砂輪(grinding wheel)。砂輪係以經過選整的磨料拌以結合劑，再經成形及燒結而成。

說 明

G02-1 砂輪之標識

　　每一砂輪出廠後均需經試驗以確定其可用性，並用檢驗票標示其規格，如圖 G02-1 為中國砂輪企業公司砂輪檢驗票，所表示的砂輪規格為：形狀1、緣形 A、尺寸：外徑 255mm、厚度 25mm、孔徑 19mm、磨料 C、粒度 46、結合度 K、組織 8、結合劑(製法)V、最高使用周速 2000 公尺／分。通常表示砂輪之規格則依上述之順序表示之(CNS991)(註 G02-1)，即：

　　　1 A 255×25×19
　　　C 46 K 8 V 2000

KINIK [R]

台正字第 1411 號	砂輪檢驗票	尺 寸
形狀・緣形・		
1	A	255×25×19

磨料・粒度・結合度・組織・結合劑				
C	46	K	8	V

最高使用周速度	2000	公尺／分

注意①請閱背面「注意事項」以利工作安全。②請保存本檢驗票以備下次惠顧時之參考。③關於研磨工作上之問題本公司竭誠歡迎賜教。	檢 驗 章

中 國 砂 輪 公 司

圖 G02-1　砂輪檢驗票(中國砂輪企業公司)

G02-2 形狀與緣形

　　砂輪的規格有三萬餘種，而一般使用的標準形狀與緣形如圖 G02-2 及圖 G02-3 所示(CNS3965)(註 G02-2)。

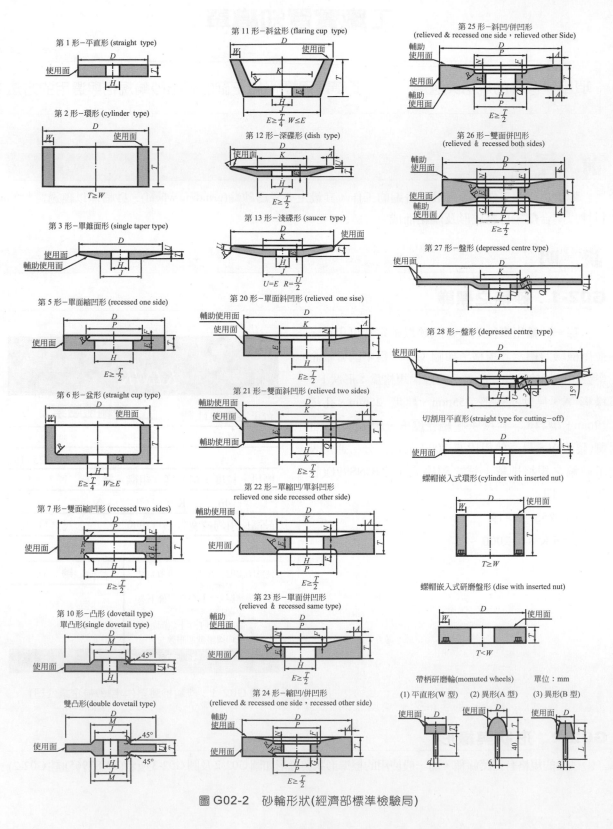

圖 G02-2　砂輪形狀(經濟部標準檢驗局)

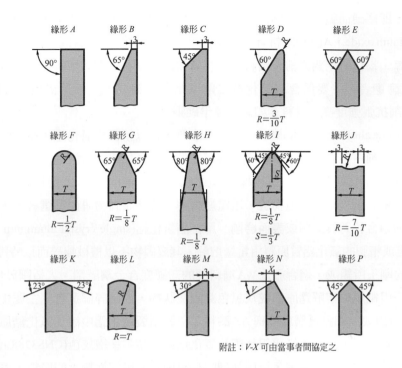

圖 G02-3 　砂輪緣形(經濟部標準檢驗局)

G02-3 尺 寸

選擇適當形狀與緣形的砂輪後，依磨床的規格及加工條件，選擇並表示尺寸，以作為製造及採購的依據，尺寸的表示依外徑、厚度、孔徑，如圖 G02-1 的尺寸 255×25×19。

G02-4 磨 料

研磨用的磨料(abrasives)可分為天然磨料與人造磨料兩類，天然磨料有：剛砂(emery)、剛玉(corundum)、石英(quartz)、燧石(flint)、石榴石(garnet)及鑽石(diamond)等，天然磨料較少應用。

人造磨料以碳化矽及氧化鋁應用最為廣泛，除此外尚有碳化硼(boron carbide，BC)、鐵丹(rouge)及鋼砂(crushed steel)等。

碳化矽(silicon carbide，SiC)磨料有黑色碳化矽與綠色碳化矽，黑色碳化矽亦稱 C 磨料，係以氧化矽質原料與碳材，用電阻爐反應生成鑄錠，經研碎篩選者，主要由黑色之α-碳化矽結晶所組成，比重較其他磨料為低，可減少砂輪旋轉所生的離心力，最適於製造砂輪，且碳化矽有熔氧化鋁的大熱傳導度，膨脹係數小，在作業中容易發散因研磨所生的熱量，因而易保持砂輪本身的強度。硬度 HK2400(Knoop hardness 諾布氏硬度)(鑽石硬度 HK7000)，屬高硬而尖銳的磨料，適於磨削抗張度低的材料，如鑄鐵、黃銅、紫銅及鋁等。

綠色碳化矽(green silicon carbide)磨料亦稱GC磨料，係將高純度之氧化矽質原料與碳材，用電阻爐反應生成鑄錠，經研碎篩選，主要由綠色之碳化矽結晶所組成，其性質與C磨料大致相同。韌性較C磨料低而硬度則較高,即極硬而脆,適合磨削特硬材料及超硬合金,如玻璃及碳化物刀具等。

氧化鋁(aluminum oxide,Al_2O_3)磨料有褐色氧化鋁、白色氧化鋁、淡紅色氧化鋁、單結晶氧化鋁、人造剛砂及鋁鋯質等,褐色氧化鋁亦稱 A 磨料,係將氧化鋁質礦石用電爐熔解還原以提高氧化鋁之含量,經研碎其凝固物篩選者,主要係含二氧化鈦之剛玉結晶所組成,顏色呈褐色,質硬而強韌,硬度為HK2100,適於磨削抗張強度高的材料,如硬鋼及半硬鋼等。

白色氧化鋁(white aluminum oxide)磨料亦稱 WA 磨料,係以精製之氧化鋁用電爐熔解,而將其凝固物研碎篩選者,主要由純白色剛玉結晶所組成,其韌性較普通氧化鋁磨料的韌性低但硬度則較高,適於磨削特別強韌的材料如高速鋼等。淡紅色(玫瑰色)氧化鋁(rose aluminum oxide)磨料簡稱 PA 磨料,係以精製之氧化鋁加入若干量的氧化鉻及其他物質,用電爐熔解,將其凝固物研碎篩選者,主要由淡紅色的剛玉結晶所組成,性韌適合於刀具磨削或表面磨削。單結晶氧化鋁(single crystal aluminum oxide)磨料簡稱 HA磨料,係將鋁礬土或精製的氧化鋁質原料用電爐熔解,其凝固物不以機械輾碎而以特殊方法解碎後篩選,主要由單一結晶的剛玉所組成,適合於比 WA 磨料硬的高硬度合金鋼磨削。人造剛砂磨料簡稱 AE 磨料,係將氧化鋁質礦石用電解爐熔解還原而成灰黑色凝固塊狀物,經研碎篩選者,主要由剛玉結晶及富鋁紅柱石(mullite)結晶所組成。鋁鋯質磨料簡稱 AZ 磨料,係將精製氧化鋁中添加氧化鋯原料,用電爐熔解,冷卻凝固物,再經研碎者,主要含氧化鋁晶體及氧化鋯鋁共晶,呈鐵灰色(CNS3788)(註 G02-3)。

磨料的選用依被磨削的材質而定,磨削強韌的材料則應使用韌性較大的磨料,磨削抗張強度低的材料應使用韌性較小的磨料,以使磨料刃尖在磨鈍到韌性的臨界點時,可連續再生新的刃尖。例如 C 磨料韌性低顆粒易破碎,易使新生刃尖露出而適於研磨鑄鐵等抗張強度低的材料。

G02-5 粒 度

磨料粒度係以每25.4mm長直線上所有的篩孔數目,所選各種不同尺寸之磨料號數謂之磨料粒度(grain size),如 46 號即表示能通過每 25.4mm 長 46 個篩孔的顆粒,然實際上為某一範圍之不同粒徑的顆粒所混合,其規格有:粗粒#8、#10、#12、#14、#16、#20、#24、#30、#36、#46、#54、#60、#70、#80、#90、#100、#120、#150、#180、#220,微粉:#240、#280、#320、#360、#400、#500、#600、#700、#800、#1000、#1200、#1500、#2000、#2500、#3000、#4000、#6000、#8000等,其中#4000、#6000、#8000僅適用於 WA、GC 磨料(CNS3787、CNS3788)(註 G02-4)。

磨削時依磨削性質而選擇不同之粒度。如:

1. 磨削量多而又係粗磨時用粗粒度。
2. 鑲配磨削或工具磨削時用中粒度。
3. 被磨削的材質堅硬而緻密者使用較細粒度,材質軟而展性大者使用粗粒度。
4. 砂輪與工件接觸面積小者,用細粒度如磨削螺紋。接觸面大者用粗粒度如平面磨削。
5. 砂輪大者用粗粒度,脆質的結合劑用細粒度。
6. 利用混合粒度(如#24 與#36 混合)可增進磨削效率,因其中較粗顆粒可提高磨削效率,細顆粒可使表面細緻。

G02-6 結合度

　　砂輪磨料顆粒保持的能力，或結合體本身及磨料顆粒脫落之抗力亦即砂輪的耗減程度謂之結合度(grade)，亦稱砂輪的強度(與顆粒的硬度無關)，如果磨料顆粒和結合劑的結合極強，在磨削時顆粒不易脫落者謂之硬砂輪，反之則謂之軟砂輪，結合度以A、B、C……X、Y、Z等二十六等級表示之，其中A級最軟，Z級最硬(CNS991)(註 G02-5)。

　　磨削時應選擇適當結合度的砂輪，使磨料在磨鈍時能自行脫落舊顆粒而露出新顆粒(即所謂自生作用)，若砂輪太硬則磨料雖已磨鈍但仍不脫落，使砂輪緣平滑而導致磨削不良，如灼傷或工件變形等。若砂輪太軟則雖遇較小之磨削力，仍自行脫落而無法磨削。選擇適當的結合度的方法為：

1. 被磨削的材質軟者使用硬砂輪，材質硬者使用軟砂輪。
2. 砂輪磨削速度高者使用軟砂輪，低者使用硬砂輪。
3. 工件周速度快者使用硬砂輪，慢者使軟砂輪。
4. 砂輪與工件接觸面積小者使用硬砂輪，接觸面積大者使用軟砂輪。
5. 工件粗糙不平者使用硬砂輪，細緻者使用軟砂輪。
6. 機械精度良好或操作人員熟練者使用軟砂輪。

G02-7 組　織

　　磨料、結合劑與空隙(void)之空間距離的關係謂之砂輪的組織(structure)，惟空間距離的測定困難，而以砂輪體積中磨料所佔的百分比(磨料率)表示之，如圖 G02-4 示三種不同的組織。組織以 0、1、2、3、4、5、6、7、8、9、10、11、12、13、14 表示之，其中 0 級最密(磨料率 62 %)，14 級最疏(磨料率 34 %)(CNS991)(註 G02-6)，組織的疏密將影響磨屑由組織空間的排出、冷卻劑在砂輪與工件間的流動、冷卻劑及於工件上的多寡與表面粗糙度等。選擇適當組織為：

1. 工件材質軟，且有延展性的用疏的砂輪，硬且脆者用密的砂輪。
2. 磨削接觸面大者用疏的砂輪，接觸面積小用密組織的砂輪，以使散熱容易。
3. 磨削切入量深或加工面不必精細者用疏的砂輪，切入量少或加工面精細者用密的砂輪。

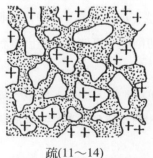
疏(11～14)

中(5～10)

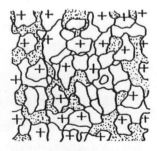
密(0～4)

圖 G02-4　砂輪組織(中國砂輪企業公司)

G02-8　製　法

　　砂輪是由磨料顆粒與結合劑混合製成，結合劑之於砂輪不只是使磨料保持在一起，並使砂輪在一定速度下安全迴轉。砂輪製法依結合劑的不同而有下列五種基本類型：

1.　瓷質燒結法：瓷質燒結法係利用瓷質結合劑(vitrified bond)與磨料顆粒混合成型、乾燥及整型後，於1400℃之溫度燒結經7日，爐冷卻後取試驗其平衡、結合度及組織等而製成砂輪如圖G02-5(註G02-7)，亦稱 V 法。通常一小型砂輪之工作日程約20天，瓷質燒結法的成型有壓製法、混土法及壓製混土合用法等三種，而以混土法最常用。

　　　瓷質燒結法的砂輪使用範圍廣泛，約佔磨削工作之75％～90％，因其具有下列優點：

(1)　結合劑的結合力強，磨料顆粒保持時間長，磨削力大。

(2)　砂輪面上多小孔，易使磨料的尖刃顯露，磨削力強。

(3)　不受酸、水、油及溫度之影響，切削劑使用範圍廣泛。

(4)　砂輪結合度範圍廣，使用範圍亦廣。

(5)　組織均均、硬度均勻。

　　　然製造時間過長，大型砂輪(直徑900mm 以上)不易製造。

2.　水玻璃結合法：結合劑的主要原料爲水玻璃結合劑(silicate bond)，製造時先將矽石末或黏土粉過磅稱重加入水玻璃，再稱重後加入磨料及其他變質劑混合，而成型、乾燥，在260℃～300℃的溫度下加熱20小時～80小時後，爐冷1日～2日取出試驗及修整後使用，亦稱 S 法。

　　　水玻璃法的砂輪主要用於單位時間內磨削量多時使用之。普通用於木工刀具類的磨削，銑刀、鉸刀、車刀及鉋刀等的磨削及平面磨削等。水玻璃燒結法之砂輪比瓷質燒結法製造容易，大直徑之砂輪(可達 1500mm)亦可製造，磨削時水玻璃有潤滑作用，可防止熱之發生。但其彈性較差，有因濕氣而劣化的缺點，且與 C 磨料的結合力較弱，僅適用 A 磨料。

3.　橡膠結合法：將橡膠結合劑(rubber bond)予以輾壓加入磨料混壓加熱至 255℃約半小時後取出即可，亦稱爲 R 法，適於磨削鑄鐵製品、溝槽磨削以及木材切割等，使用水及荷性鹼爲切削劑。

4.　蟲膠結合法：利用蟲膠結合劑(shellac bond)與磨料加熱混合成型，加壓加熱至 300℃後取出，亦稱 E 法。結合力較弱，不適於粗磨及過熱使用，苛性鹼及油類切削劑不可使用，但因具有彈性適於粗磨。

5.　樹脂結合法：將樹脂結合劑(resinoid bond)如電木(bakelite)等加熱、混入磨料、成型、加壓力，加熱至160℃～180℃後製成，亦稱 B 法。適於各種金屬、玻璃、陶器及各種塑性物質的切斷，可使用油及鹼液爲切削劑。

　　除上述五種基本製法外，常有其他製法，如中國砂輪企業公司有：

1.　發泡樹脂結合法：係以胺基甲酸脂(poly urethane)爲結合劑的製法，亦稱BU法，適用於拋光用。

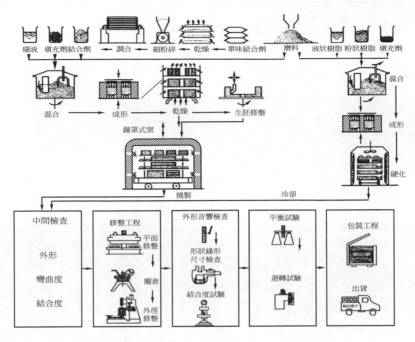

圖 G02-5　砂輪之製造流程(中國砂輪企業公司)

2.　氧化鎂結合法：係以氧氯化鎂(magnesia oxychloride)為結合劑的製法，亦稱 Mg 法，適用於刀具磨削或極薄工件的平面磨削，可避免發生灼熱現象，最高磨削速度為 1000m/min。

G02-9　砂輪的選擇

綜上所述，砂輪之選擇依下列之因素考慮之：

1.　工件材質與硬度
   (1)　磨料：鋼料用 A 磨料，鑄鐵及非鐵合金用 C 磨料。
   (2)　粒度：硬脆材質用細粒度，軟延性材質用粗粒度。
   (3)　結合度：硬材質用軟結合度，軟材質用硬結合度。
2.　磨除量與加工程度
   (1)　粒度：粗磨及磨削量多，用粗粒度，精磨及磨削量少，用細粒度。
   (2)　製法：一般磨削用 V 法，高精度可選用 B、R 或 E 法。
3.　接觸面積
   (1)　粒度：接觸面積大用粗粒度，接觸面積小用細粒度。
   (2)　結合度：接觸面積大用軟結合度，接觸面積小用硬結合度。
4.　濕磨或乾磨：濕磨用砂輪合度比乾磨硬一級。
5.　砂輪速度依據形狀及製法選擇，不可超過砂輪檢驗票規定的使用速度(參見圖 G02-1)。
6.　依輪磨工作要求可更進一步的選擇磨料種類。

表 G02-1　砂輪規格推薦表砂輪機(V法)(中國砂輪企業公司)

グループ構成：左が工作材料（輪磨方式）、上部が輪磨種類および砂輪直徑。

工作材料（輪磨方式）	內輪磨 75-125	內輪磨 50-75	內輪磨 32-50	內輪磨 16-32	內輪磨 16以下	平面 垂直軸 瓦片形	平面 垂直軸 環形	平面 水平軸 355-510	平面 水平軸 205-355	平面 水平軸 205以下	無心輪磨	圓筒 610以上	圓筒 455-610	圓筒 355-455	圓筒 355以下
鋼 碳鋼 HRC25以下	A46J	A46K	A54K	A60L	A80M	WA24K	WA30J	WA36J	WA46J	WA46K	A60M	A46L	A46M	A54M	A60M
鋼 碳鋼 HRC25以上	WA46J-J	WA54J-K	WA36I	WA80L-M	WA30J	WA36I	WA46J	WA46I-J	WA60K-L	WA46I	WA54L	WA46K	WA46L	WA60L	WA60M
鋼 合金鋼 HRC55以下	WA46I-J	WA46I-K	WA54J-K	WA60K-L	WA80L-M	SA24J/WA	SA30I/WA	SA36I/WA	SA46I/WA	SA46J/WA	WA60L	SA46L/WA	SA46L/WA	SA54L/WA	SA60L/WA
鋼 合金鋼 HRC55以上	SA46I/WA	SA46J/WA	SA54J/WA	SA60K/WA	SA80L/WA	SA30I/WA	SA36H/WA	SA36H/WA	SA46H/WA	SA46I/WA	SA60K-L/WA	SA46K/WA	SA46K/WA	SA54K/WA	SA60K/WA
鋼 工具鋼 HRC60以下	SA46I/WA	SA46J/WA	SA54J/WA	SA60K/WA	SA80L/WA	SA30I/WA	SA36H/WA	SA36H/WA	SA46H/WA	SA46I/WA	SA60K-L/WA	SA46K/WA	SA46K/WA	SA54K/WA	SA60K/WA
鋼 工具鋼 HRC60以上	SA46H/WA	SA46I/WA	SA54I/WA	SA60J/WA	SA80K/WA	SA30H/WA	SA36G/WA	SA36G/WA	SA46G/WA	SA46H/WA	SA60K/WA	SA46I/WA	SA46J/WA	SA54J/WA	SA60J/WA
不銹鋼	WA46I	WA46J	WA54J	WA60K	WA80L	SA30I/WA	SA36H/WA	SA36H/WA	SA46H/WA	SA46I/WA	WA60K-L	WA46J	WA46K	WA54K	WA60K
耐熱鋼		C36K	C36I	C54K		SA24I/WA	SA30I/WA	SA30I/WA	SA30J/WA	SA36J/WA	C54L/WA	C36L/WA	C36L/WA	C46L/WA	C46L/WA
鑄鐵 普通鑄鐵	C36I	C46I	C54I	C60J	C80K	C24J	C36I	C36I	C46I	C6J	C60L	C36K	C46K	C54K	C60J
鑄鐵 特殊鑄鐵	GC36H	GC46H	GC54H	GC60I	GC80J	GC24I	GC36H	GC36H	GC46H	GC46I	GC60K	GC36J	GC46J	GC54J	GC60I
鑄鐵 冷硬鑄鐵	–	–	–	–	–	–	–	–	–	–	–	GC36J	GC46J	GC54J	GC60I
鑄鐵 黑心及白心展性鑄鐵	WA46J	WA46K	WA54K	WA60L	WA80M	WA24K	WA36J	WA36J	WA46J	WA46K	WA60M	WA46L	WA46M	WA54M	WA60M
非鐵金屬 黃銅			C36I			C24I	C30H	C30H	C30I	C30J	C46K	C36J	C36J	C46J	C46J
非鐵金屬 青銅		WA46K		WA60L	WA60L	WA24J	WA36J	WA36J	WA46J	WA46K	WA60M	WA36I	WA36I	WA54L	WA54L
非鐵金屬 鋁合金			–			C24I	C30H	C30H	C30I	C30J	C46K	C36J		C46J	C46J
非鐵金屬 超硬合金			–	–		–	GC60G	–	GC60-100H-I	GC60-100H-I	–	GC60I	GC60I	GC80I	GC80I
非金屬 玻璃			C80I				–	–	C60K		–	C80K	C80K	C80K	C80K
非金屬 炭精(硬)							–	–	C24M		C36N	C36L	C36L	C36L	C36L
非金屬 陶瓷							–	–			C46K	C54K/GC	C54K/GC	C54K/GC	C54K/GC

7. 機械馬力較大者可選用結合度較硬的砂輪。

砂輪之選用如表 G02-1。

學後評量

一、是非題

( ) 1. 一砂輪規格 1A 255×25×19 C 46 K 8 V 2000，表示砂輪是平直形，K 結合劑。

( ) 2. 砂輪尺寸是以外徑 × 孔徑 × 厚度表示。

( ) 3. 磨削高速鋼適用 WA 磨料，磨碳化物刀具適用 GC 磨料。

( ) 4. 磨削量多，用粗粒度，磨削硬材料，用軟砂輪、密組織。

( ) 5. 瓷質結合劑之結合力強，磨料顆粒保持時間長、磨削力大。

( ) 6. 水玻璃結合法適用於 C 磨料。

( ) 7. 磨削接觸面積大，用粗粒度、硬結合度。

( ) 8. 濕磨用砂輪之結合度比乾磨硬一級。

( ) 9. 磨床機械馬力較大者，選用較軟結合度砂輪。

( ) 10. 水平軸平面輪磨，砂輪直徑ϕ205mm 以下，磨削硬度HRC60 以下之工具鋼，宜選用GC46I。

二、選擇題

( ) 1. 一砂輪規格 1A 255×25×19 C46 K8V 2000 其結合度是　(A)A　(B)C　(C)K　(D)8　(E)V。

( ) 2. 一砂輪規格 1A 255×25×19 C46 K8V 2000 其砂輪孔徑是　(A)8　(B)19　(C)25　(D)46　(E)255。

( ) 3. 輪磨高速鋼車刀，宜選用何種磨料？　(A)C　(B)GC　(C)A　(D)WA　(E)A38。

( ) 4. 輪磨碳化物車刀，宜選用何種磨料？　(A)C　(B)GC　(C)A　(D)WA　(E)A38。

( ) 5. 磨削量多又係粗磨，宜選用何種粒度？　(A)粗粒度　(B)中粒度　(C)細粒度　(D)微粉　(E)中細混合粒度。

( ) 6. 硬結合度的砂輪，適合於何種加工？　(A)工件材料硬　(B)砂輪磨削速度高　(C)砂輪與工件接觸面積大　(D)工件表面細緻　(E)工件材質軟。

( ) 7. 疏組織的砂輪，適合於何種加工？　(A)工件材質硬且脆　(B)磨削接觸面積小　(C)磨削切入量少　(D)加工面精細　(E)磨削接觸面積大。

( ) 8. 製造砂輪之結合劑以何種製法最常用？　(A)B　(B)E　(C)R　(D)V　(E)S　法。

( ) 9. 瓷質結合劑的砂輪製法之表示字母是　(A)S　(B)B　(C)V　(D)R　(E)E。

( ) 10. 以工件材質與硬度，選擇砂輪時，下列敘述何項錯誤？　(A)鑄鐵選用 A 磨料　(B)硬脆材料選用細粒度　(C)軟延性材料用粗粒度　(D)硬材質用軟結合度　(E)軟材質用硬結合度。

參考資料

註 G02-1： 經濟部標準檢驗局：瓷質燒結研磨輪。台北，經濟部標準檢驗局，民國 84 年，第 7～8 頁。

註 G02-2： 經濟部標準檢驗局：研磨輪之形狀與尺度。台北，經濟部標準檢驗局，民國 76 年，第 1～9 頁。

註 G02-3： 經濟部標準檢驗局：人造磨料。台北，經濟部標準檢驗局，民國 76 年，第 1 頁。

註 G02-4： ⑴經濟部標準檢驗局：磨料粒度。台北，經濟部標準檢驗局，民國 84 年，第 1 頁。

⑵同註 G02-3，第 2 頁。

註 G02-5： 同註 G02-1，第 2 頁。

註 G02-6： 同註 G02-1，第 2、4 頁。

註 G02-7： 中國砂輪企業股份有限公司：砂輪概要。台北，中國砂輪企業股份有限公司，民國 71 年，第 15 頁。

工廠實習知識單

項目	砂輪的使用	學習目標	能正確的說出砂輪的用途與使用方法

前　言

砂輪為一磨料結合製品,其用途廣泛,使用時應保持銳利並注意安全。

說　明

G03-1　砂輪的用途

砂輪的基本用途有下列五種:

1. 表面輪磨
   (1) 平面輪磨:利用平面磨床輪磨工件平面。
   (2) 圓筒輪磨:利用圓筒磨床或無心磨床等輪磨工件的外徑或圓錐。
   (3) 內輪磨:利用內磨床輪磨工件的內徑或內錐孔。
   (4) 其他曲線輪磨:如齒輪磨床磨齒輪,凸輪磨床磨凸輪等。

2. 粗磨(snagging):利用砂輪機磨除工件多餘量,如圖G03-1及圖G03-2,不注重工件精度,不特別扶持,如磨除鑄件之冒口等,亦稱排障磨削,常用有機結合劑砂輪。

圖 G03-1　手提式砂輪機(明峯永業公司)

圖 G03-2　圓盤式手提砂輪機(明峯永業公司)

手持磨削(off-hand grinding)係手持工件於砂輪機上輪磨,所使用的砂輪較粗磨的砂輪軟、粒度細。

3. 精光面輪磨:工件利用砂輪磨光工件,精度可注重或不必注重,如鋼板及圓鋼之磨光。

4. 切割：使用砂輪切割下料，比鋸條鋸割快速、精確、細緻且整齊。

5. 刀具刃輪磨：利用砂輪輪磨刀具刃。

G03-2 砂輪的使用

使用砂輪應注意下列事項(CNS2223)(註 G03-1)：

1. 砂輪質弱易碎，切勿墜落或撞擊，儲存時放正，勿受潮、受熱。

2. 一般砂輪的破壞由於不檢查、超過磨削速度或疏忽所造成。因此安裝前先檢查砂輪外觀有無瑕疵和裂紋，用木錘輕敲聽辨音響清濁，如聲音破啞者切勿使用。音響檢查(ring test)時砂輪要乾燥，輕敲的位置在砂輪任一側面的垂直中心線兩旁 45°，距離輪緣 25mm～50mm 如圖 G03-3，輕敲後砂輪轉 45°重覆檢查。

3. 校對機器速度，勿使砂輪超過規定磨削速度。

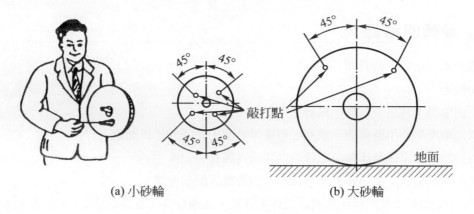

(a) 小砂輪　　　　　　　　　　　　(b) 大砂輪

圖 G03-3　砂輪之音響檢查

4. 夾持砂輪的緣盤，其直徑不得小於砂輪直徑 1/3，緣盤安裝時請注意下列事項如圖 G03-4。

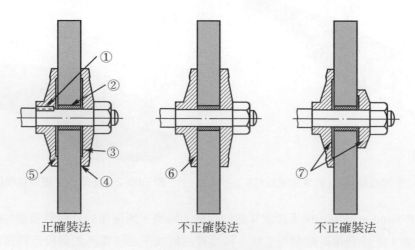

正確裝法　　　　　　不正確裝法　　　　　不正確裝法

圖 G03-4　緣盤的應用

(1) 背緣盤應以鍵固著在磨床心軸上。

(2) 砂輪心軸孔直徑宜較磨床心軸直徑稍大。

(3) 緣盤內側應有凹窩。

(4) 緣盤與砂輪接觸面間須夾裝 0.25mm 以下的吸墨紙或橡皮墊。

(5) 緣盤係以內側外周部分夾持砂輪。

(6) 緣盤全面與砂輪接觸很危險。

(7) 兩緣盤尺寸不同很危險。

圖 G03-5　砂輪平衡檢查(福裕事業公司)

5. 安裝時切勿用鐵錘敲打，勿強力將砂輪裝在心軸上或改變其中心孔尺寸，勿將螺帽上得特別緊。砂輪緊裝於緣盤後應予平衡檢查如圖 G03-5，並調整平衡塊。

6. 工件支架位置要調整適當，其與砂輪磨削面的距離勿大於 3mm。

7. 應用品質良好、尺寸適宜的保護罩，以防砂輪爆裂時的傷害，保護罩未裝妥時切勿開動機器，砂輪在保護罩裡的露出情形如圖 G03-6。

8. 保護罩舌板與砂輪之距離不得超過 6.35mm，其角度應調整適當，正誤情形如圖 G03-7。

9. 新裝或久未開動的砂輪機，應在保護罩內以工作速度空轉一分鐘以上再使用，切勿在砂輪啓動時正對著砂輪的前面站立。

10. 切勿在平直形砂輪側邊磨削，切勿將工件過度擠壓在砂輪上，切勿磨削性質不良的材料。在砂輪使用前先關掉切削劑，以免砂輪不平衡。

11. 磨削中砂輪有填塞或平滑、作用不良且易過熱時應即修整。有不平衡時應即整形。

12. 機器基礎要堅固，軸承要適宜，潤滑要良好。

13. 磨削時請注意保護眼睛和呼吸器官。

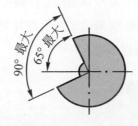

(a) 工具磨床、砂輪機

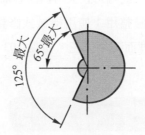

(b) 工件與砂輪接觸面在水平線下時

圖 G03-6　護罩的露出(經濟部標準檢驗局)

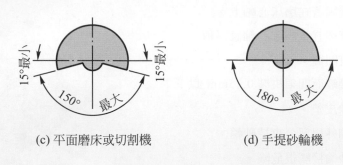

(c) 平面磨床或切割機　　　　(d) 手提砂輪機

圖 G03-6　護罩的露出(經濟部標準檢驗局)(續)

(a) 正確　　　　(b) 正確　　　　(c) 不正確

圖 G03-7　護罩舌板的應用(經濟部標準檢驗局)

G03-3 砂輪的修整及整形

　　為使磨削工作有良好的效果，砂輪必須隨時保持鋒利的磨刃及平衡，而需常加以修整或整形。利用修整器(dresser)修整已平滑或填塞的砂輪表面謂之修整(dressing)，若用於修整砂輪回復正確的形狀、平衡或改變砂輪使用面，以作為特殊工作的磨削時謂之整形(truing)。

　　砂輪修整器的種類繁多，如碳化硼或碳化矽修整棒、碳化硼磨輪、機械式修整器及鑽石修整器等，其中以機械式修整器與鑽石修整器使用最為廣泛。機械式砂輪修整器(mechinical dressers)係在夾持器上裝以金屬輪，如圖 G03-8，此輪可在夾持器的心軸上自由轉動，常用於修整砂輪機的砂輪；有槽殼形(grooved shell)金屬輪，用於精修整用；使用機械式修整器時夾持器置放於支架上，右手握持把柄，左手壓制柄體，使輪齒壓入砂輪裡而不生火花。如圖 G03-9 為一碳化硼砂輪修整器。

圖 G03-8　機械式砂輪修整器

圖 G03-9　碳化硼砂輪修整器

　　鑽石砂輪修整器(diamond dressers)用於整形及修整砂輪如圖G03-10，鑽石砂輪修整器係將鑽石鑲銲在夾持柄中，利用其尖銳部分修整砂輪，修整時依砂輪的規格與操作情況選擇適當的修整器如表 G03-1，並為防止鑽石刺入太深而傷害鑽石，常由砂輪緣之最高點開始整形或修整，修整器與砂輪的旋轉方向應成 5°～10°的拖曳角度(drag angle)，以防修整器震顫及鑿進砂輪面而將鑽石尖銳部分磨平(角度太小時)，或磨損夾持柄(角度太大時)，夾持柄亦應與砂輪使用面傾斜 60°～70°，以避免在砂輪上畫有鑽石痕跡，並可使鑽石自行磨銳如圖G03-11。每次修整量，粗修整為 0.04mm，細修整為 0.015mm，橫向進刀以 0.03mm/rev為宜，並視欲得砂輪面的精細與否給予適當的深度與進刀速度。乾磨砂輪以乾式修整之，每次修整時宜有適當時間使鑽石冷卻；濕磨砂輪以濕式修整之，使切削劑大量流在砂輪面上，並在修整前流出。

表 G03-1　鑽石砂輪修整器之選擇

鑽石大小(克拉)	砂輪尺寸
$\frac{1}{5}$	75 × 13
$\frac{1}{4}$	100 × 13
$\frac{1}{3}$	150 × 13
$\frac{1}{2}$	200 × 25
$\frac{3}{4}$	255 × 25
1.0	305 × 25
$1\frac{1}{4}$	355 × 32
$1\frac{1}{2}$	405 × 38
2.0	510 × 50
$2\frac{1}{2}$	610 × 75
3.0	610 × 100

圖 G03-10　鑽石砂輪修整器(台灣鑽石工業公司)

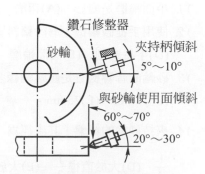

圖 G03-11　修整器的安裝

345

如欲得特殊形狀時，可用成形的擠壓修整(crush-dressing)如圖 G03-12。

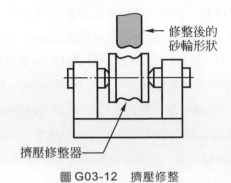

修整後的
砂輪形狀

擠壓修整器

圖 G03-12　擠壓修整

學後評量

一、是非題

( )1. 砂輪可以表面磨削、粗磨、手持磨削、精光面磨削、切割及刀具刃磨削等。

( )2. 音響檢查砂輪時，砂輪要乾燥，輕敲的位置在距離輪緣 5mm～10mm 處。

( )3. 夾持砂輪的緣盤，其直徑不得小於砂輪直徑 1/3，背緣盤以鍵固定在心軸上。

( )4. 砂輪保護罩舌板與砂輪的距離，不得小於 6.35mm。

( )5. 啟動或使用砂輪，切勿面對砂輪的切線方向。

( )6. 為獲得平直磨削，可以在平直形砂輪側面磨削。

( )7. 砂輪填塞或平滑時，應給予修整，以保持銳利。

( )8. 使用機械式砂輪修整器修整時，金屬輪應輕觸砂輪使其產生火花。

( )9. 鑽石砂輪修整器修整時，應與砂輪使用面傾斜 20°～30°。

( )10. 鑽石砂輪修整器修整砂輪時，粗修整量為 0.4mm。

二、選擇題

( )1. 平面輪磨是屬於　(A)粗磨　(B)精光面輪磨　(C)表面輪磨　(D)切割　(E)刀具刃輪磨。

( )2. 使用手提砂輪機，磨除鑄料冒口，稱之為　(A)粗磨　(B)精光面輪磨　(C)表面輪磨　(D)手持磨削　(E)圓筒輪磨。

( )3. 砂輪的音響檢查是距離輪緣多少 mm 的位置，輕敲砂輪？　(A)1mm　(B)5mm　(C)10mm　(D)15mm　(E)25mm。

( )4. 夾持砂輪的緣盤，其直徑為　(A)小於砂輪直徑 $\frac{1}{3}$　(B)大於砂輪直徑 $\frac{1}{3}$　(C)小於砂輪直徑 $\frac{1}{2}$　(D)大於直徑 $\frac{1}{2}$　(E)大於直徑 $\frac{1}{5}$。

( )5. 使用鑽石砂輪修整修器整砂輪時，修整器與砂輪之旋轉方向，應成幾度拖曳角度？ (A)0°
(B)2° (C)3° (D)6° (E)15°。

參考資料

註 G03-1：經濟部標準檢驗局：研磨輪安全規章。台北，經濟部標準檢驗局，民國 76 年，第 1～10 頁。

工廠實習知識單

項目	砂輪機	學習目標	能正確的說出砂輪機的使用方法

前　言

　　砂輪機主要用於磨鑿子、車刀、鉋刀及鑽頭等刀具，或手持磨削工件。

說　明

　　砂輪機的形式如圖 G04-1 為落地式，如圖 G04-2 為檯上式。砂輪的安裝應注意安全(參考〝砂輪的使用〞單元)，砂輪機心軸的螺紋，左端為左旋螺紋，右端為右旋螺紋以防螺帽鬆脫。使用時應注意下列事項(註 G04-1)：

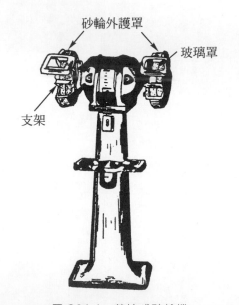

砂輪外護罩
玻璃罩
支架

圖 G04-1　落地式砂輪機

支架

圖 G04-2　檯上式砂輪機

1. 砂輪機須按廠商規定，適時、適質並適量的潤滑。

2. 使用前檢查砂輪及工具支架是否確實固緊，並視需要以砂輪整器修整之如圖 G04-3。

3. 應使用安全玻璃罩或戴護目鏡，並不得站立於砂輪正前方。

4. 磨削時壓力要適當，並時時泡水以免工件過熱。

5. 磨削量多，用粗砂輪，成形後用細砂輪精磨。

6. 砂輪機的磨削速度高達 1800m/min，應隨時注意安全。

圖 G04-3　修整砂輪

學後評量

一、是非題

（　）1. 砂輪機心軸的螺紋，左端為左旋螺紋，右端為右旋螺紋。

（　）2. 使用砂輪機應戴護目鏡，磨削壓力要適當。

（　）3. 使用砂輪機應站在正前方。

（　）4. 磨高速鋼車刀等刀具時，應隨時泡水，避免過熱。

（　）5. 磨削量多時，用細砂輪，磨削量少時，用粗砂輪。

二、選擇題

（　）1. 砂輪機工件支架位置與砂輪磨削面的距離為　(A)15mm　(B)12mm　(C)10mm　(D)6mm　(E)3mm 以下。

（　）2. 砂輪機保護罩舌板與砂輪的距離以　(A)6mm以下　(B)7mm～10mm　(C)11mm～15mm　(D)16mm～20mm　(E)21mm 以上　為宜。

（　）3. 下列有關砂輪機使用的敘述，何項錯誤？　(A)使用砂輪機應戴護目鏡　(B)磨削量多用粗砂輪　(C)精磨用細砂輪　(D)使用砂輪側面磨削較易使刃口平齊　(E)磨削壓力要適當。

（　）4. 下列裝置砂輪機的砂輪，何項不正確？　(A)背緣以鍵固定在心軸上　(B)砂輪緣盤兩邊一樣大　(C)砂輪緣盤要全面與砂輪接觸　(D)砂輪機右端使用右旋螺帽上緊　(E)砂輪的迴轉數一定，要選擇適當周邊速度的砂輪。

（　）5. 下列何種砂輪修整器，不適合於修整砂輪機砂輪？　(A)碳化矽修整棒　(B)擠壓修整器　(C)機械式修整器　(D)鑽石修整器　(E)碳化硼磨輪。

參考資料

註 G03-1： John R. Walker. *Modern metalworking*. Illinois: The Goodheart-Willcox Company, Inc., 1965, pp. 33-1～33-3.

工廠實習知識單

項目	平面輪磨	學習目標	能正確的說出平面磨床的種類與平面輪磨的方法

前　言

　　平面磨床可分爲水平心軸與垂直心軸兩類，常以磁力夾頭夾持工件輪磨之(註 G05-1)。

說　明

G05-1　平面輪磨

　　平面輪磨(surface grinding)分爲：

1.　利用水平心軸平面磨床，即使用平直形砂輪的輪緣來輪磨，如圖 G05-1 及圖 G05-2。

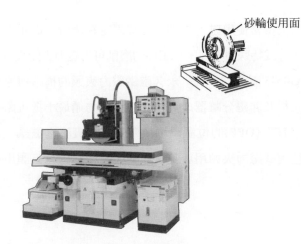

圖 G05-1　水平心軸往復床台磨床(福裕事業公司)

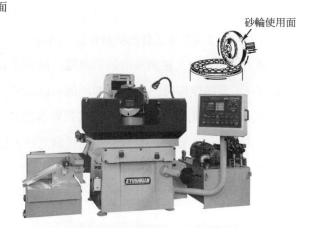

圖 G05-2　水平心軸旋轉床台磨床(宇宣機械公司)

2. 利用垂直心軸平面磨床，即使用盆形砂輪的輪緣來輪磨，如圖 G05-3 及圖 G05-4。

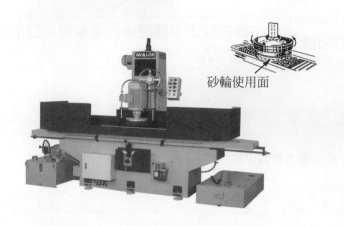

砂輪使用面

砂輪使用面

圖 G05-3　垂直心軸往復床台磨床(宇宣機械公司)　　圖 G05-4　垂直心軸旋轉床台磨床(宇宣機械公司)

平面磨床的規格係以最大磨削面積表示之，如一 150×450mm 的平面磨床，即其往復床台橫向行程 150mm，縱向行程 450mm。

砂輪的裝置及使用隨廠商設計而異，但工件的夾持常使用磁力夾頭或直接固定在床台或虎鉗上，後者工件的夾持法與銑床工件的夾持相似，適用於大工件或特殊的工件，小工件的磨削可用磁力夾頭夾持之。

磁力夾頭有永久磁鐵及直流電磁鐵兩種如圖 G05-5 至圖 G05-7。永久磁鐵磁力夾頭的構造與原理如圖 G05-8，當操作桿置於〝開〞(ON)的位置時導磁桿及非磁分離器成直線，因此磁力循最小抵抗路線通至工件，以完成磁路而吸緊工件。當操作桿置於〝閉〞(OFF)的位置時則放鬆工件。直流電磁鐵通直流電時，由於線圈的感應而構成磁場而吸緊工件。往復式磁力夾頭用於往復床台，旋轉式磁力夾頭用於旋轉床台。

圖 G05-5　往復式永久磁鐵磁力夾頭(光達磁性工業公司)　　圖 G05-6　往復式電磁鐵磁力夾頭(光達磁性工業公司)

圖 G05-7　旋轉式磁力夾頭(光達磁性工業公司)

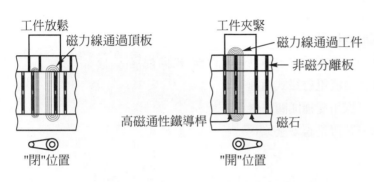

圖 G05-8　永久磁鐵磁力夾頭之構造與原理

圖 G05-9　去磁器(光達磁性工業公司)

　　利用磁力夾頭夾持工件有迅速簡便之效,但由於磨削完成後,工件常有剩磁,此種剩磁有害於工件,故應予以去磁(demagnetizing),去磁的方法若為直流電磁鐵,可採用雙極開關使電流反方向而去磁,或以圖 G05-9 所示之去磁器去磁。

G05-2　磨床工作安全規則

1. 操作任何型式磨床應予遵守的安全規則

   (1) 在任何時間操作磨床時,均須戴上安全防護罩。

   (2) 在檢查磨床各部分裝置是否安全。

   (3) 用手持磨削工件時,所使用的支架與砂輪的距離以不超過 3mm 為原則,以免震盪及顫抖。

   (4) 調整支架與砂輪的距離後,需將支架固定並鎖緊之。

   (5) 在旋轉中的砂輪或工件切勿用手接觸。

   (6) 工作時須穿著工作服。

   (7) 不可佩戴長領帶工作,如有必要佩戴領帶時可以領結替代之。

   (8) 工作者所穿的襯衣必須裝入褲內不可露在外面。

   (9) 必須戴著帽子工作,掩護長髮以免危險。

   (10) 工作中不可在磨床的周圍亂跑,以免妨害工作者的情緒,擾亂工場秩序。

2. 磨床本身之安全措施

(1) 工件必須裝牢於磨床上。

(2) 砂輪須正確裝置於磨床心軸上。

(3) 檢查砂輪有否破裂之處。

(4) 砂輪之周邊速度須正確。

學後評量

一、是非題

(　)1. 垂直軸平面磨床,使用平直形砂輪磨削工件。

(　)2. 平面磨床的規格,以最大磨削面積表示之,即其橫向行程×縱向行程。

(　)3. 磁力夾頭可分為永久磁鐵式與交流電磁鐵式兩種。

(　)4. 使用永久磁鐵式磁力夾頭,可採用雙極開關去磁。

(　)5. 使用磨床前,應先檢查各部分裝置是否安全。

二、選擇題

(　)1. 不能使用平直形砂輪的使用面來輪磨的磨床是　(A)水平軸往復台平面磨床　(B)水平軸旋轉台平面磨床　(C)垂直軸往復台平面磨床　(D)圓筒磨床　(E)內磨床。

(　)2. 一平面磨床規格150×450mm,表示　(A)縱向行程150mm　(B)橫向行程150mm　(C)橫向行程450mm　(D)磨削面積150mm　(E)磨削面積450mm。

(　)3. 下列有關磁力夾頭之敘述,何項正確?　(A)往復式磁力夾頭只有永久磁鐵式　(B)永久磁鐵式磁力夾頭,在"ON"後同時去磁　(C)電磁鐵使用交流電　(D)永久磁鐵式使用直流電　(E)電磁鐵式可採用雙極開關使電流反向去磁。

(　)4. 使用平直形砂輪的往復式平面磨床,用鑽石擦輪修整器修整砂輪時,應與砂輪使用面傾斜　(A)5°　(B)10°　(C)$12\frac{1}{2}$°　(D)65°　(E)85°。

(　)5. 使用鑽石砂輪修整器粗修整砂輪時,每次修整量為　(A)0.04　(B)0.14　(C)0.24　(D)0.34　(E)0.44。

參考資料

註 G05-1:John L. Feirer. *Machine tool metalworking*. New York:McGraw-Hill Book Company, 1973, pp. 499-500.

工廠實習知識單

項目	磨　石	學習目標	能正確的說出磨石的選擇與使用方法

前　言

刀具刃口之礪光則使用磨石。

說　明

　　人造磨石(簡稱磨石或油石)的種類依磨料材質、粒度、結合度及研磨面區分(CNS13488)(註G06-1)，均用於磨銳各種刀具，所使用的磨料為氧化鋁或碳化矽磨料，常用粒度及結合度如表 G06-1。粗磨石用於遲鈍刀具的磨銳或快速磨銳切削刀具之刃口，中粗磨石用於木工刀具及一般刀具的磨銳，細磨石用於雕刻刀具及成型刀具等的磨銳。

表 G06-1　磨石之粒度及結合度

磨石粗細	粒度	結合度
極粗	120、150	P、Q
粗	180、200、220	P、Q
中粗	240、280	P、Q
細	320	P、Q
極細	400	P、Q

磨石的形狀如圖 G06-1，其使用場合為：

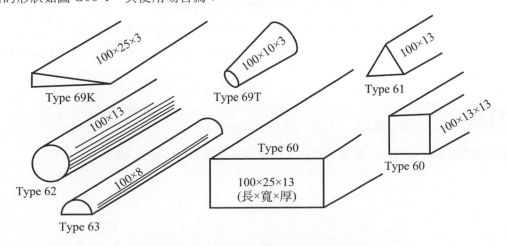

圖 G06-1　磨石形狀(中國砂輪企業公司)

Type 60、61、63、69K 磨銳螺紋模及刀具。

Type 60 磨銳帶曲線邊木工刀具、鉸刀、車刀、鉋刀及直刃刀具。

Type 62、69T 磨銳螺絲攻

磨石使用時應注意：

1. 保持磨料尖銳及磨石面潔淨與濕潤。

2. 新磨石應先在機油裏浸清數日再使用，使用後放置在木盒裏，並滴以數滴清潔的機油。

3. 保持磨面的平均。磨面不平均時應予修正。

4. 粗磨銳時用水為切削劑，以沖除磨屑，細磨銳時用油為切削劑。使用後應沖洗乾淨，如填塞時可用汽油或氨水清洗，但切勿用松節油。

學後評量

一、是非題

( ) 1. 磨石依磨料材質、粒度、結合度及研磨面區分。

( ) 2. 磨石的磨料為氧化鋁或碳化矽磨料。

( ) 3. 磨石不用時可與其他工具堆放。

( ) 4. 礪光或磨銳刀具刃口，應選擇適當的磨石形狀(號數)。

( ) 5. 新磨石應先在機油裏浸漬數日再使用，填塞時可用松節油清洗。

二、選擇題

( ) 1. 下列何項磨料適於磨石磨料？ (A)剛砂 (B)剛玉 (C)石英 (D)燧石 (E)碳化矽。

( ) 2. 車刀磨削後的礪光，宜用磨石之粒度為 (A)60 (B)120 (C)240 (D)480 (E)600。

( ) 3. 下列有關使用磨石之敘述何項錯誤？ (A)保持磨粒尖銳 (B)磨石不可浸油 (C)保持磨面平均 (D)填塞時用汽油清洗 (E)粗磨用水為切削劑。

( ) 4. 磨石之結合度一般為 (A)EF (B)IJ (C)MN (D)PQ (E)VW。

( ) 5. 磨銳車刀最常用的磨石是 (A)Type 60 (B)Type 62 (C)Type 63 (D)Type 69T (E)Type 69K。

參考資料

註 G06-1：經濟部標準檢驗局：磨石。台北，經濟部標準檢驗局，民國 84 年，第 1 頁。

附錄　三角函數

度	sin	cos	tan	cot		度	sin	cos	tan	cot	
0°00'	0.0000	1.0000	0.0000	∞	90°00'	8°00'	0.1392	0.9903	0.1405	7.1154	82°00'
10	0.0029	1.0000	0.0029	343.77	50	10	0.1421	0.9897	0.1435	6.9682	50
20	0.0058	1.0000	0.0058	171.89	40	20	0.1449	0.9894	0.1465	6.8269	40
30	0.0087	1.0000	0.0087	114.59	30	30	0.1478	0.9890	0.1495	6.6912	30
40	0.0116	0.9999	0.0116	85.940	20	40	0.1507	0.9886	0.1524	6.5606	20
50	0.0145	0.9999	0.0145	68.750	10	50	0.1536	0.9881	0.1554	6.4348	10
1°00'	0.0175	0.9998	0.0175	57.290	89°00'	9°00'	0.1564	0.9877	0.1584	6.3138	81°00'
10	0.0204	0.9998	0.0204	49.104	50	10	0.1593	0.9872	0.1614	6.1970	50
20	0.0233	0.9997	0.0233	42.964	40	20	0.1622	0.9868	0.1644	6.0844	40
30	0.0262	0.9997	0.0262	38.188	30	30	0.1650	0.9863	0.1673	5.9758	30
40	0.0291	0.9996	0.0291	34.368	20	40	0.1679	0.9858	0.1703	5.8708	20
50	0.0320	0.9995	0.0320	31.242	10	50	0.1708	0.9853	0.1733	5.7694	10
2°00'	0.0349	0.9994	0.0349	28.636	88°00'	10°00'	0.1736	0.9848	0.1763	5.6713	80°00'
10	0.0378	0.9993	0.0378	26.432	50	10	0.1765	0.9843	0.1793	5.5764	50
20	0.0407	0.9992	0.0407	24.542	40	20	0.1794	0.9838	0.1823	5.4845	40
30	0.0436	0.9990	0.0437	22.904	30	30	0.1822	0.9833	0.1853	5.3955	30
40	0.0465	0.9989	0.0466	21.470	20	40	0.1851	0.9827	0.1883	5.3093	20
50	0.0494	0.9988	0.0495	20.206	10	50	0.1880	0.9822	0.1914	5.2257	10
3°00'	0.0523	0.9986	0.0524	19.081	87°00'	11°00'	0.1908	0.9816	0.1944	5.1446	79°00'
10	0.0552	0.9985	0.0553	18.075	50	10	0.1937	0.9811	0.1974	5.0658	50
20	0.0581	0.9983	0.0582	17.169	40	20	0.1965	0.9805	0.2004	4.9894	40
30	0.0610	0.9981	0.0612	16.350	30	30	0.1994	0.9799	0.2035	4.9152	30
40	0.0640	0.9980	0.0641	15.605	20	40	0.2022	0.9793	0.2065	4.8430	20
50	0.0669	0.9978	0.0670	14.924	10	50	0.2051	0.9787	0.2095	4.7729	10
4°00'	0.0698	0.9976	0.0699	14.301	86°00'	12°00'	0.2079	0.9781	0.2126	4.7046	78°00'
10	0.0727	0.9974	0.0729	13.727	50	10	0.2108	0.9775	0.2156	4.6382	50
20	0.0756	0.9971	0.0758	13.197	40	20	0.2136	0.9769	0.2186	4.5736	40
30	0.0785	0.9969	0.0787	12.706	30	30	0.2164	0.9763	0.2217	4.5107	30
40	0.0814	0.9967	0.0816	12.251	20	40	0.2193	0.9757	0.2247	4.4494	20
50	0.0843	0.9964	0.0846	11.826	10	50	0.2221	0.9750	0.2278	4.3897	10
5°00'	0.0872	0.9962	0.0875	11.430	85°00'	13°00'	0.2250	0.9744	0.2309	4.3315	77°00'
10	0.0901	0.9959	0.0904	11.059	50	10	0.2278	0.9737	0.2339	4.2747	50
20	0.0929	0.9957	0.0934	10.712	40	20	0.2306	0.9730	0.2370	4.2193	40
30	0.0958	0.9954	0.0963	10.385	30	30	0.2334	0.9724	0.2401	4.1653	30
40	0.0987	0.9951	0.0992	10.078	20	40	0.2363	0.9717	0.2432	4.1126	20
50	0.1016	0.9948	0.1022	9.7882	10	50	0.2391	0.9710	0.2462	4.0611	10
6°00'	0.1045	0.9945	0.1051	9.5144	84°00'	14°00'	0.2419	0.9703	0.2493	4.0108	76°00'
10	0.1074	0.9942	0.1080	9.2553	50	10	0.2447	0.9696	0.2524	3.9617	50
20	0.1103	0.9939	0.1110	9.0098	40	20	0.2476	0.9689	0.2555	3.9136	40
30	0.1132	0.9936	0.1139	8.7769	30	30	0.2504	0.9681	0.2586	3.8667	30
40	0.1161	0.9932	0.1169	8.5555	20	40	0.2532	0.9674	0.2617	3.8208	20
50	0.1190	0.9929	0.1198	8.3450	10	50	0.2560	0.9667	0.2648	3.7760	10
7°00'	0.1219	0.9925	0.1228	8.1443	83°00'	15°00'	0.2588	0.9659	0.2679	3.7321	75°00'
10	0.1248	0.9922	0.1257	7.9530	50	10	0.2616	0.9652	0.2711	3.6891	50
20	0.1276	0.9918	0.1287	7.7704	40	20	0.2644	0.9644	0.2742	3.6470	40
30	0.1305	0.9914	0.1317	7.5958	30	30	0.2672	0.9636	0.2773	3.6059	30
40	0.1334	0.9911	0.1346	7.4287	20	40	0.2700	0.9628	0.2805	3.5656	20
50	0.1363	0.9907	0.1376	7.2687	10	50	0.2728	0.9621	0.2836	3.5261	10
8°00'	0.1392	0.9903	0.1405	7.1154	82°00'	16°00'	0.2756	0.9613	0.2867	3.4874	74°00'
	cos	sin	cot	tan	度		cos	sin	cot	tan	度

度	sin	cos	tan	cot		度	sin	cos	tan	cot	
16°00'	0.2756	0.9613	0.2867	3.4874	74°00'	24°00'	0.4067	0.9135	0.4452	2.2460	66°00'
10	0.2784	0.9605	0.2899	3.4495	50	10	0.4094	0.9124	0.4487	2.2286	50
20	0.2812	0.9596	0.2931	3.4124	40	20	0.4120	0.9112	0.4522	2.2113	40
30	0.2840	0.9588	0.2962	3.3759	30	30	0.4147	0.9100	0.4557	2.1943	30
40	0.2868	0.9580	0.2994	3.3402	20	40	0.4173	0.9088	0.4592	2.1775	20
50	0.2896	0.9572	0.3026	3.3052	10	50	0.4200	0.9075	0.4628	2.1609	10
17°00'	0.2924	0.9563	0.3057	3.2709	73°00'	25°00'	0.4226	0.9063	0.4663	2.1445	65°00'
10	0.2952	0.9555	0.3089	3.2371	50	10	0.4253	0.9051	0.4699	2.1283	50
20	0.2979	0.9546	0.3121	3.2041	40	20	0.4279	0.9038	0.4734	2.1123	40
30	0.3007	0.9537	0.3153	3.1716	30	30	0.4305	0.9026	0.4770	2.0965	30
40	0.3035	0.9528	0.3185	3.1397	20	40	0.4331	0.9013	0.4806	2.0809	20
50	0.3062	0.9520	0.3217	3.1084	10	50	0.4358	0.9001	0.4841	2.0655	10
18°00'	0.3090	0.9511	0.3249	3.0777	72°00'	26°00'	0.4384	0.8988	0.4877	2.0503	64°00'
10	0.3118	0.9502	0.3281	3.0475	50	10	0.4410	0.8975	0.4913	2.0353	50
20	0.3145	0.9492	0.3314	3.0178	40	20	0.4436	0.8962	0.4950	2.0204	40
30	0.3173	0.9483	0.3346	2.9887	30	30	0.4462	0.8949	0.4986	2.0057	30
40	0.3201	0.9474	0.3378	2.9600	20	40	0.4488	0.8936	0.5022	1.9912	20
50	0.3228	0.9465	0.3411	2.9319	10	50	0.4514	0.8923	0.5059	1.9768	10
19°00'	0.3256	0.9455	0.3443	2.9042	71°00'	27°00'	0.4540	0.8910	0.5095	1.9626	63°00'
10	0.3283	0.9446	0.3476	2.8770	50	10	0.4566	0.8897	0.5132	1.9486	50
20	0.3311	0.9436	0.3508	2.8502	40	20	0.4592	0.8884	0.5169	1.9347	40
30	0.3338	0.9426	0.3541	2.8239	30	30	0.4617	0.8870	0.5206	1.9210	30
40	0.3365	0.9417	0.3574	2.7980	20	40	0.4643	0.8857	0.5243	1.9074	20
50	0.3393	0.9407	0.3607	2.7725	10	50	0.4669	0.8843	0.5280	1.8940	10
20°00'	0.3420	0.9397	0.3640	2.7475	70°00'	28°00'	0.4695	0.8829	0.5317	1.8807	62°00'
10	0.3448	0.9387	0.3673	2.7228	50	10	0.4720	0.8816	0.5354	1.8676	50
20	0.3475	0.9377	0.3706	2.6985	40	20	0.4746	0.8802	0.5392	1.8546	40
30	0.3502	0.9367	0.3739	2.6746	30	30	0.4772	0.8788	0.5430	1.8418	30
40	0.3529	0.9356	0.3772	2.6511	20	40	0.4797	0.8774	0.5467	1.8291	20
50	0.3557	0.9346	0.3805	2.6279	10	50	0.4823	0.8760	0.5505	1.8165	10
21°00'	0.3584	0.9336	0.3839	2.6051	69°00'	29°00'	0.4848	0.8746	0.5543	1.8040	61°00'
10	0.3611	0.9325	0.3872	2.5826	50	10	0.4874	0.8732	0.5581	1.7917	50
20	0.3638	0.9315	0.3906	2.5605	40	20	0.4899	0.8718	0.5619	1.7796	40
30	0.3665	0.9304	0.3939	2.5386	30	30	0.4924	0.8704	0.5658	1.7675	30
40	0.3692	0.9293	0.3973	2.5172	20	40	0.4950	0.8689	0.5696	1.7556	20
50	0.3719	0.9283	0.4006	2.4960	10	50	0.4975	0.8675	0.5735	1.7437	10
22°00'	0.3746	0.9272	0.4040	2.4751	68°00'	30°00'	0.5000	0.8660	0.5774	1.7321	60°00'
10	0.3773	0.9261	0.4074	2.4545	50	10	0.5025	0.8646	0.5812	1.7205	50
20	0.3800	0.9250	0.4108	2.4342	40	20	0.5050	0.8631	0.5851	1.7090	40
30	0.3827	0.9239	0.4142	2.4142	30	30	0.5075	0.8616	0.5890	1.6977	30
40	0.3854	0.9228	0.4176	2.3945	20	40	0.5100	0.8601	0.5930	1.6864	20
50	0.3881	0.9216	0.4210	2.3750	10	50	0.5125	0.8587	0.5969	1.6753	10
23°00'	0.3907	0.9205	0.4245	2.3559	67°00'	31°00'	0.5150	0.8572	0.6009	1.6643	59°00'
10	0.3934	0.9194	0.4279	2.3369	50	10	0.5175	0.8557	0.6048	1.6534	50
20	0.3961	0.9182	0.4314	2.3183	40	20	0.5200	0.8542	0.6088	1.6426	40
30	0.3987	0.9171	0.4348	2.2998	30	30	0.5225	0.8526	0.6128	1.6319	30
40	0.4014	0.9159	0.4383	2.2817	20	40	0.5250	0.8511	0.6168	1.6212	20
50	0.4041	0.9147	0.4417	2.2637	10	50	0.5275	0.8496	0.6208	1.6107	10
24°00'	0.4067	0.9135	0.4452	2.2460	66°00'	32°00'	0.5299	0.8480	0.6249	1.6003	58°00'
	cos	sin	cot	tan	度		cos	sin	cot	tan	度

度	sin	cos	tan	cot		度	sin	cos	tan	cot	
32°00'	0.5299	0.8480	0.6249	1.6003	58°00'	40°00'	0.6428	0.7660	0.8391	1.1918	50°00'
10	0.5324	0.8465	0.6289	1.5900	50	10	0.6450	0.7642	0.8441	1.1847	50
20	0.5348	0.8450	0.6330	1.5798	40	20	0.6472	0.7623	0.8491	1.1778	40
30	0.5373	0.8434	0.6371	1.5697	30	30	0.6494	0.7604	0.8541	1.1708	30
40	0.5398	0.8418	0.6412	1.5597	20	40	0.6517	0.7585	0.8591	1.1640	20
50	0.5422	0.8403	0.6453	1.5497	10	50	0.6539	0.7566	0.8642	1.1571	10
33°00'	0.5446	0.8387	0.6494	1.5399	57°00'	41°00'	0.6561	0.7547	0.8693	1.1504	49°00'
10	0.5471	0.8371	0.6536	1.5301	50	10	0.6583	0.7528	0.8744	1.1436	50
20	0.5495	0.8355	0.6577	1.5204	40	20	0.6604	0.7509	0.8796	1.1369	40
30	0.5519	0.8339	0.6619	1.5108	30	30	0.6626	0.7490	0.8847	1.1303	30
40	0.5544	0.8323	0.6661	1.5013	20	40	0.6648	0.7470	0.8899	1.1237	20
50	0.5568	0.8307	0.6703	1.4919	10	50	0.6670	0.7451	0.8952	1.1171	10
34°00'	0.5592	0.8290	0.6745	1.4826	56°00'	42°00'	0.6691	0.7431	0.9004	1.1106	48°00'
10	0.5616	0.8274	0.6787	1.4733	50	10	0.6713	0.7412	0.9057	1.1041	50
20	0.5640	0.8258	0.6830	1.4641	40	20	0.6734	0.7392	0.9110	1.0977	40
30	0.5664	0.8241	0.6873	1.4550	30	30	0.6756	0.7373	0.9163	1.0913	30
40	0.5688	0.8225	0.6916	1.4460	20	40	0.6777	0.7353	0.9217	1.0850	20
50	0.5721	0.8208	0.6959	1.4370	10	50	0.6799	0.7333	0.9271	1.0786	10
35°00'	0.5736	0.8192	0.7002	1.4281	55°00'	43°00'	0.6820	0.7314	0.9325	1.0724	47°00'
10	0.5760	0.8175	0.7046	1.4193	50	10	0.6841	0.7294	0.9380	1.0661	50
20	0.5783	0.8158	0.7089	1.4106	40	20	0.6862	0.7274	0.9435	1.0599	40
30	0.5807	0.8141	0.7133	1.4019	30	30	0.6884	0.7254	0.9490	1.0538	30
40	0.5831	0.8124	0.7177	1.3934	20	40	0.6905	0.7234	0.9545	1.0477	20
50	0.5854	0.8107	0.7221	1.3848	10	50	0.6926	0.7214	0.9601	1.0416	10
36°00'	0.5878	0.8090	0.7265	1.3764	54°00'	44°00'	0.6947	0.7193	0.9657	1.0355	46°00'
10	0.5901	0.8073	0.7310	1.3680	50	10	0.6967	0.7173	0.9713	1.0295	50
20	0.5925	0.8356	0.7355	1.3597	40	20	0.6988	0.7153	0.9770	1.0235	40
30	0.5948	0.8039	0.7400	1.3514	30	30	0.7009	0.7133	0.9827	1.0176	30
40	0.5972	0.8021	0.7445	1.3432	20	40	0.7030	0.7112	0.9884	1.0117	20
50	0.5995	0.8004	0.7490	1.3351	10	50	0.7050	0.7092	0.9942	1.0058	10
37°00'	0.6018	0.7986	0.7536	1.3270	53°00'	45°00'	0.7071	0.7071	1.0000	1.0000	45°00'
10	0.6041	0.7969	0.7581	1.3190	50		cos	sin	cot	tan	度

sin θ＝AC/AB
cos θ＝BC/AB
tan θ＝AC/BC

cos θ＝AB/AC
sec θ＝AB/BC

cot θ＝BC/AC

20	0.6065	0.7951	0.7627	1.3111	40
30	0.6088	0.7934	0.7673	1.3032	30
40	0.6111	0.7916	0.7720	1.2954	20
50	0.6134	0.7898	0.7766	1.2876	10
38°00'	0.6157	0.7880	0.7813	1.2799	52°00'
10	0.6180	0.7862	0.7860	1.2723	50
20	0.6202	0.7844	0.7907	1.2647	40
30	0.6225	0.7826	0.7954	1.2572	30
40	0.6248	0.7808	0.8002	1.2497	20
50	0.6271	0.7790	0.8050	1.2423	10
39°00'	0.6293	0.7771	0.8098	1.2349	51°00'
10	0.6316	0.7753	0.8146	1.2276	50
20	0.6338	0.7735	0.8195	1.2203	40
30	0.6361	0.7716	0.8243	1.2131	30
40	0.6383	0.7698	0.8292	1.2059	20
50	0.6406	0.7679	0.8342	1.1988	10
40°00'	0.6428	0.7660	0.8391	1.1918	50°00'
	cos	sin	cot	tan	度

	ϕ之範圍				ϕ＝			
	0°〜90°	90°〜180°	180°〜270°	270°〜360°	$\pm\alpha$	90°$\pm\alpha$	180°$\pm\alpha$	270°$\pm\alpha$
sin φ	＋	＋	－	－	$\pm\sin\alpha$	＋$\cos\alpha$	$\mp\sin\alpha$	－$\cos\alpha$
cos φ	＋	－	－	＋	＋$\cos\alpha$	$\mp\sin\alpha$	－$\cos\alpha$	$\pm\sin\alpha$
tan φ	＋	－	＋	－	$\pm\tan\alpha$	$\mp\cot\alpha$	$\pm\tan\alpha$	$\mp\cot\alpha$
cot φ	＋	－	＋	－	$\pm\cot\alpha$	$\mp\tan\alpha$	$\pm\cot\alpha$	$\mp\tan\alpha$

工 作 單

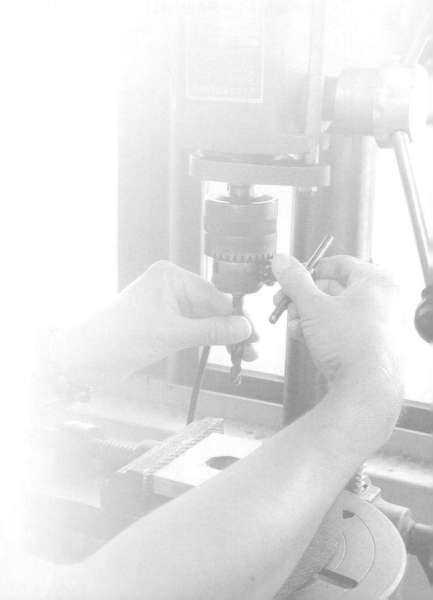

工廠實習工作單使用說明：

一、本工作單係依學習順序而設計，其設計原則請參閱編輯大意二～3.，學生應依其學習順序與知識單交互運用，以增進學習效果。

二、本工作單均採第三角投影法製圖，所列工作時間均以〝節〞為單位。

三、評量方法：

1. 學生依工作圖完成工件後，依圖示評分部位進行自我評量，並將其測量結果記載於實測結果自我評量欄內。

2. 評分部位之實測結果的尺寸及粗糙度，均在標準範圍內者，得該評分部位之配分，尺寸或粗糙度之一項或兩項超出標準範圍者，該評分部位之配分不得分。

3. 統計各評分部位之得分，並記載於成績欄內。

4. 教師依2.、3.之步驟進行評量、記錄，以確認本工作項目之成績，並視需要進行補救教學。

5. 本工作單備有「工作單評量系統」，以電腦協助自我評量及教師評量，可迅速評量並統計成績。

工廠實習工作單

| 項目 | 六面體(一) | 工作目標 | 能在 9 節內,以正確的姿勢,銼削平面、平行面及垂直面,使其平行度及垂直度公差在 0.90/100mm 以內,粗糙度在 12.5a 以內。 |

工作圖

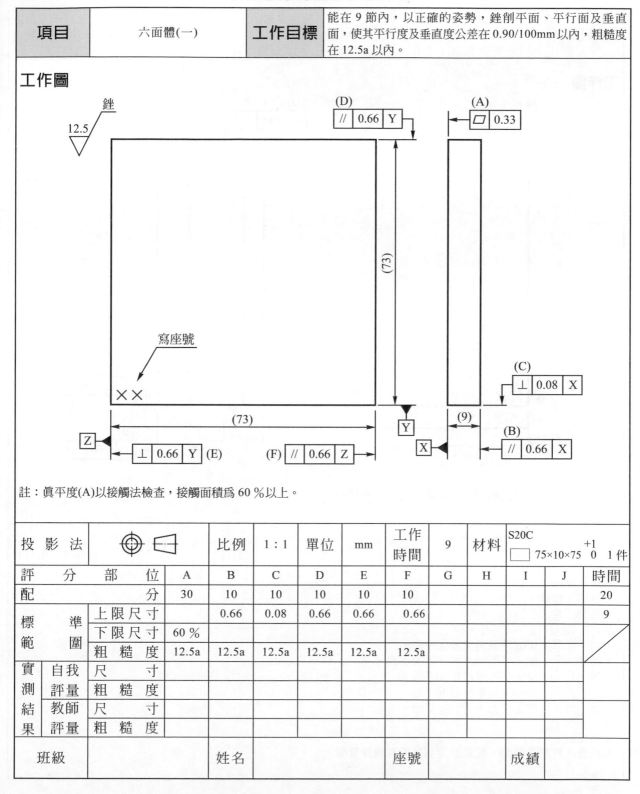

註:真平度(A)以接觸法檢查,接觸面積為 60 ﹪以上。

投 影 法	⊕ ⊏		比例	1:1	單位	mm	工作時間	9	材料	S20C □ 75×10×75 +1 0 1件		
評 分 部 位			A	B	C	D	E	F	G	H	I	J	時間

評 分 部 位			A	B	C	D	E	F	G	H	I	J	時間
配 分			30	10	10	10	10	10					20
標 準 範 圍	上 限 尺 寸			0.66	0.08	0.66	0.66	0.66					9
	下 限 尺 寸		60 ﹪										
	粗 糙 度		12.5a	12.5a	12.5a	12.5a	12.5a	12.5a					
實 測 結 果	自我評量	尺 寸											
		粗 糙 度											
	教師評量	尺 寸											
		粗 糙 度											
班級			姓名				座號			成績			

工廠實習工作單

項目	六面體(一)	工作目標	能在 9 節內,以正確的姿勢,銼削平面、平行面及垂直面,使其平行度及垂直度公差在 0.90/100mm 以內,粗糙度在 12.5a 以內。

工作圖

註:真平度(A)以接觸法檢查,接觸面積為 60 % 以上。

投 影 法	⊕ ⊏	比例	1:1	單位	mm	工作時間	9	材料	S20C □ 75×10×75 +1 0 1件

工作程序(參考用):

1. 詳閱工作圖。
2. 夾持工件。
3. 銼平面ⓐ。
4. 銼平面ⓑ,使ⓑ平面垂直於ⓐ平面。
5. 銼平面ⓒ,使ⓒ平面垂直於ⓐ及ⓑ平面。
6. 銼平面ⓓ,使ⓓ平面平行於ⓐ平面。
7. 銼平面ⓔ,使ⓔ平面平行於ⓑ平面。
8. 銼平面ⓕ,使ⓕ平面平行於ⓒ平面。
9. 去毛頭。
10. 寫座號。
11. 測量。將測量結果,記錄於實測結果自我評量欄。

工廠實習工作單

項目	畫線及鋸削練習件	工作目標	能在 3 節內，正確的鋸削、銼削、畫線、衝眼及衝字，使其平行度及垂直度公差在 0.70/100mm 以內，尺寸公差在 IT15 以內，粗糙度在 8.0a以內，衝眼不準確者在 4/10 點以內，畫圓不準確者在 4/10 個以內，衝字不清晰者在 4/10 字以內。

工作圖

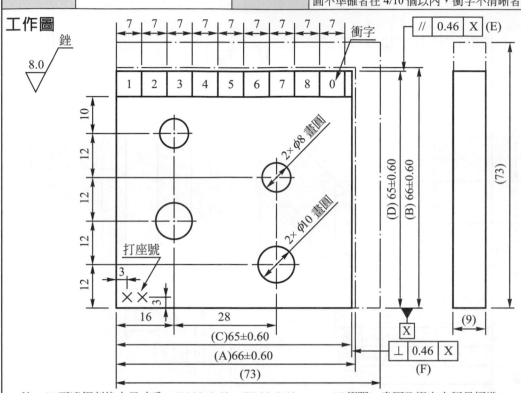

註：(1)兩邊鋸割後之尺寸為：(A)66±0.60，(B)66±0.60。
　　(2)兩邊銼削後之尺寸為：(C)65±0.60，(D)65±0.60。
　　(3)圖示中心線交點及與圓周交點上衝眼。

(4)衝眼、畫圓及衝字之評量標準：
　(G)衝眼不準確者，不得超出 8 點。
　(H)畫圓不準確者，不得超出 2 個。
　(I) 衝字不清晰或重複、傾斜者，不得超出 4 字。

投 影 法	⊕ ◁		比例	1：1	單位	mm	工作時間	3	材料	J-F01

評 分 部 位			A	B	C	D	E	F	G	H	I	J	時間
配		分	10	10	10	10	10	10	10	10	10		10
標　準	上 限 尺 寸		66.60	66.60	65.60	65.60	0.46	0.46	8	2	4		3
範　圍	下 限 尺 寸		65.40	65.40	64.40	64.40							
	粗　糙　度				8.0a	8.0a							
實測結果	自我評量	尺　寸											
		粗　糙　度											
	教師評量	尺　寸											
		粗　糙　度											
班級				姓名				座號			成績		

365

工廠實習工作單

項 目	畫線及鋸削練習件	工作目標	能在 3 節內，正確的鋸削、銼削、畫線、衝眼及衝字，使其平行度及垂直度公差在 0.70/100mm 以內，尺寸公差在 IT15 以內，粗糙度在 8.0a 以內，衝眼不準確者在 4/10 點以內，畫圓不準確者在 4/10 個以內，衝字不清晰者在 4/10 字以內。

工作圖

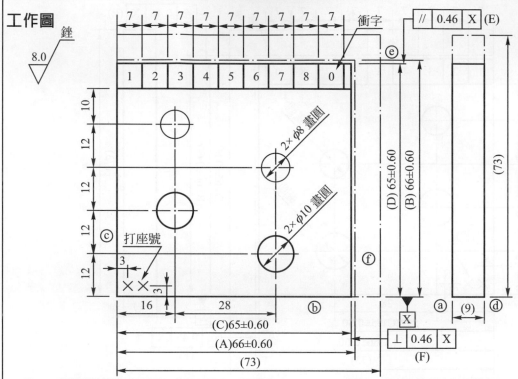

註：(1)兩邊鋸割後之尺寸為：(A)66±0.60，(B)66±0.60。
    (2)兩邊銼削後之尺寸為：(C)65±0.60，(D)65±0.60。
    (3)圖示中心線交點及與圓周交點上衝眼。

(4)衝眼、畫圓及衝字之評量標準：
    (G)衝眼不準確者，不得超出 8 點。
    (H)畫圓不準確者，不得超出 2 個。
    (I)衝字不清晰或重複、傾斜者，不得超出 4 字。

投 影 法	⊕ ⊏	比例	1：1	單位	mm	工作時間	3	材料	J-F01

工作程序(參考用)：

1. 詳閱工作圖。以 J-F01 為材料。
2. 夾持工件。
3. 銼平面ⓐ。
4. 銼平面ⓑ。
5. 銼平面ⓒ。
6. 銼平面ⓓ。
7. 畫線。
  7-1 將平面ⓓ塗以染色劑。
  7-2 以ⓑ平面置於平板上為基準，ⓐ平面倚靠於角板之垂直面，在ⓓ平面畫平行於ⓑ平面之各平行線。

7-3 以ⓒ平面置於平板上為基準，ⓐ平面倚靠於角板之垂直面，在ⓓ平面畫平行於ⓒ平面之各平行線。

8. 衝眼。使用尖衝，在各平行線之交點，衝眼留痕。
9. 鋸割ⓔ面。使其尺寸為 66±0.60。
10. 鋸割ⓕ面。使其尺寸為 66±0.60。
11. 銼平面ⓔ。使其尺寸為 65±0.60。
12. 銼平面ⓕ。使其尺寸為 65±0.60。
13. 衝中心眼。使用中心衝，將欲畫圓之中心點，衝眼擴大為中心眼。

14. 畫 φ8 圓。
15. 畫 φ10 圓。
16. 衝眼。使用尖衝，在圓周與中心線之交點，衝眼留痕。
17. 衝字。使用號碼衝衝字。
18. 打座號：使用號碼衝衝座號。
19. 去毛頭。
20. 測量。

工廠實習工作單

項目	鑽孔、鉸孔及攻螺紋件	工作目標	能在 3 節內，以正確的選用鑽頭鑽孔、鉸孔及攻螺紋，使其尺寸公差在 IT14 以內，粗糙度在 8.0a 以內。

工作圖

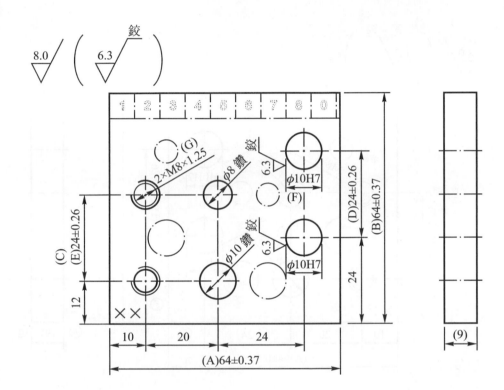

註：⑴尺寸(C)為鑽孔中心距離，(E)為螺紋孔中心距離。
　　⑵尺寸(G)以螺栓檢查，須能通過且垂直度公差在 0.70/100mm 以內。

投　影　法	⊕ ⊟		比例	1：1	單位	mm	工作時間	3	材料	J-F02			

評　分　部　位			A	B	C	D	E	F	G	H	I	J	時間
配　　　　　分			10	10	15	15	15	15	10				10
標　準範　圍	上 限 尺 寸		64.37	64.37	24.26	24.26	24.26	10.02	0.70/100				3
	下 限 尺 寸		63.63	63.63	23.74	23.74	23.74	10.00					
	粗　糙　度		8.0a	8.0a				6.3a					
實測結果	自我評量	尺　　寸											
		粗　糙　度											
	教師評量	尺　　寸											
		粗　糙　度											
班級				姓名				座號			成績		

工廠實習工作單

項目	鑽孔、鉸孔及攻螺紋件	工作目標	能在 3 節內，以正確的選用鑽頭鑽孔、鉸孔及攻螺紋，使其尺寸公差在 IT14 以內，粗糙度在 8.0a 以內。

工作圖

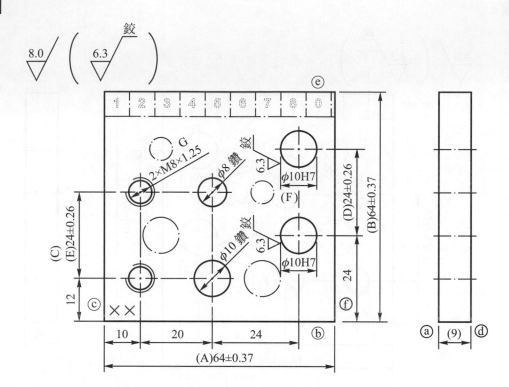

註：(1)尺寸(C)為鑽孔中心距離，(E)為螺紋孔中心距離。
　　(2)尺寸(G)以螺栓檢查，須能通過且垂直度公差在 0.70/100mm 以內。

投 影 法	⊕ ⊏	比例	1：1	單位	mm	工作時間	3	材料	J-F02

工作程序(參考用)：

1. 詳閱工作圖，以 J-F02 為材料。
2. 夾持工件。
3. 銼六面體。
　3-1　銼平面ⓐ。
　3-2　銼平面ⓑ。
　3-3　銼平面ⓒ。
　3-4　銼平面ⓓ。
　3-5　銼平面ⓔ。
　3-6　銼平面ⓕ。
　3-7　去毛頭。
4. 畫線。
5. 衝中心眼。

5-1　尖衝衝眼留痕。
5-2　中心衝擴眼。
6. 畫圓
　6-1　畫鑽孔圓。
　6-2　畫校正圓。
　6-3　衝眼。圓周與中心線交點，使用尖衝衝眼留痕。
7. 鑽孔
　7-1　夾持工件。
　7-2　鑽中心孔。
　7-3　鑽ϕ8、ϕ10 孔。
　7-4　鑽ϕ6.8 為攻 M8 螺紋底孔。

　7-5　鑽ϕ9.8 為鉸ϕ10H7 導孔。
8. 攻 M8×1.25 螺紋。
9. 鉸ϕ10H7 孔。
10. 去毛頭。
11. 測量。

工廠實習工作單

項目	配合練習件	工作目標	能在 12 節內，正確的依工作圖加工，使其尺寸公差在IT13以內，粗糙度在 8.0a 以內，並能裝配組合。

工作圖

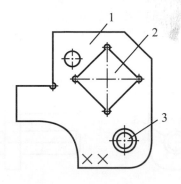
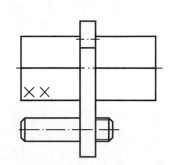

一般許可差

精度等級＼尺寸分段	精級	中級	粗級	最粗級
>0.5～3	±0.05	±0.1	±0.15	—
>3～6	±0.05	±0.1	±0.2	±0.5
>6～30	±0.1	±0.2	±0.5	±1
>30～120	±0.15	±0.3	±0.8	±1.5
>120～315	±0.2	±0.5	±1.2	±2

一般許可差(去角及曲率半徑)

精度等級＼尺寸分段	精級	粗級最粗級
>0.5～3	±0.2	±0.2
>3～6	±0.5	±1
>6～30	±1	±2
>30～120	±2	±4
>120～400	±4	±8

3	螺樁	S20C $\phi12\times51 \ ^{+1}_{\ 0}$	1
2	滑塊	S20C □$25\times75 \ ^{+1}_{\ 0}$	1
1	基座	S20C □$75\times10\times75 \ ^{+1}_{\ 0}$	1
件號	名稱	材　　　料	數量

註：未註明公差之尺寸，以一般許可差之最粗級精度加工。

投 影 法	⊕ ◁	比例	1：2	單位	mm	工作時間	12	材料	J-SW02 J-SW01.1 $\phi12\times51 \ ^{+1}_{\ 0}$ 1 件

評 分 部 位		A	B	C	D	E	F	G	H	I	J	時間
配　　　分												10
標準範圍	上限尺寸											12
	下限尺寸											
	粗 糙 度											
實測結果	自我評量 尺　寸											
	粗 糙 度											
	教師評量 尺　寸											
	粗 糙 度											

班級		姓名		座號		成績	

工廠實習工作單

項 目	配合練習件	工作目標	能在 12 節內，正確的依工作圖加工，使其尺寸公差在 IT13 以內，粗糙度在 8.0a 以內，並能裝配組合。

工作圖

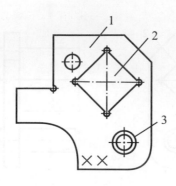
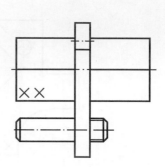

一般許可差

尺寸分段 ＼ 精度等級	精級	中級	粗級	最粗級
>0.5～3	±0.05	±0.1	±0.15	—
>3～6	±0.05	±0.1	±0.2	±0.5
>6～30	±0.1	±0.2	±0.5	±1
>30～120	±0.15	±0.3	±0.8	±1.5
>120～315	±0.2	±0.5	±1.2	±2

一般許可差(去角及曲率半徑)

尺寸分段 ＼ 精度等級	精級	粗級 最粗級
>0.5～3	±0.2	±0.2
>3～6	±0.5	±1
>6～30	±1	±2
>30～120	±2	±4
>120～400	±4	±8

3	螺椿	S20C $\phi12\times51\ \ ^{+1}_{\ \ 0}$	1
2	滑塊	S20C $\square25\times75\ ^{+1}_{\ \ 0}$	1
1	基座	S20C $\square75\times10\times75\ ^{+1}_{\ \ 0}$	1
件號	名稱	材　　　　料	數量

註：未註明公差之尺寸，以一般許可差之最粗級精度加工。

投 影 法	⊕ ◁	比例	1：2	單位	mm	工作時間	12	材料	J-SW02 J-SW01.1 $\phi12\times51\ ^{+1}_{\ \ 0}$　1 件

工作程序(參考用)：
1. 詳閱工作圖。
2. 加工件 1。
3. 加工件 2。
4. 加工件 3。
5. 裝配組合。
6. 測量。

工廠實習工作單

工作圖

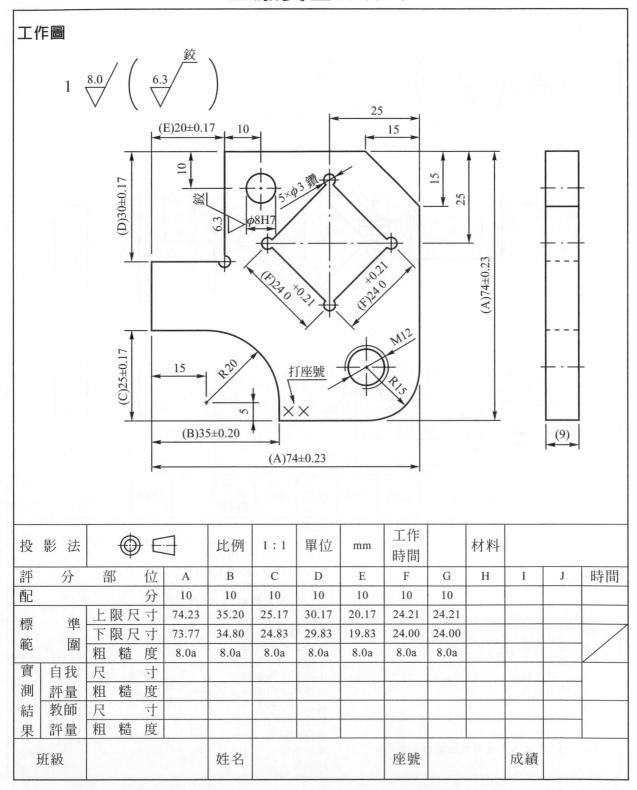

投 影 法	⊕ ⊟			比例	1：1	單位	mm	工作時間		材料					
評 分 部 位			A	B	C	D	E	F	G	H	I	J	時間
配 分			10	10	10	10	10	10	10				
標 準 範 圍		上限尺寸	74.23	35.20	25.17	30.17	20.17	24.21	24.21				
		下限尺寸	73.77	34.80	24.83	29.83	19.83	24.00	24.00				
		粗 糙 度	8.0a	8.0a	8.0a	8.0a	8.0a	8.0a	8.0a				
實 測 結 果	自我評量	尺 寸											
		粗 糙 度											
	教師評量	尺 寸											
		粗 糙 度											
班級				姓名				座號			成績		

371

工廠實習工作單

工作圖

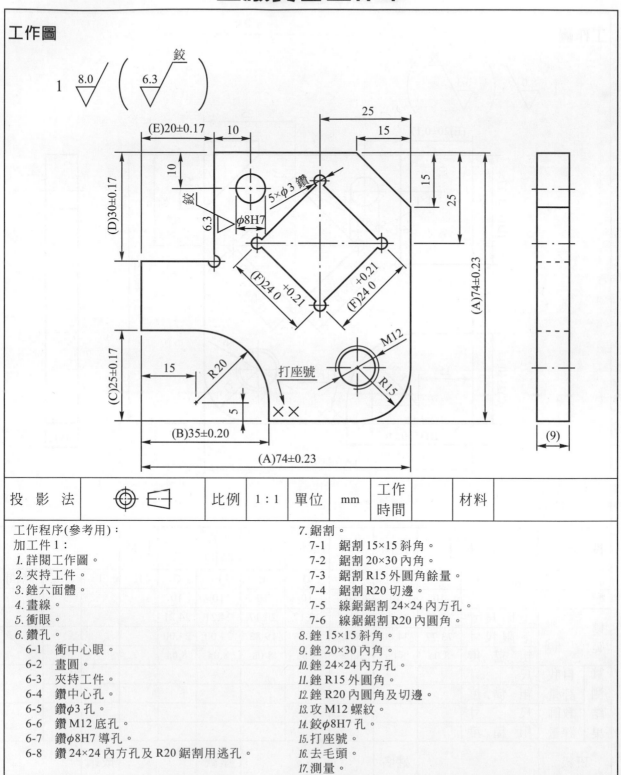

投 影 法	 ⊕ ⊏	比例	1 : 1	單位	mm	工作 時間		材料	

工作程序(參考用)：
加工件 1：
1. 詳閱工作圖。
2. 夾持工件。
3. 銼六面體。
4. 畫線。
5. 衝眼。
6. 鑽孔。
  6-1 衝中心眼。
  6-2 畫圓。
  6-3 夾持工件。
  6-4 鑽中心孔。
  6-5 鑽φ3 孔。
  6-6 鑽 M12 底孔。
  6-7 鑽φ8H7 導孔。
  6-8 鑽 24×24 內方孔及 R20 鋸割用逃孔。

7. 鋸割。
  7-1 鋸割 15×15 斜角。
  7-2 鋸割 20×30 內角。
  7-3 鋸割 R15 外圓角餘量。
  7-4 鋸割 R20 切邊。
  7-5 線鋸鋸割 24×24 內方孔。
  7-6 線鋸鋸割 R20 內圓角。
8. 銼 15×15 斜角。
9. 銼 20×30 內角。
10. 銼 24×24 內方孔。
11. 銼 R15 外圓角。
12. 銼 R20 內圓角及切邊。
13. 攻 M12 螺紋。
14. 鉸φ8H7 孔。
15. 打座號。
16. 去毛頭。
17. 測量。

工廠實習工作單

工作圖

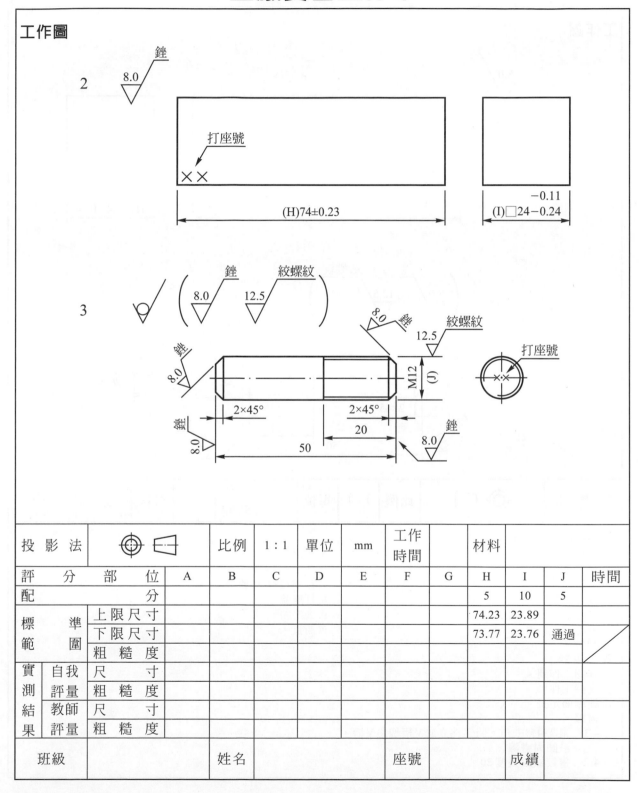

投 影 法	⊕ ⊏		比例	1:1	單位	mm	工作時間		材料			
評 分 部 位			A	B	C	D	E	F	G	H	I	J	時間
配 分										5	10	5	
標 準範 圍	上 限 尺 寸									74.23	23.89		
	下 限 尺 寸									73.77	23.76	通過	
	粗 糙 度												
實測結果	自我評量	尺 寸											
		粗 糙 度											
	教師評量	尺 寸											
		粗 糙 度											
班級			姓名			座號			成績				

工廠實習工作單

工作圖

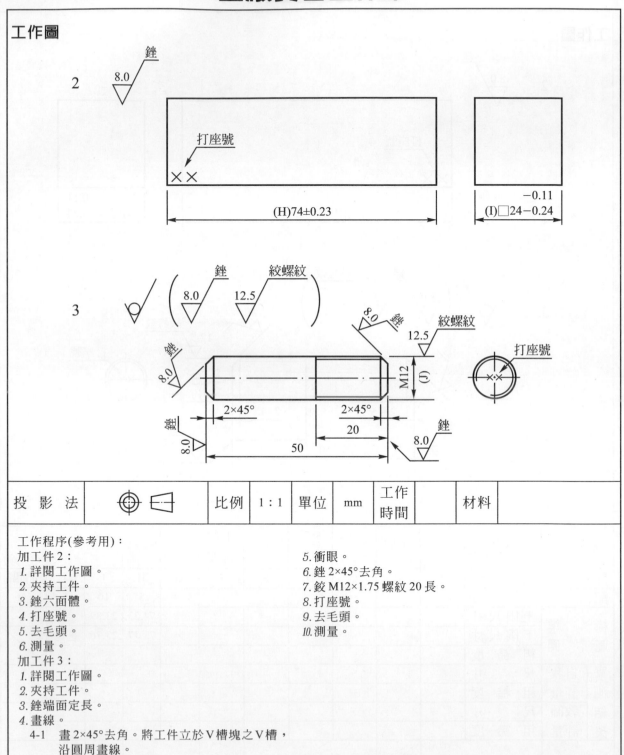

投 影 法		比 例	1：1	單 位	mm	工作時間		材 料	

工作程序(參考用)：

加工件2：
1. 詳閱工作圖。
2. 夾持工件。
3. 銼六面體。
4. 打座號。
5. 去毛頭。
6. 測量。

加工件3：
1. 詳閱工作圖。
2. 夾持工件。
3. 銼端面定長。
4. 畫線。
  4-1　畫2×45°去角。將工件立於Ｖ槽塊之Ｖ槽，沿圓周畫線。
  4-2　畫鉸螺紋長度20。

5. 衝眼。
6. 銼2×45°去角。
7. 鉸M12×1.75螺紋20長。
8. 打座號。
9. 去毛頭。
10. 測量。

工廠實習工作單

項目	鋼材下料	工作目標	能在 1 節內，正確的操作弓鋸機下料，完成圖示規格之鋼材材料 3 件，使其尺寸公差在 $^{+1}_{\ 0}$mm以內。

工作圖

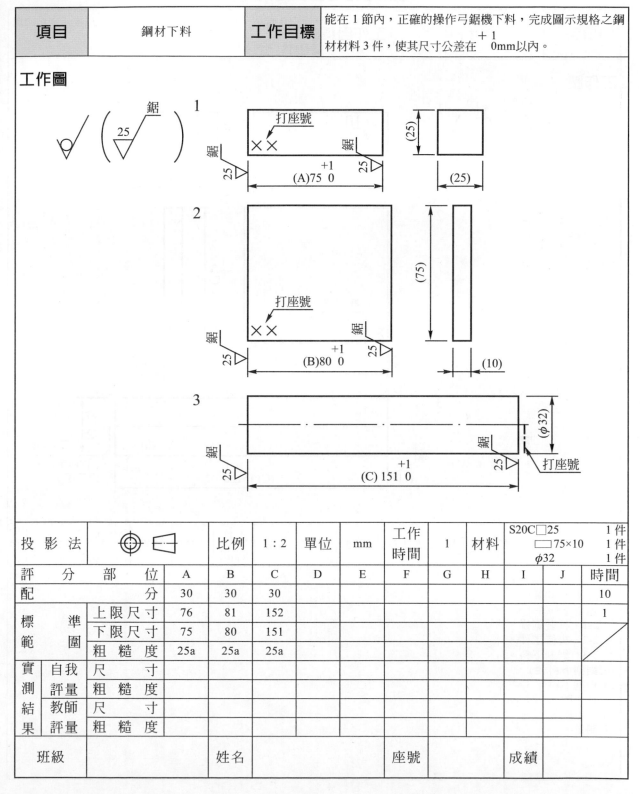

投 影 法		⊕ ⊏		比例	1：2	單位	mm	工作時間	1	材料	S20C□25 □75×10 φ32		1件 1件 1件
評 分 部 位			A	B	C	D	E	F	G	H	I	J	時間
配		分	30	30	30								10
標 準 範 圍	上 限 尺 寸		76	81	152								1
	下 限 尺 寸		75	80	151								
	粗 糙 度		25a	25a	25a								
實 測 結 果	自我評量	尺 寸											
		粗 糙 度											
	教師評量	尺 寸											
		粗 糙 度											
班級			姓名				座號			成績			

工廠實習工作單

項目	鋼材下料	工作目標	能在 1 節內，正確的操作弓鋸機下料，完成圖示規格之鋼材材料 3 件，使其尺寸公差在 $^{+1}_{\ 0}$mm以內。

工作圖

投 影 法		比例	1：2	單位	mm	工作時間	1	材料	S20C□25	1件
									□75×10	1件
									φ32	1件

工作程序(參考用)：
1. 詳閱工作圖。
2. 鋸割下料件 1。
   2-1 拆裝鋸條。
   2-2 夾持工件。
   2-3 鋸割下料。
3. 鋸割下料件 2。
4. 鋸割下料件 3。
5. 打座號。
6. 去毛頭。
7. 測量。

工廠實習工作單

項目	方形板	工作目標	能在 1 節內，正確的操作立式帶鋸機鋸削方形板，使其尺寸公差在 $^{+1}_{\ 0}$ mm以內。

工作圖

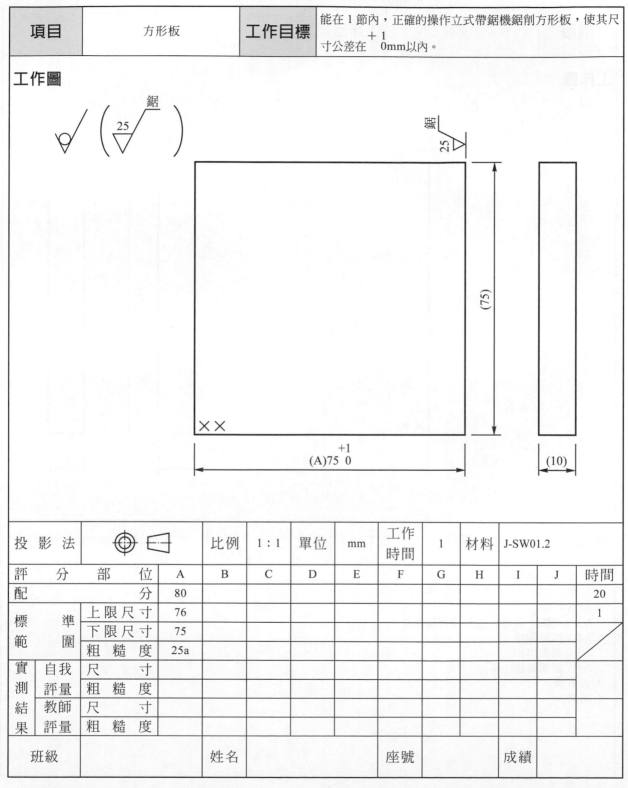

投 影 法	⊕ ⊏	比例	1：1	單位	mm	工作時間	1	材料	J-SW01.2

評 分 部 位			A	B	C	D	E	F	G	H	I	J	時間
配 分			80										20
標 準範 圍	上 限 尺 寸		76										1
	下 限 尺 寸		75										
	粗 糙 度		25a										
實測結果	自我評量	尺 寸											
		粗 糙 度											
	教師評量	尺 寸											
		粗 糙 度											
班級				姓名			座號			成績			

工廠實習工作單

項目	方形板	工作目標	能在 1 節內，正確的操作立式帶鋸機鋸削方形板，使其尺寸公差在 $^{+1}_{\ \ 0}$mm以內。

工作圖

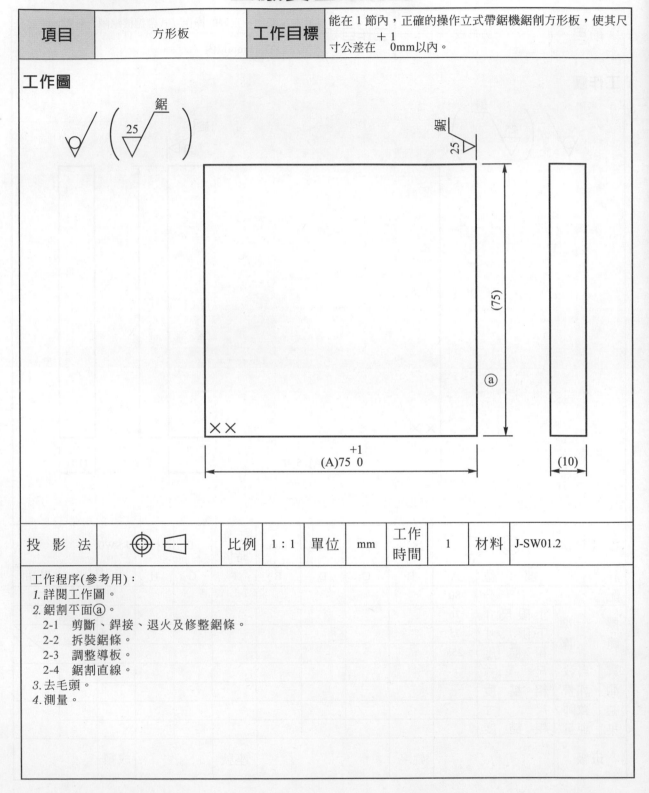

投 影 法	⊕ ◁	比例	1：1	單位	mm	工作時間	1	材料	J-SW01.2

工作程序(參考用)：
 1. 詳閱工作圖。
 2. 鋸割平面ⓐ。
　2-1 剪斷、銲接、退火及修整鋸條。
　2-2 拆裝鋸條。
　2-3 調整導板。
　2-4 鋸割直線。
 3. 去毛頭。
 4. 測量。

工廠實習工作單

項目	階級桿	工作目標	能在 6 節內，正確的操作車床，車削端面、外徑、肩及去角 2 次以上，使其外徑尺寸公差在 IT13 以內，長度尺寸公差在 IT14 以內，粗糙度在 8.0a 以內。

工作圖

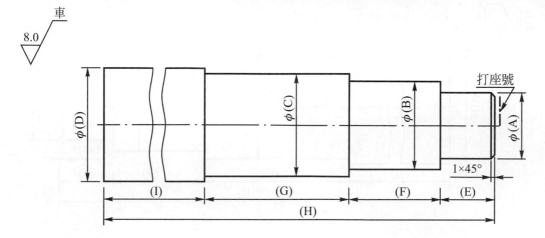

次數\部位	A	B	C	D	E	F	G	H	I
1	18±0.14	24±0.17	28±0.17	31±0.20	15±0.22	25±0.26	40±0.31	150±0.50	(70)
第一次紀錄欄									
2	16±0.14	22±0.17	26±0.17	30±0.17	20±0.26	30±0.26	50±0.31	148±0.50	(48)

註：第一次練習之尺寸，紀錄於紀錄欄，第二次之尺寸，紀錄於評分欄並計分。

投 影 法	⊕ ◁		比例	1：1	單位	mm	工作時間	6	材料	J-SW01.3 (S20C $\phi32×151^{+1}_{0}$ 1件)		
評 分 部 位			A	B	C	D	E	F	G	H	I	J	時間
配 分			15	15	15	15	10	10	10	5			5
標 準範 圍	上 限 尺 寸		16.14	22.17	26.17	30.17	20.26	30.26	50.31	148.50			6
	下 限 尺 寸		15.86	21.83	25.83	29.83	19.74	29.74	49.69	147.50			
	粗 糙 度		8.0a	8.0a	8.0a	8.0a	8.0a	8.0a	8.0a	8.0a			
實測結果	自我評量	尺 寸											
		粗 糙 度											
	教師評量	尺 寸											
		粗 糙 度											
班級		姓名		座號			成績						

工廠實習工作單

項目	階級桿	工作目標	能在 6 節內，正確的操作車床，車削端面、外徑、肩及去角 2 次以上，使其外徑尺寸公差在 IT13 以內，長度尺寸公差在 IT14 以內，粗糙度在 8.0a 以內。

工作圖

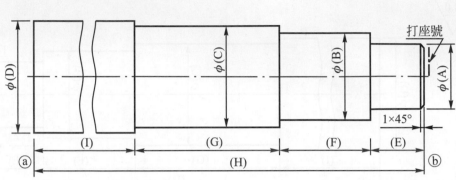

部位 次數	A	B	C	D	E	F	G	H	I
1	18±0.14	24±0.17	28±0.17	31±0.20	15±0.22	25±0.26	40±0.31	150±0.50	(70)
第一次 紀錄欄									
2	16±0.14	22±0.17	26±0.17	30±0.17	20±0.26	30±0.26	50±0.31	148±0.50	(48)

註：第一次練習之尺寸，紀錄於紀錄欄，第二次之尺寸，紀錄於評分欄並計分。

投 影 法		比例	1：1	單位	mm	工作 時間	6	材料	J-SW01.3 (S20C $\phi32×151\,^{+1}_{\ 0}$　1 件)

工作程序(參考用)：
1. 詳閱工作圖。
2. 夾持工件。工件伸出夾頭(I)＋20 長。
3. 車端面ⓐ。
   3-1　粗車端面ⓐ。
   3-2　細車端面ⓐ。
4. 車外徑ϕ(D)×(I)長。
   4-1　粗車外徑ϕ(D)×[(I)＋10]。
   4-2　細車外徑ϕ(D)×[(I)＋10]。
5. 去端面ⓐ毛頭。
6. 調頭夾持工件。
7. 車端面ⓑ。定長(H)。
8. 車ϕ(A)×(E)、ϕ(B)×(F)、ϕ(C)×(G) 階級桿。

8-1　粗車外徑ϕ(C)×[(G)＋(F)＋(E)]。
8-2　粗車外徑ϕ(B)×[(F)＋(E)]。
8-3　粗車外徑ϕ(A)×(E)。
8-4　粗車ϕ(A)×(E)肩。
8-5　粗車ϕ(B)×(F)肩。
8-6　粗車ϕ(C)×(G)肩。
8-7　細車外徑ϕ(A)×(E)及肩。
8-8　細車外徑ϕ(B)×(F)及肩。
8-9　細車外徑ϕ(C)×(G)及肩。
9. 去角 1×45°。
10. 去毛頭。去除去角、ϕ(B)、ϕ(C)、ϕ(D)之毛頭。

11. 測量。將測量結果，記錄於第一次記錄欄。
12. 重複 2.～10.之工作程序加工。
13. 打座號。
14. 測量。將測量結果，記錄於實測結果自我評量欄。

工廠實習工作單

| 項目 | 車錐度、螺紋練習件 | 工作目標 | 能在 9 節內，正確的操作車床，切斷、車凹部、車錐度、螺紋，使其尺寸公差在 IT13 以內，錐度公差在 IT13 以內，粗糙度在 6.3a 以內，螺紋公差在 9g8g 以內，粗糙度在 12.5a 以內。 |

工作圖

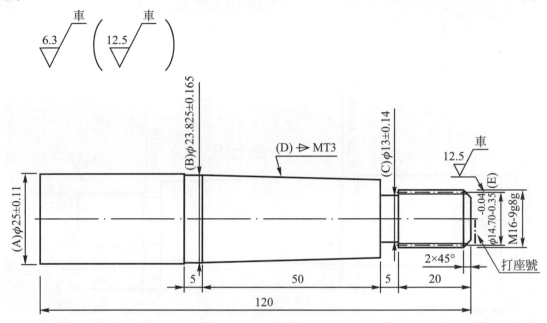

註：(1)以 J-L01 為材料，在車床上切斷φ16 端，使其長度為 120 $^{+1.40}_{\ \ 0}$，再依圖示車削。

　　(2)(D)錐度測量，採用錐度環規測量，接觸面積在 60 ％以上。

投　影　法	⊕ ⊏		比例	1：1	單位	mm	工作時間	9	材料	J-L01		
評　分　部　位			A	B	C	D	E	F	G	H	I	J	時間
配　　　　　　分			15	15	15	15	30						10
標準範圍		上 限 尺 寸	25.11	23.99	13.14		14.66						9
		下 限 尺 寸	24.89	23.66	12.86	60 %	14.35						
		粗　糙　度	6.3a	6.3a	6.3a	6.3a	12.5a						
實測結果	自我評量	尺　　　寸											
		粗　糙　度											
	教師評量	尺　　　寸											
		粗　糙　度											
班級			姓名				座號			成績			

工廠實習工作單

項目	車錐度、螺紋練習件	工作目標	能在 9 節內，正確的操作車床，切斷、車凹部、車錐度、螺紋，使其尺寸公差在 IT13 以內，錐度公差在 IT13 以內，粗糙度在 6.3a 以內，螺紋公差在 9g8g 以內，粗糙度在 12.5a 以內。

工作圖

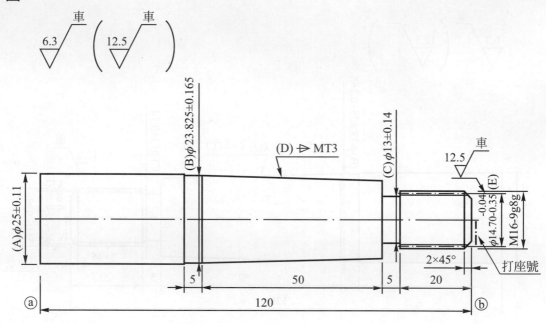

註：(1)以 J-L01 為材料，先在車床上切斷 ϕ16 端，使其長度為 120 $^{+1.40}_{0}$，再依圖示車削。
　　(2)(D)錐度測量，採用錐度環規測量，接觸面積在 60 % 以上。

投 影 法	⊕ ⊐	比例	1：1	單位	mm	工作時間	9	材料	J-L01

工作程序(參考用)：
1. 詳閱工作圖。
2. 夾持工件。夾持 J-L01ϕ (C)，伸出ϕ (A)。
3. 切斷ϕ (A)端，定長 121。
4. 調頭夾持工件。夾持 J-L01 ϕ (C)，伸出ϕ (D)×[(I)+10]。
5. 車端面ⓐ。
6. 車外徑ϕ 25×50。
7. 去端面ⓐ毛頭。
8. 調頭夾持工件。夾持ϕ25。
9. 車端面ⓑ，定長 120。
10. 車ϕ16×25、ϕ23.825×55 階級桿。
11. 去角 2×45°。
12. 車凹部ϕ13×5。

13. 車錐度 MT3。
　13-1　試車錐度 MT3。
　13-2　粗車錐度 MT3。
　13-3　細車錐度 MT3。
14. 車螺紋 M16×2。
15. 去毛頭。
16. 打座號。
17. 測量。

工廠實習工作單

項目	車內徑練習件	工作目標	能在 6 節內，正確的操作車床，車削內徑練習件，使其直徑公差在 IT13 以內，長度公差在 IT14 以內，粗糙度在 8.0a 以內。

工作圖

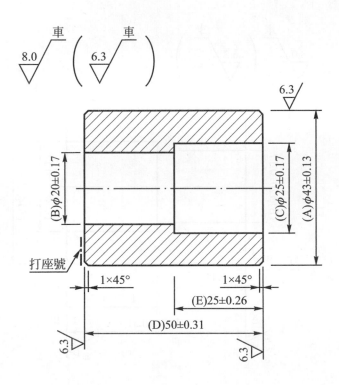

投 影 法		⊕ ◁		比例	1：1	單位	mm	工作時間	6	材料	S20C φ45×51 $^{+1}_{0}$		1 件
評 分 部 位				A	B	C	D	E	F	G	H	I	J	時間
配 分				20	20	20	20	10						10
標 準 範 圍		上 限 尺 寸		43.13	20.17	25.17	50.31	25.26						6
		下 限 尺 寸		42.87	19.83	24.83	49.69	24.74						
		粗 糙 度		6.3a	6.3a	6.3a	6.3a	8.0a						
實 測 結 果	自我評量	尺 寸												
		粗 糙 度												
	教師評量	尺 寸												
		粗 糙 度												
班級					姓名				座號			成績		

工廠實習工作單

項目	車內徑練習件	工作目標	能在 6 節內，正確的操作車床，車削內徑練習件，使其直徑公差在 IT13 以內，長度公差在 IT14 以內，粗糙度在 8.0a 以內。

工作圖

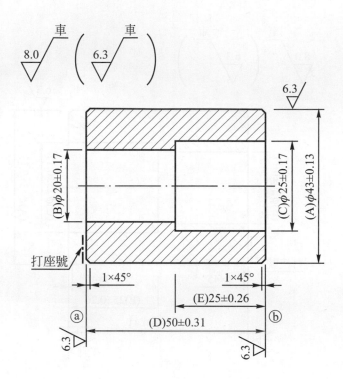

投 影 法	⊕ ◁	比例	1：1	單位	mm	工作時間	6	材料	S20C $\phi45\times51{}^{+1}_{\ 0}$	1 件

工作程序(參考用)：

1. 詳閱工作圖。
2. 夾持工件。
3. 車端面ⓐ。
4. 車外徑φ 43×30。
5. 去角 1×45°。
6. 去端面ⓐ毛頭。
7. 調頭夾持工件。
8. 車端面ⓑ，定長 50。
9. 車外徑φ43×20。
10. 去角 1×45°。
11. 去端面ⓑ毛頭。
12. 鑽φ19 孔。

12-1　鑽中心孔。
12-2　鑽導孔。
12-3　鑽φ19 通孔。
13. 車內徑φ20。
13-1　粗車內徑φ20。
13-2　細車內徑φ20。
14. 鑽孔φ24×25。
15. 車內徑φ25×25。
15-1　粗車內徑φ25×25。
15-2　粗車內徑φ25 肩。
15-3　細車內徑φ25×25 及肩。
16. 去毛頭。去φ20、φ25 毛頭。

17. 打座號。
18. 測量。

工廠實習工作單

項目	車內錐度及內螺紋件	工作目標	能在 6 節內，正確的操作車床，車削內徑及內螺紋件，使其直徑公差在 IT13 以內，內螺紋公差在 8H 以內，粗糙度在 8.0a 以內。

工作圖

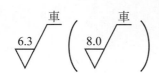

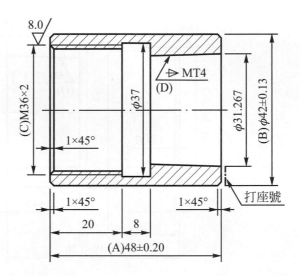

註：(C)內螺紋測量，採用螺紋塞規測量，須能"通過"。
　　(D)內錐度測量，採用錐度塞規測量，接觸面積在 60％以上。

投　影　法	⊕ ◁		比例	1：1	單位	mm	工作時間	6	材料	J-L03			
評　分　部　位			A	B	C	D	E	F	G	H	I	J	時間
配　　　　　分			20	20	20	20							20
標　準範　圍		上 限 尺 寸	48.20	42.13									6
		下 限 尺 寸	47.80	41.87	通過	60％							
		粗 糙 度	6.3a	6.3a	8.0a	8.0a							
實測結果	自我評量	尺　　　寸											
		粗 糙 度											
	教師評量	尺　　　寸											
		粗 糙 度											
班級			姓名				座號			成績			

工廠實習工作單

項 目	車內錐度及內螺紋件	工作目標	能在 6 節內，正確的操作車床，車削內徑及內螺紋件，使其直徑公差在 IT13 以內，內螺紋公差在 8H 以內，粗糙度在 8.0a 以內。

工作圖

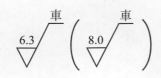

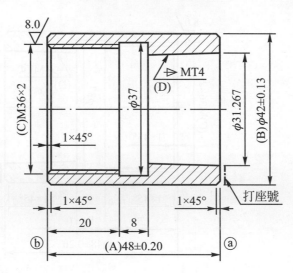

註：(C)內螺紋測量，採用螺紋塞規測量，須能"通過"。
　　(D)內錐度測量，採用錐度塞規測量，接觸面積在 60 ％以上。

投 影 法		比例	1：1	單位	mm	工作時間	6	材料	J-L03

工作程序(參考用)：
1. 詳閱工作圖。
2. 夾持工件。
3. 車端面ⓐ。
4. 車外徑ϕ 42×30。
5. 去角 1×45°。
6. 去端面ⓐ毛頭。
7. 鑽孔ϕ29。
8. 車內錐度 MT4。
　8-1　試車內錐度 MT4。
　8-2　粗車內錐度 MT4。
　8-3　細車內錐度 MT4。
9. 去內錐度毛頭。
10. 調頭夾持工件。
11. 車端面ⓑ，定長 48。
12. 車外徑ϕ42×18。
13. 去角 1×45°。
14. 去端面ⓑ毛頭。
15. 鑽孔ϕ33×25。
16. 車內徑ϕ34×25。
17. 去內角 1×45°。
18. 車讓切ϕ37×8。
19. 車內螺紋。
20. 去毛頭。
21. 打座號。
22. 測量。

工廠實習工作單

項目	偏心配合件	工作目標	能在 6 節內，正確的操作車床，車削偏心配合件，使其偏心及尺寸公差在 IT12 以內，粗糙度在 6.3a 以內。

工作圖

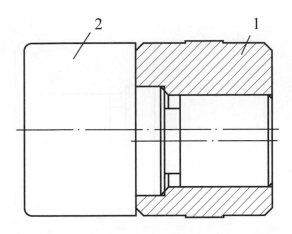

註：未註明公差之尺寸，以一般許可差中級精度加工。

投　影　法	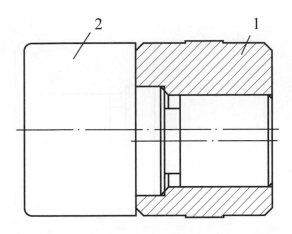		比例	1：1	單位	mm	工作時間	6	材料	S20C φ50×120 +1 0		1 件

評　分　部　位			A	B	C	D	E	F	G	H	I	J	時間
配　　　　　分													10
標　　準範　　圍		上 限 尺 寸											6
		下 限 尺 寸											
		粗　糙　度											
實測結果	自我評量	尺　　寸											
		粗　糙　度											
	教師評量	尺　　寸											
		粗　糙　度											
班級			姓名				座號			成績			

工廠實習工作單

項目	偏心配合件	工作目標	能在 6 節內，正確的操作車床，車削偏心配合件，使其偏心及尺寸公差在 IT12 以內，粗糙度在 6.3a 以內。

工作圖

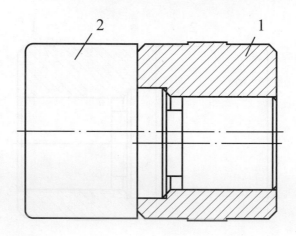

註：未註明公差之尺寸，以一般許可差中級精度加工。

投 影 法	⊕ ◁	比例	1：1	單位	mm	工作時間	6	材料	S20C φ50×120 $^{+1}_{\ 0}$ 1 件

工作程序(參考用)：
 1. 詳閱工作圖。
 2. 車削件 1。
 3. 車削件 2。
 4. 裝配組合。
 5. 測量。

工廠實習工作單

工作圖

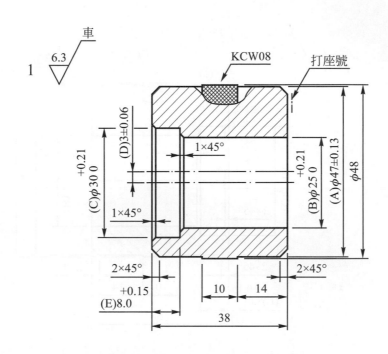

投 影 法	⊕ ⊏		比例	1：1	單位	mm	工作時間		材料				
評　分　部　位			A	B	C	D	E	F	G	H	I	J	時間
配　　　　分			5	10	10	10	10						
標　準範　圍		上限尺寸	47.13	25.21	30.21	3.06	8.15						
		下限尺寸	46.87	25.00	30.00	2.94	8.00						
		粗　糙　度	6.3a	6.3a	6.3a		6.3a						
實測結果	自我評量	尺　　寸											
		粗　糙　度											
	教師評量	尺　　寸											
		粗　糙　度											
班　級				姓名				座號			成績		

工廠實習工作單

工作圖

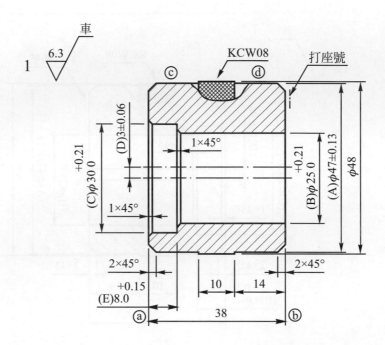

投 影 法	⊕ ⊏	比例	1：1	單位	mm	工作 時間		材料	

工作程序(參考用)：

1. 詳閱工作圖。
2. 夾持工件。
3. 車端面ⓐ。
4. 車外徑φ48×40。
5. 滾花 KCW08。
6. 車端面ⓐ之外徑ⓒφ47×14。
7. 車端面ⓑ之外徑ⓓφ47×14。
8. 車端面ⓑ一凹部φ40×5。距端面ⓐ 39mm。
9. 去角。端面ⓐ、ⓑ 2×45°。
10. 去毛頭。
11. 調整偏心。
12. 鑽孔φ24×40。
13. 車內徑φ25×40。
14. 車內徑φ30×8。
15. 去內角 1×45°。

16. 切斷。
17. 調頭夾持工件。
18. 車端面ⓑ，定長 38。
19. 去毛頭。
20. 打座號。
21. 測量。

工廠實習工作單

工作圖

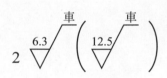

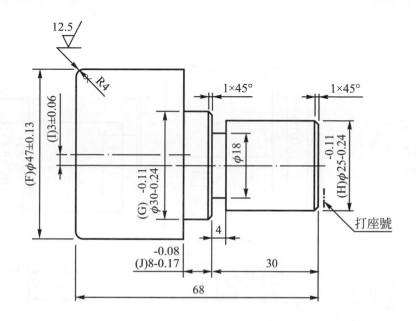

投 影 法	⊕ ⊏		比例	1：1	單位	mm	工作時間		材料		
評 分 部 位			A	B	C	D	E	F	G	H	I	J	時間

評 分 部 位			A	B	C	D	E	F	G	H	I	J	時間
配 分								5	10	10	10	10	
標 準 範 圍		上 限 尺 寸						47.13	29.89	24.89	3.06	7.92	
		下 限 尺 寸						46.87	29.76	24.76	2.94	7.83	
		粗 糙 度						6.3a	6.3a	6.3a		6.3a	
實 測 結 果	自我評量	尺 寸											
		粗 糙 度											
	教師評量	尺 寸											
		粗 糙 度											
班級			姓名			座號			成績			

391

工廠實習工作單

工作圖

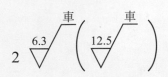

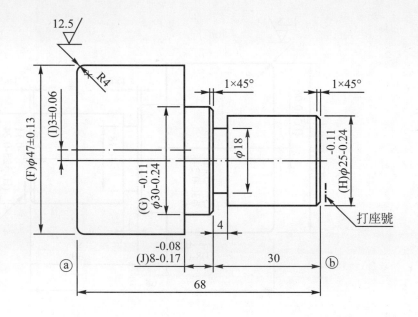

打座號

投 影 法	⊕ ⊏	比例	1:1	單位	mm	工作時間		材料	

工作程序(參考用)：
1. 詳閱工作圖。
2. 夾持工件。
3. 車端面ⓐ。
4. 車外徑φ47×40。
5. 車圓角 R4。
6. 調頭夾持工件。
7. 調整偏心。
8. 車端面ⓑ，定長 68。
9. 車偏心及φ25×30、φ30×8 階級桿。
10. 車凹部φ18×4。
11. 去角 1×45°
12. 去毛頭。
13. 打座號。
14. 測量。

工廠實習工作單

項目	六面體(二)	工作目標	能在 3 節內，正確的操作立式銑床，銑削平面、垂直面及平行面，使其尺寸公差在 IT12 以內，平行度公差在 0.15/100mm 以內，垂直度公差在 0.20/100mm 以內，粗糙度在 8.0a 以內。

工作圖

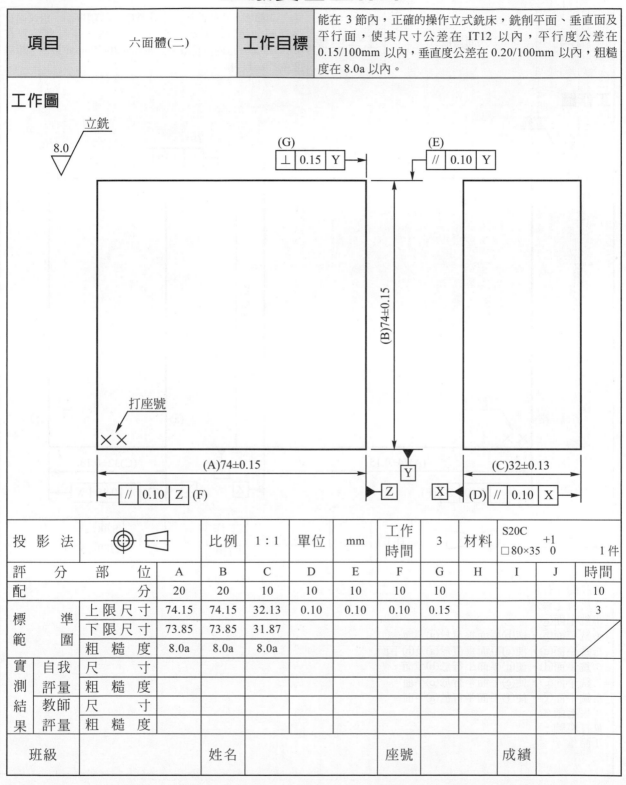

投 影 法	⊕ ⊏	比例	1:1	單位	mm	工作時間	3	材料	S20C □80×35 $^{+1}_{0}$ 1 件

評 分 部 位		A	B	C	D	E	F	G	H	I	J	時間
配	分	20	20	10	10	10	10	10				10
標 準 範 圍	上 限 尺 寸	74.15	74.15	32.13	0.10	0.10	0.10	0.15				3
	下 限 尺 寸	73.85	73.85	31.87								
	粗 糙 度	8.0a	8.0a	8.0a								
實 測 結 果	自我 評量	尺　寸										
		粗 糙 度										
	教師 評量	尺　寸										
		粗 糙 度										
班級			姓名			座號			成績			

工廠實習工作單

項 目	六面體(二)	工作目標	能在 3 節內，正確的操作立式銑床，銑削平面、垂直面及平行面，使其尺寸公差在 IT12 以內，平行度公差在 0.15/100mm 以內，垂直度公差在 0.20/100mm 以內，粗糙度在 8.0a 以內。

工作圖

投 影 法	⊕ ⊏	比例	1：1	單位	mm	工作時間	3	材料	S20C　　+1 □80×35　0　　　　1 件

工作程序(參考用)：
1. 詳閱工作圖。
2. 夾持工件。
3. 銑平面ⓐ。
4. 銑平面ⓑ，使ⓑ平面垂直於ⓐ平面。
5. 銑平面ⓒ，使ⓒ平面垂直於ⓐ及ⓑ平面。
6. 銑平面ⓓ，使ⓓ平面平行於ⓑ平面。
7. 銑平面ⓔ，使ⓔ平面平行於ⓒ平面。
8. 銑平面ⓕ，使ⓕ平面平行於ⓐ平面。
9. 去毛頭。
10. 打座號。
11. 測量。

工廠實習工作單

項目	直槽工件(一)	工作目標	能在 6 節內，正確的操作立式銑床，銑削直槽，使其尺寸公差在 IT12 以內，粗糙度在 8.0a 以內。

工作圖

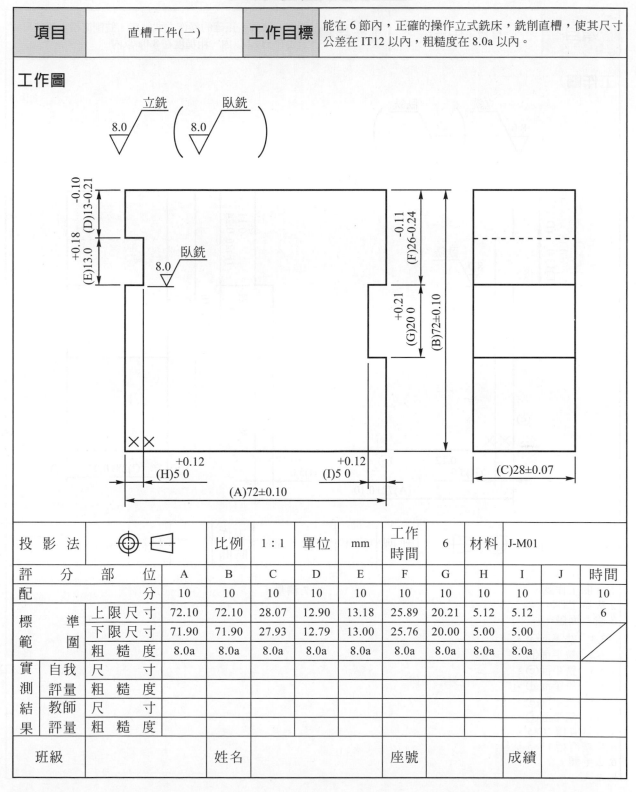

投 影 法	⊕ ◁		比例	1：1	單位	mm	工作時間	6	材料	J-M01

評　分　部　位			A	B	C	D	E	F	G	H	I	J	時間
配　　　　分			10	10	10	10	10	10	10	10	10		10
標　準範　圍	上 限 尺 寸		72.10	72.10	28.07	12.90	13.18	25.89	20.21	5.12	5.12		6
	下 限 尺 寸		71.90	71.90	27.93	12.79	13.00	25.76	20.00	5.00	5.00		
	粗 糙 度		8.0a	8.0a	8.0a	8.0a	8.0a	8.0a	8.0a	8.0a	8.0a		
實測結果	自我評量	尺　　寸											
		粗 糙 度											
	教師評量	尺　　寸											
		粗 糙 度											
班　級			姓名				座號			成績			

395

工廠實習工作單

項目	直槽工件(一)	工作目標	能在 6 節內，正確的操作立式銑床，銑削直槽，使其尺寸公差在 IT12 以內，粗糙度在 8.0a 以內。

工作圖

投 影 法	⊕ ⊏	比例	1：1	單位	mm	工作時間	6	材料	J-M01

工作程序(參考用)：
1. 詳閱工作圖。　　　　　　　　　　　　　　7. 測量。
2. 夾持工件。
3. 銑六面體。

　　3-1　銑平面ⓐ。
　　3-2　銑平面ⓑ。
　　3-3　銑平面ⓒ。
　　3-4　銑平面ⓓ。
　　3-5　銑平面ⓔ。
　　3-6　銑平面ⓕ。
4. 立銑直槽 20×5。
5. 臥銑直槽 13×5。。
6. 去毛頭。

工廠實習工作單

項目	右手車刀(一)	工作目標	能在 1 節內，正確的操作砂輪機，磨削車刀練習件後，磨削右手車刀，使其旁削角及端刃角公差在±5°以內，側隙角及前隙角公差在＋2°以內，粗糙度在 1.6a 以內。

工作圖

註：以 S20C □8 × 65 之材料練習磨削後，再磨削 HS 車刀。

投 影 法			⊕ ⊏		比例	2：1	單位	mm	工作時間	1	材料	S20C □8×65 $^{+1}_{0}$ 1件 SKH55□8×65 車刀1件
評 分 部 位				A	B	C	D	E	F	G	H	I	J	時間
配 分				20	20	10	20	20						10
標 準 範 圍		上 限 尺 寸		35°	50°	6	12°	12°						1
		下 限 尺 寸		25°	40°	4	10°	10°						
		粗 糙 度		1.6a	1.6a		1.6a	1.6a						
實 測 結 果	自我 評量	尺 寸												
		粗 糙 度												
	教師 評量	尺 寸												
		粗 糙 度												
班級				姓名				座號			成績			

工廠實習工作單

項目	右手車刀(一)	工作目標	能在 1 節內，正確的操作砂輪機，磨削車刀練習件後，磨削右手車刀，使其旁削角及端刃角公差在±5°以內，側隙角及前隙角公差在＋2°以內，粗糙度在 1.6a 以內。

工作圖

(砂輪機)
輪磨

1.6

輪磨
1.6

(D)10° $^{+2°}_{0}$

(B)45°±5°

(C)5±1

(A)30°±5°

1.6 輪磨

(E)10° $^{+2°}_{0}$

(8)

(8)

(65)

××

練習件打座號

投 影 法	⊕ ⊏	比例	2：1	單位	mm	工作時間	1	材料	S20C □8×65 $^{+1}_{0}$ 1件 SKH55□8×65 車刀1件

工作程序(參考用)：
1. 詳閱工作圖。
2. 操作砂輪機。
  2-1 檢查砂輪。
  2-2 裝卸砂輪。
  2-3 修整砂輪。
  2-4 操作砂輪機。
3. 磨右手車刀練習件。
  磨旁削角(A)及側隙角(D)。
  磨端刃角(B)及前隙角(E)。
4. 磨銳刃口。
  4-1 磨石磨礪刀面。
  4-2 磨石磨銳旁削刃刃口。
  4-3 磨石磨銳端刃刃口。

  4-4 磨石磨銳刀尖。
5. 打座號。
6. 測量。
7. 磨右手車刀。
8. 磨銳刃口。
9. 測量。

工廠實習工作單

項目	切斷刀	工作目標	能在0.5節內，正確的操作砂輪機，磨削切斷刀，使其側隙角及前隙角公差在+2°以內，粗糙度在1.6a以內。

工作圖

(砂輪機) 輪磨　1.6

(B)6±1
(A)3-0.5 0
(C)2° +2 0
(D)2° +2 0
(3)

輪磨 1.6
(E)4°-2° 0
(F)4°-2° 0
輪磨 1.6

(G)8° +2° 0
(90)
(13)
輪磨 1.6

投　影　法	⊕ ⊏	比例	2：1	單位	mm	工作時間	0.5	材料	SKH55 ▯3×13×90 車刀1件

評　分　部　位		A	B	C	D	E	F	G	H	I	J	時間
配　　　分		10	10	15	15	15	15	15				5
標　準 範　圍	上限尺寸	3	7	4°	4°	4°	4°	10°				0.5
	下限尺寸	2.5	5	2°	2°	2°	2°	8°				
	粗　糙　度			1.6a	1.6a	1.6a	1.6a	1.6a				
實測結果	自我評量 尺　寸											
	粗　糙　度											
	教師評量 尺　寸											
	粗　糙　度											
班級		姓名				座號			成績			

工廠實習工作單

項目	切斷刀	工作目標	能在0.5節內，正確的操作砂輪機，磨削切斷刀，使其側隙角及前隙角公差在+2°以內，粗糙度在1.6a以內。

工作圖

投 影 法		比例	2：1	單位	mm	工作時間	0.5	材料	SKH55 □3×13×90 車刀 1 件

工作程序(參考用)：
1. 詳閱工作圖。
2. 操作砂輪機。
3. 磨餘隙角(C)及側隙角(F)。
4. 磨餘隙角(D)及側隙角(E)。
5. 磨前隙角(G)。
6. 磨銳刃口。
    6-1　磨石磨礪刀面。
    6-2　磨石磨銳前隙角(G)刃口。
7. 測量。

工廠實習工作單

項目	螺紋車刀	工作目標	能在 0.5 節內，正確的操作砂輪機，磨削螺紋車刀，使其螺紋角公差在±0.5°以內，側隙角及前隙角公差在+2°以內，粗糙度在 1.6a 以內。

工作圖

投 影 法	⊕ ⊏		比例	2：1	單位	mm	工作時間	0.5	材料	SKH55 □8×65 車刀		1 件

評 分 部 位			A	B	C	D	E	F	G	H	I	J	時間
配		分	10	20	20	20	20						10
標 準 範 圍		上 限 尺 寸	4	31°	60.5°	12°	12°						0.5
		下 限 尺 寸	2	29°	59.5°	10°	10°						
		粗 糙 度		1.6a	1.6a	1.6a	1.6a						
實 測 結 果	自我 評量	尺 寸											
		粗 糙 度											
	教師 評量	尺 寸											
		粗 糙 度											
班 級			姓名				座號			成績			

401

工廠實習工作單

項 目	螺紋車刀	工作目標	能在0.5節內，正確的操作砂輪機，磨削螺紋車刀，使其螺紋角公差在±0.5°以內，側隙角及前隙角公差在+2°以內，粗糙度在1.6a以內。

工作圖

(砂輪機)
輪磨

1.6

(E)10° $^{+2°}_{0}$

輪磨
1.6

(C)60°±0.5°

(A)3±1

(8)

(B)30°±1°

1.6 輪磨

(D)10° $^{+2°}_{0}$

(8)

(65)

投 影 法	⊕ ⊏	比例	2：1	單位	mm	工作時間	0.5	材料	SKH55
									□8×65 車刀　　　1 件

工作程序(參考用)：
1. 詳閱工作圖。
2. 操作砂輪機。
3. 磨旁削角(B)及側隙角(E)。
4. 磨端刃角(C)及前隙角(D)。
5. 磨銳刃口。
6. 測量。

工廠實習工作單

項目	右手車刀(二)	工作目標	能在 0.5 節內，正確的操作砂輪機，磨削碳化物右手車刀，使其旁削角及端刃角公差在±2°以內，側離隙角及端離隙角公差在±1°以內，粗糙度在 1.6a 以內。

工作圖

(砂輪機) 輪磨 1.6

輪磨 1.6
(C)6°±1°
(D)8°±2°
(100)

輪磨 1.6

輪磨 (B)6°±1°
(9)
(3)
□13

打座號

輪磨 1.6 R0.5
(13)
(4)

(A)6°±1°

投 影 法			比例	1:1	單位	mm	工作時間	0.5	材料	CNS4267 P20 33-1車刀 1件		

評 分 部 位		A	B	C	D	E	F	G	H	I	J	時間
配	分	20	20	20	20							20
標 準 範 圍	上限尺寸	7°	7°	7°	10°							0.5
	下限尺寸	5°	5°	5°	6°							
	粗 糙 度	1.6a	1.6a	1.6a	1.6a							
實測結果	自我評量 尺 寸											
	粗 糙 度											
	教師評量 尺 寸											
	粗 糙 度											
班級			姓名			座號			成績			

工廠實習工作單

項目	右手車刀(二)	工作目標	能在0.5節內，正確的操作砂輪機，磨削碳化物右手車刀，使其旁削角及端刃角公差在±2°以內，側離隙角及端離隙角公差在±1°以內，粗糙度在1.6a以內。

工作圖

投 影 法	⊕ ⊏	比例	1:1	單位	mm	工作時間	0.5	材料	CNS4267 P20 33-1車刀 1件

工作程序(參考用)：

1. 詳閱工作圖。
2. 操作砂輪機。
3. 磨刀柄旁削角及側餘隙角，使用A砂輪。
4. 磨刀柄端刃角及端餘隙角。
5. 磨刀片旁削角及側離隙角(B)，使用GC砂輪。
6. 磨刀片端刃角(D)及端離隙角(A)。
7. 磨刀片刀尖半徑R0.5。
8. 磨刀片後斜角及側斜角(C)。
9. 磨銳刃口。使用鑽石磨石。
10. 打座號。
11. 測量。

工廠實習工作單

項目	搪孔刀	工作目標	能在0.5節內，正確的操作砂輪機，磨削碳化物搪孔刀，使其旁削角及端刃角公差在±2°以內，側離隙角及端離隙角公差在±1°以內，粗糙度在1.6a以內。

工作圖

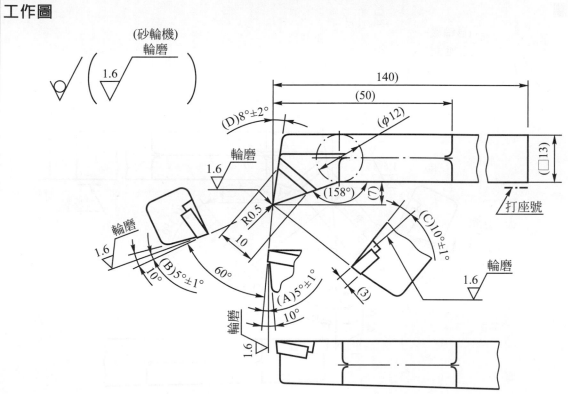

投 影 法		⊕ ⊟		比例	1：1	單位	mm	工作時間	0.5	材料	CNS4267 P20 47-1 車刀 1件

評 分 部 位			A	B	C	D	E	F	G	H	I	J	時間
配		分	20	20	20	20							20
標 準範 圍	上 限 尺 寸		6°	6°	11°	10°							0.5
	下 限 尺 寸		4°	4°	9°	6°							
	粗 糙 度		1.6a	1.6a	1.6a	1.6a							
實 測結 果	自我評量	尺 寸											
		粗 糙 度											
	教師評量	尺 寸											
		粗 糙 度											
班級				姓名				座號			成績		

工廠實習工作單

項目	搪孔刀	工作目標	能在 0.5 節內,正確的操作砂輪機,磨削碳化物搪孔刀,使其旁削角及端刃角公差在±2°以內,側離隙角及端離隙角公差在±1°以內,粗糙度在 1.6a 以內。

工作圖

投 影 法	⊕ ⊏	比例	1:1	單位	mm	工作時間	0.5	材料	CNS4267 P20 47-1車刀 1件

工作程序(參考用):
 1. 詳閱工作圖。
 2. 操作砂輪機。
 3. 磨刀柄側餘隙角,使用 A 砂輪。
 4. 磨刀柄端餘隙角。
 5. 磨刀片旁削角及側離隙角(B),使用 GC 砂輪。
 6. 磨刀片端刃角(D)及端離隙角(A)。
 7. 磨刀片刀尖半徑 R0.5。
 8. 磨削刀片後斜角(C)及側斜角。
 9. 磨銳刃口。
10. 打座號。
11. 測量。

工廠實習工作單

項目	讓切車刀	工作目標	能在 0.5 節內，正確的操作砂輪機，磨削碳化物讓切車刀，使其餘隙角及端刃角公差在±2°以內，側離隙角及端離隙角公差在±1°以內，粗糙度在 1.6a 以內。

工作圖

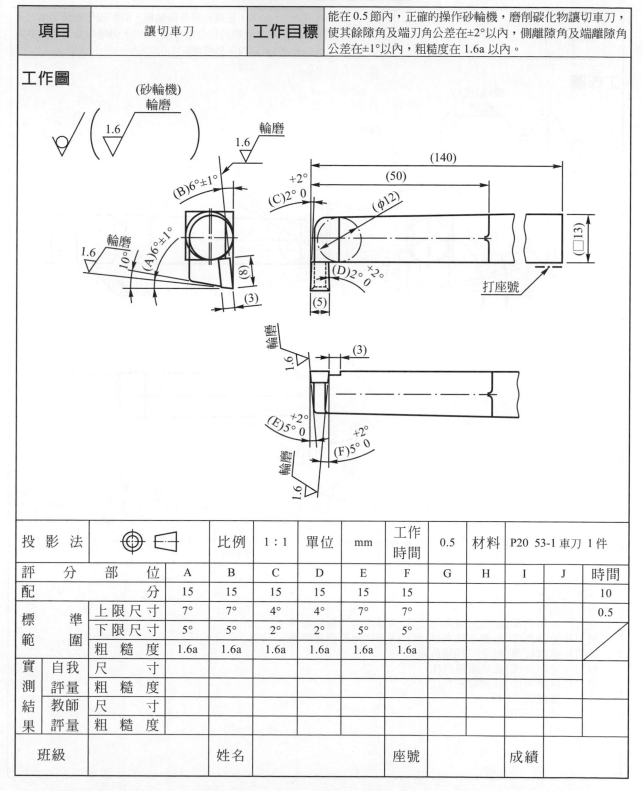

投 影 法	⊕ ⊏		比例	1：1	單位	mm	工作時間	0.5	材料	P20 53-1 車刀 1 件			
評 分 部 位			A	B	C	D	E	F	G	H	I	J	時間
配 分			15	15	15	15	15	15					10
標 準 範 圍		上 限 尺 寸	7°	7°	4°	4°	7°	7°					0.5
		下 限 尺 寸	5°	5°	2°	2°	5°	5°					
		粗 糙 度	1.6a	1.6a	1.6a	1.6a	1.6a	1.6a					
實 測 結 果	自我 評量	尺 寸											
		粗 糙 度											
	教師 評量	尺 寸											
		粗 糙 度											
班級			姓名			座號			成績				

工廠實習工作單

項目	讓切車刀	工作目標	能在 0.5 節內，正確的操作砂輪機，磨削碳化物讓切車刀，使其餘隙角及端刃角公差在±2°以內，側離隙角及端離隙角公差在±1°以內，粗糙度在 1.6a 以內。

工作圖

投 影 法	⊕ ⊏	比例	1:1	單位	mm	工作時間	0.5	材料	P20 53-1 車刀 1 件

工作程序(參考用)：
1. 詳閱工作圖。
2. 操作砂輪機。
3. 磨刀片餘隙角(C)及側離隙角(E)之刀柄餘隙角及側餘隙角。
4. 磨刀片餘隙角(D)及側離隙角(F)之刀柄餘隙角及側餘隙角。
5. 磨刀片端離隙角(A)之刀柄端餘隙角。
6. 磨刀片餘隙角(C)及側離隙角(E)。
7. 磨刀片餘隙角(D)及側離隙角(F)。
8. 磨刀片端離隙角(A)。
9. 磨刀片後斜角(B)
10. 磨銳刃口。
11. 打座號。
12. 測量

408

工廠實習工作單

項目	內螺紋車刀	工作目標	能在 0.5 節內，正確的操作砂輪機，磨削碳化物內螺紋車刀，使其螺紋角公差在±0.5°以內，側離隙角及端離隙角公差在±1°以內，粗糙度在 1.6a 以內。

工作圖

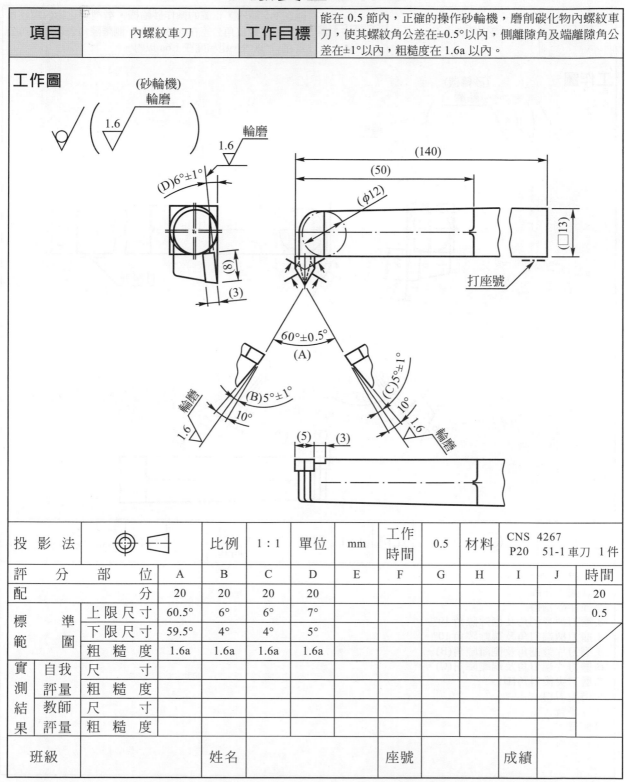

投　影　法	⊕ ⊏			比例	1：1	單位	mm	工作時間	0.5	材料	CNS 4267 P20 51-1車刀 1件		
評　分　部　位			A	B	C	D	E	F	G	H	I	J	時間
配　　　　　分			20	20	20	20							20
標　準範　圍	上限尺寸		60.5°	6°	6°	7°							0.5
	下限尺寸		59.5°	4°	4°	5°							
	粗糙度		1.6a	1.6a	1.6a	1.6a							
實測結果	自我評量	尺寸											
		粗糙度											
	教師評量	尺寸											
		粗糙度											
班級			姓名				座號			成績			

工廠實習工作單

項目	內螺紋車刀	工作目標	能在 0.5 節內，正確的操作砂輪機，磨削碳化物內螺紋車刀，使其螺紋角公差在±0.5°以內，側離隙角及端離隙角公差在±1°以內，粗糙度在 1.6a 以內。

工作圖

投 影 法	⊕ ⊏⊐	比例	1：1	單位	mm	工作時間	0.5	材料	CNS 4267 P20 51-1 車刀 1件

工作程序(參考用)：
1. 詳閱工作圖。
2. 操作砂輪機。
3. 磨刀柄旁削角及側餘隙角 10°。
4. 磨刀柄端刃角及端餘隙角 10°。
5. 磨刀片旁削角及側離隙角(B)。
6. 磨刀片端刃角及端離隙角(C)。
7. 磨刀尖後斜角(D)。
8. 磨銳刃口。
9. 打座號。
10. 測量。

工廠實習工作單

項目	鑽頭磨削練習件	工作目標	能在 0.5 節內,正確的操作砂輪機,磨削鑽頭磨削練習件,使其鑽刃半角公差在±2°以內,鑽刃餘隙角公差在＋3°以內,粗糙度在 3.2a 以內。

工作圖

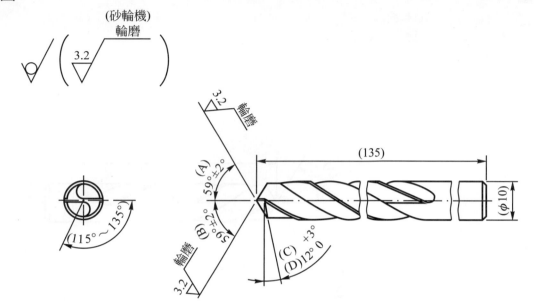

投 影 法	⊕ ⊏		比例	1：1	單位	mm	工作時間	0.5	材料	SKH 55 φ10鑽頭	1件

評 分 部 位			A	B	C	D	E	F	G	H	I	J	時間
配 分			20	20	20	20							20
標 準範 圍	上 限 尺 寸		61°	61°	15°	15°							0.5
	下 限 尺 寸		57°	57°	12°	12°							
	粗 糙 度		3.2a	3.2a	3.2a	3.2a							
實測結果	自我評量	尺 寸											
		粗 糙 度											
	教師評量	尺 寸											
		粗 糙 度											
班級				姓名			座號			成績			

411

工廠實習工作單

項目	鑽頭磨削練習件	工作目標	能在0.5節內，正確的操作砂輪機，磨削鑽頭磨削練習件，使其鑽刃半角公差在±2°以內，鑽刃餘隙角公差在＋3°以內，粗糙度在3.2a以內。

工作圖

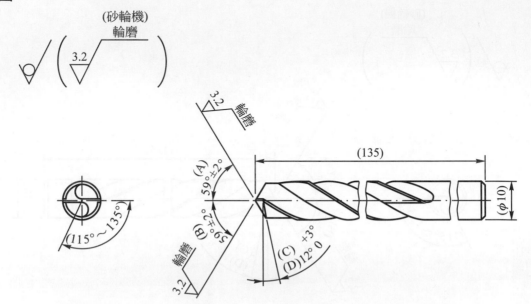

投 影 法	⊕ ⊏	比例	1：1	單位	mm	工作時間	0.5	材料	SKH 55 φ10鑽頭 1件

工作程序(參考用)：
1. 詳閱工作圖。
2. 操作砂輪機。
3. 磨鑽刃半角(A)及鑽刃餘隙角(C)。
4. 磨鑽刃半角(B)及鑽刃餘隙角(D)。
5. 測量。

工廠實習工作單

項目	直槽工件(二)	工作目標	能在 1 節內,正確的操作平面磨床、磨削平面、垂直面及溝槽,使其尺寸公差在 IT10 以內,粗糙度在 1.6a 以內。

工作圖

輪磨

1.6 ▽ (▽)

(D)25.80−0.07−0.15

(E)20.20 +0.08 0

(B)71.90±0.06

(F)5.10 +0.05 0

(A)71.90±0.06

(C)27.90±0.04

投 影 法	⊕ ⊏		比例	1:1	單位	mm	工作時間	1	材料	J-M02		
評 分 部 位			A	B	C	D	E	F	G	H	I	J	時間
配 分			15	15	15	15	15	15					10
標 準範 圍	上限尺寸		71.96	71.96	27.94	25.73	20.28	5.15					1
	下限尺寸		71.84	71.84	27.86	25.65	20.20	5.10					
	粗 糙 度		1.6a	1.6a	1.6a	1.6a	1.6a	1.6a					
實測結果	自我評量	尺 寸											
		粗 糙 度											
	教師評量	尺 寸											
		粗 糙 度											
班級			姓名				座號			成績			

413

工廠實習工作單

項 目	直槽工件(二)	工作目標	能在 1 節內，正確的操作平面磨床、磨削平面、垂直面及溝槽，使其尺寸公差在 IT10 以內，粗糙度在 1.6a 以內。

工作圖

輪磨
1.6 ▽ (▽)

ⓓ

(D)25.80 -0.07 -0.15
(E)20.20 +0.08 0
(B)71.90±0.06

ⓒ

ⓔ

ⓐ ⓕ

ⓑ
(F)5.10 +0.05 0

(A)71.90±0.06

(C)27.90±0.04

投 影 法	⊕ ◁	比 例	1：1	單位	mm	工作時間	1	材料	J-M02

工作程序(參考用)：
1. 詳閱工作圖。
2. 操作平面磨床。
3. 磨平面ⓐ。
4. 磨平面ⓑ，使ⓑ平面垂直於ⓐ平面。
5. 磨平面ⓒ，使ⓒ平面垂直於ⓐ及ⓑ平面。
6. 磨平面ⓓ，使ⓓ平面平行於ⓑ平面。
7. 磨平面ⓔ，使ⓔ平面平行於ⓒ平面。
8. 磨平面ⓕ，使ⓕ平面平行於ⓐ平面。
9. 磨直槽 20.20×5.10。
10. 去毛頭。
11. 打座號。
12. 測量。

參考書目

本教材之編撰曾參考下列書籍，謹向原著者致謝。

一、中文部分：

1. 經濟部標準檢驗局：中國國家標準。台北，經濟部標準檢驗局，民國 102 年(分類目錄)。
2. 中國砂輪企業股份有限公司：砂輪概要。台北，中國砂輪企業股份有限公司，民國 71 年。
3. 齊人鵬：研磨工作概要。台北，中國砂輪企業股份有限公司，民國 71 年。
4. 蔡德藏：碳化物刀具之選擇、磨削與應用。台北，全華科技圖書公司，民國 76 年。
5. 周賢溪：銑床手冊。台北，啓學出版社，民國 66 年。
6. 蔡德藏、胡有光、張秋雄、施順序、林潤玉、王國興、許明洲、阮坤霖、廖木春、邱廣泉、曾錦章、鄧獻峰：高工機工科「機工實習」教學設計之研究。台中，台中高級工業職業學校機工科能力本位教學小組，民國 73 年。
7. 蔡德藏：實用機工學。台北，全華科技圖書公司，民國 92 年。
8. 精機學會：精密工作便覽。台北，新源出版社，民國 61 年。

二、英文部分：

1. Funakubo Saw Mfg. Co., Ltd.. *Band saw blade*. Tokyo: Funakubo Saw Mfg. Co., Ltd., 1978.
2. Labour Department for Industrial Professional Education. *Basic Proficiencies metalworking-filing, sawing, chiselling, shearing, scraping, fitting, material, sheet metals*. Labour Department for Industrial Professional Education, 1958.
3. Labour Department for Industrial Professional Education. *Basic Proficiencies metalworking-indenting work and laying-out*. Labour Department for Industrial Professional Education, 1958.
4. The Sandvik Steel Works. *Corokey*. Sweden: The Sandvik Steel Works, 2001.
5. South Bend Lathe. *How to run a Lathe*. Indiana: South Bend Lathe, 1966.
6. International Organization for Standardization. *International Standards*(*ISO*). Switzerland: International Organization for Standardization, 2000(catalogue).
7. Warren T. White, John E. Neely, Richard R. Kibble, and Roland O. Meyer. *Machine tools and machining practies*. New York: John Wiley & Sons, 1977.
8. John L. Feirer. *Machine tool manufacturing*. New York: McGraw-Hill Book Company, 1973.
9. John L. Feirer. *Machine tool metalworking*. New York: McGraw-Hill Book Company, 1973.
10. Willard J. McCarthy and Victor E. Repp. *Machine tool technology*. Illinois: McKnight Publishing Company, 1979.
11. Erik Oberg and F.D. Jones. *Machinery's handbook*. New York: Industrial Press Inc., 1971.
12. John R. Walker. *Machining fundamentals*. Illinois: The Goodheart-Willcox Company, Inc., 1981.

13. Henry D. Burghardt, Aaron Axelrod, and James Anderson. *Machine tool operation*. New York: McGraw-Hill Book Company, 1960.

14. Myron L. Begeman and B.H. Amstead. *Manufacturing processes*. New York: John Wiley & Sons, Inc., 1969.

15. Mitutoyo Mfg. Co., Ltd.. *Mitutoyo precision measeuring instruments*. Japan: Mitutoyo Mfg. Co., Ltd., 1984.

16. Labour Department for Industrial Professional Education. *Measuring*. Labour Department for Industrial Professional Education, 1958.

17. The Sandvik Steel Works. *Milling tools*. Sweden: The Sandvik Steel Works, 2001.

18. John R. Walker. *Modern metalworking*. Illinois: The Goodheart-Willcox Company, Inc., 1965.

19. Gebr. Wichmann. *Operating instructions for universal-cutter and tool grinder*. Berlin: Gebr. Wichmann, 1959.

20. OSG Coporation. *OSG Products information, vol.61*. Japan: OSG Corporation.

21. The Sandvik Steel Works. *Setting guide for T-MAX milling cutters*. Swenden: The Sandivik Steel Works.

22. S.F. Krar, J.W. Oswald, and J.E. ST. Amand. *Technology of machine tools*. New York: McGraw-Hill Book Company, 1977.

23. The Sandvik Steel Works. *Truning tools*. Swenden: The Sandvik Steel Works, 2002.

圖文轉載目錄

本教材之編撰承蒙下列公司、單位同意轉載產品圖文，特此致謝。

1. 三和精機廠股份有限公司
2. 三協工具製造股份有限公司
3. 大誼工業股份有限公司
4. 大寶精密工具股份有限公司
5. 中國砂輪企業股份有限公司
6. 主上工業有限公司
7. 永進機械工業股份有限公司
8. 台中精機廠股份有限公司
9. 台灣山域股份有限公司
10. 台灣三豐儀器股份有限公司
11. 宇宣機械股份有限公司
12. 伍將機械工業股份有限公司
13. 光達磁性工業股份有限公司
14. 利高機械工業股份有限公司
15. 良芺機械股份有限公司
16. 扶德有限公司
17. 東台精機股份有限公司
18. 昇岱實業有限公司
19. 明峯永業股份有限公司
20. 受記精機工業股份有限公司
21. 宗順超硬切削工具製造有限公司
22. 春瑞機械工廠股份有限公司
23. 特根企業股份有限公司
24. 勝竹機械工具股份有限公司
25. 凱傑國際股份有限公司
26. 惠豐貿易行股份有限公司
27. 福裕事業股份有限公司
28. 經濟部標準檢驗局
29. 維昶機具廠有限公司
30. 龍昌機械股份有限公司
31. 璟龍企業有限公司
32. 韻光機械工業股份有限公司

國家圖書館出版品預行編目資料

工廠實習：機工實習 / 蔡德藏編著. –七版. --
新北市：全華圖書，2013.11
面；　公分

ISBN 978-957-21-9192-7(平裝)

1. 機械工作法

446.89　　　　　　　　　　102020907

工廠實習－機工實習

作者 / 蔡德藏

執行編輯 / 蔡承晏

發行人 / 陳本源

出版者 / 全華圖書股份有限公司

郵政帳號 / 0100836-1 號

印刷者 / 宏懋打字印刷股份有限公司

圖書編號 / 0282706

七版一刷 / 2013 年 11 月

定價 / 新台幣 460 元

ISBN / 978-957-21-9192-7　(平裝)

全華圖書 / www.chwa.com.tw

全華網路書店 Open Tech / www.opentech.com.tw

若您對書籍內容、排版印刷有任何問題，歡迎來信指導 book@chwa.com.tw

臺北總公司(北區營業處)
地址：23671 新北市土城區忠義路 21 號
電話：(02) 2262-5666
傳真：(02) 6637-3695、6637-3696

南區營業處
地址：80769 高雄市三民區應安街 12 號
電話：(07) 381-1377
傳真：(07) 862-5562

中區營業處
地址：40256 臺中市南區樹義一巷 26-1 號
電話：(04) 2261-8485
傳真：(04) 3600-9806

歡迎加入 全華會員

● **會員獨享**
會員享購書折扣、紅利積點、生日禮金、不定期優惠活動…等。

● **如何加入會員**
填妥讀者回函卡直接傳真 (02) 2262-0900 或寄回，將由專人協助登入會員資料，待收到 E-MAIL 通知後即可成為會員。

如何購書 全華書籍

1. **網路購書**
全華網路書店「http://www.opentech.com.tw」，加入會員購書更便利，並享有紅利積點回饋等各式優惠。

2. **全華門市、全省書局**
歡迎至全華門市（新北市土城區忠義路 21 號）或全省各大書局、連鎖書店選購。

3. **來電訂購**
(1) 訂購專線：(02) 2262-5666 轉 321-324
(2) 傳真專線：(02) 6637-3696
(3) 郵局劃撥（帳號：0100836-1　戶名：全華圖書股份有限公司）
※ 購書未滿一千元者，酌收運費 70 元。

OpenTech.com.tw 全華網路書店

全華網路書店 www.opentech.com.tw
E-mail: service@chwa.com.tw

※ 本會員制如有變更則以最新修訂制度為準，造成不便請見諒。

讀者回函卡

姓名：

電話：（　　）　　　　　　生日：西元　　　年　　　月　　　日　性別：□男 □女

傳真：（　　）　　　　　　手機：

e-mail：（必填）

註：數字零，請用 Φ 表示，數字1與英文L請另註明並書寫端正，謝謝。

通訊處：□□□□□

學歷：□博士 □碩士 □大學 □專科 □高中・職

職業：□工程師 □教師 □學生 □軍・公 □其他

學校/公司：　　　　　　科系/部門：

・需求書類：

□A. 電子 □B. 電機 □C. 計算機工程 □D. 資訊 □E. 機械 □F. 汽車 □I. 工管 □J. 土木

□K. 化工 □L. 設計 □M. 商管 □N. 日文 □O. 美容 □P. 休閒 □Q. 餐飲 □B. 其他

・本次購買圖書為：　　　　　　　　書號：

・您對本書的評價：

封面設計：□非常滿意 □滿意 □尚可 □需改善，請說明

內容表達：□非常滿意 □滿意 □尚可 □需改善，請說明

版面編排：□非常滿意 □滿意 □尚可 □需改善，請說明

印刷品質：□非常滿意 □滿意 □尚可 □需改善，請說明

書籍定價：□非常滿意 □滿意 □尚可 □需改善，請說明

整體評價：請說明

・您在何處購買本書？

□書局 □網路書店 □書展 □團購 □其他

・您購買本書的原因？（可複選）

□個人需要 □幫公司採購 □親友推薦 □老師指定之課本 □其他

・您希望全華以何種方式提供出版訊息及特惠活動？

□電子報 □DM □廣告（媒體名稱　　　　　）

・您是否上過全華網路書店？（www.opentech.com.tw）

□是 □否　您的建議

・您希望全華出版那方面書籍？

・您希望全華加強那些服務？

～感謝您提供寶貴意見，全華將秉持服務的熱忱，出版更多好書，以饗讀者。

全華網路書店 http://www.opentech.com.tw　　客服信箱 service@chwa.com.tw

2011.03 修訂

親愛的讀者：

感謝您對全華圖書的支持與愛護，雖然我們很慎重的處理每一本書，但恐仍有疏漏之處，若您發現本書有任何錯誤，請填寫於勘誤表內寄回，我們將於再版時修正，您的批評與指教是我們進步的原動力，謝謝！

全華圖書　敬上

勘　誤　表

書　號		書　名		作　者
頁　數	行　數	錯誤或不當之詞句		建議修改之詞句

我有話要說：（其它之批評與建議，如封面、編排、內容、印刷品質等⋯⋯）